国家林业和草原局普通高等教育"十三五"规划教材
普通高等教育"十一五"国家级规划教材
高等院校园林与风景园林专业规划教材

Landscape Planting Design

中国林业出版社
China Forestry Publishing House

内容简介

本教材以培养大学生独立思考能力及动手绘图能力为目的，从园林种植设计理论到设计步骤，深入浅出地指导学生学习、设计作图，为今后种植设计的具体操作提供规范性的指导。书后还附有附录，尤其是植物材料的选择和应用，符合现代园林的发展趋势，并对进一步规范种植程序和图纸标准具有重要意义。

教材分为7章，包括绪论、园林种植设计的基本原则、园林种植设计的植物选择、园林种植设计的基本形式、园林种植设计的一般技法、其他造园要素的植物种植、园林种植设计程序。每章后都有复习思考题和推荐阅读书目，有利于学生积极主动地学习。同时，本教材新增了数字资源，更加适合当前教育教学的需求。

本教材为高等院校园林、风景园林、城乡规划、园艺等专业学习所用，也适合从事园林设计的其他专业人士阅读参考。

图书在版编目（CIP）数据

园林种植设计/陈瑞丹，周道瑛主编. —2版. —北京：中国林业出版社，2019.8（2025.6重印）
国家林业和草原局普通高等教育"十三五"规划教材　普通高等教育"十一五"国家级规划教材
高等院校园林与风景园林专业规划教材
ISBN 978-7-5219-0171-9

Ⅰ.①园… Ⅱ.①周… ②陈… Ⅲ.①园林植物—景观设计—高等学校—教材　Ⅳ.①TU986.2
中国版本图书馆CIP数据核字(2019)第145742号

策划、责任编辑：康红梅		责任校对：苏　梅	
电话：83143551		传真：83143516	

出版发行　中国林业出版社(100009　北京市西城区德内大街刘海胡同7号)
　　　　　E-mail: jiaocaipublic@163.com　电话：(010)83143500
　　　　　https://www.cfph.net
经　　销　新华书店
印　　刷　三河市祥达印刷包装有限公司
版　　次　2008年8月第1版（共印8次）
　　　　　2019年8月第2版
印　　次　2025年6月第5次印刷
开　　本　889mm×1194mm　1/16
印　　张　13印张　彩插4
字　　数　356千字　　数字资源约280千字
定　　价　52.00元

数字资源

未经许可，不得以任何方式复制或抄袭本书之部分或全部内容。

版权所有　侵权必究

《园林种植设计》(第2版) 编写人员

主　编

陈瑞丹　周道瑛

编写人员

（以姓氏笔画为序）

刘秀丽（北京林业大学）

陈瑞丹（北京林业大学）

董　丽（北京林业大学）

《园林种植设计》(第1版) 编写人员

主　编

周道瑛

编写人员

王淑芬（北京工业大学）

刘秀丽（北京林业大学）

杨晓东（北京林业大学）

陈瑞丹（北京林业大学）

周道瑛（北京林业大学）

董　丽（北京林业大学）

主　审

余树勋（中国科学院植物研究所北京植物园）

黄庆喜（北京林业大学）

第 2 版前言

"园林种植设计"课程从2002年开设以来,一直受到学生的喜爱和欢迎,大家深知其重要性。教材第1版自2008年出版至今已有11个年头,在全国范围内得到了广泛使用。

此次修订,基本遵循第1版的结构。修订情况如下:5.1.1节重新编写;其他各部分做了少量的调整,纠正了错误;增加了数字资源,使教材更具形象性和可读性。

本次修订由周道瑛、陈瑞丹任主编。编写分工如下:陈瑞丹负责修订第1~3章,第5章,第7章;董丽负责修订第4章4.2.3节及第6章;刘秀丽负责修订第4章4.1节及4.2.1~4.2.2节。

感谢周道瑛先生作为北京林业大学园林学院"园林种植设计"课程的开创者所做出的努力和贡献。感谢先生在修订过程中的教导及第1版所有编写人员的支持;感谢倪钟、林舒琪两位同学的积极参与;感谢北京林业大学园林学院的支持。

由于水平所限,书中还有一些不足,欢迎各位同行不吝赐教。

陈瑞丹

2019年5月

第1版前言

随着社会的发展，人们对良好生态环境的追求越来越迫切，园林中植物要素的重要性也得到了人们越来越多的关注。园林种植设计人员在营造园林植物景观各个环节中发挥着重要作用，他们确定植物材料、设计种植方式及种植类型。为了适应当前园林发展形势，园林、城市规划、风景园林等相关专业相继开设了"园林种植设计"课程。

至今"园林种植设计"课程已开设整整6年，编者深感此课程对于园林设计课程，尤其是植物景观设计的重要性。它把植物材料与植物景观设计紧密联系在一起，从设计原则、设计基础、设计技法、设计方法步骤等理论到作图的一系列实施步骤，深入浅出、具体实用。

本教材主要分为园林种植设计的基础理论及设计程序两大部分。基础理论中讲述园林种植设计的基本原则、植物材料的选择、园林种植设计的基本形式、一般技法及其他造园要素的植物种植；作图程序中以两个小游园为范例贯穿始终，讲述园林种植方案图、设计图、施工图3张图的具体作图方法、注意事项及图纸要求等。力求突出"实用"两字，以培养学生实际设计、绘图能力为目的。选择范例具体引路，做到图文并茂，剖析深入浅出，既分析了成功之处，又指出其中不足。本教材与《园林树木学》《园林花卉学》及《园林花卉应用设计》等教材衔接紧密，为学生全面掌握园林设计、园林工程、园林建筑等专业知识打下了牢固的基础。

本教材共7章内容。编写人员及其分工如下：周道瑛任主编，编写第1章、第3章、第7章、附录四；陈瑞丹编写第2章、第5章5.2～5.4节；刘秀丽完成第4章4.1节及4.2.1～4.2.2节；王淑芬和刘秀丽编写第5章5.1节内容；董丽负责第4章4.2.3节及第6章；杨晓东担任文字与图片编辑。

教材成稿后，承蒙余树勋研究员、黄庆喜教授审稿并提出许多宝贵意见，经进一步修改，教材结构更趋合理，内容更加充实。张莹同学为本教材绘制了部分插图；张媛、吴应刚两位同学提供了课程设计习作；欧云海、张凡、郝培尧、刘曦、崔静等人在教材编写过程中给予了无私帮助，在此均表示衷心的感谢。

本教材参阅了国内外大量资料，也引用了部分图片，限于篇幅，不再一一罗列，同时在编写过程中也曾得到多方建议，在此一并表示感谢！

由于编者水平有限，书中难免疏漏与错误，权当抛砖引玉，诚请各位同仁与读者批评指正。

编 者
2008年6月

目 录

第 2 版前言
第 1 版前言

第 1 章 绪论
1.1 园林种植设计概念 1
1.2 园林种植设计发展概况 1
    1.2.1 中国园林种植设计概况 2
    1.2.2 西方园林种植设计概况 7
1.3 "园林种植设计"课程内容及课程要求 11
复习思考题 12
推荐阅读书目 12

第 2 章 园林种植设计基本原则
2.1 生态学原则 13
2.2 艺术性原则 16
    2.2.1 满足园林设计的立意要求 16
    2.2.2 借鉴当地植被,突出地方风格 17
    2.2.3 创立保持各自的园林特色 18
2.3 经济性原则 19
    2.3.1 通过合理选择树种来降低成本 19
    2.3.2 妥善结合生产,注重改善环境质量的植物配植方式 19
复习思考题 20
推荐阅读书目 20

第 3 章 园林种植设计植物选择
3.1 园林植物的观赏特性 21
    3.1.1 观姿 22
    3.1.2 观花 22
    3.1.3 观叶 22
    3.1.4 观果 23
    3.1.5 观干 24
    3.1.6 观根 24
3.2 园林植物生态习性 24
    3.2.1 温度因子 25
    3.2.2 光因子 25
    3.2.3 水分因子 26
    3.2.4 空气因子 26
    3.2.5 土壤因子 27
3.3 园林植物选择原则 27
复习思考题 29
推荐阅读书目 29

第 4 章 园林种植设计基本形式
4.1 种植方式 30
    4.1.1 规则式 30
    4.1.2 自然式 31
    4.1.3 混合式 32
4.2 种植类型 33
    4.2.1 乔木和灌木 33
    4.2.2 藤木 39
    4.2.3 花卉 40
复习思考题 45
推荐阅读书目 45

第5章　园林种植设计一般技法

- 5.1 园林植物个体特性在种植设计中的应用......46
  - 5.1.1 色彩......46
  - 5.1.2 芳香......52
  - 5.1.3 姿态......54
  - 5.1.4 质感......63
  - 5.1.5 体量......67
  - 5.1.6 其他......71
- 5.2 园林种植设计的空间设计......73
  - 5.2.1 空间的类型......73
  - 5.2.2 空间的组合......77
  - 5.2.3 园林种植设计中空间设计要点......81
- 5.3 园林种植设计的平面布置......84
  - 5.3.1 2株、3株、4株、5株的平面布置......84
  - 5.3.2 树丛、树群的平面布置......85
  - 5.3.3 园林种植设计中平面布置的要点......88
- 5.4 园林种植设计的立面构图......91
  - 5.4.1 立面构图的美学原则......91
  - 5.4.2 园林种植设计立面构图的方法与要点......99
- 复习思考题......104
- 推荐阅读书目......104

第6章　其他造园要素植物种植

- 6.1 建筑的植物种植......105
  - 6.1.1 植物与建筑的景观关系......105
  - 6.1.2 建筑入口、门区、窗边的植物种植......107
  - 6.1.3 建筑基础、角隅、墙面的植物种植......109
  - 6.1.4 室内、屋顶的植物种植......111
- 6.2 山体的植物种植......115
  - 6.2.1 园林植物与山体的景观关系......115
  - 6.2.2 各类园林山体的植物种植......116
- 6.3 水体的植物种植......118
  - 6.3.1 园林植物与水体的景观关系......118
  - 6.3.2 园林水体植物种植设计原则......119
  - 6.3.3 植物材料的选择......120
  - 6.3.4 园林各水体类型的植物种植......121
- 6.4 道路的植物种植......124
  - 6.4.1 园林植物与道路的景观关系......124
  - 6.4.2 城市道路的种植设计......125
  - 6.4.3 园路的植物种植......128
- 6.5 小品的植物种植......131
  - 6.5.1 园林植物与小品的景观关系......131
  - 6.5.2 园林小品及其类型......131
  - 6.5.3 园林小品植物种植设计的原则......132
  - 6.5.4 常见园林小品的植物种植设计......133
- 复习思考题......136
- 推荐阅读书目......136

第7章　园林种植设计程序

- 7.1 园林种植设计前的准备工作......137
  - 7.1.1 接任务书......137
  - 7.1.2 踏查......138
  - 7.1.3 读图......138
- 7.2 绘制园林种植设计图......138
  - 7.2.1 作图工具......138
  - 7.2.2 作图......138
- 7.3 园林种植设计说明书......160
- 复习思考题......161
- 推荐阅读书目......161

参考文献......162

附录......164

彩图......199

第1章 绪 论

1.1 园林种植设计概念

园林种植设计是在园林中安排、搭配植物材料，由园林植物和种植设计两个词组组成。园林植物的概念很明确，指栽植、应用于园林绿地中，具有防护、美化功能，或有一定经济价值的植物。包括木本的乔木、灌木、藤木、竹类及草本的花卉、地被、草坪。种植设计目前国内外尚无明确的概念，而与其相关的名词很多，如植物配置、植物配植、植物造景等，虽然内容都与种植设计有关，但还是有所差异，主要表现在侧重点不同。梁永基在《中国农业百科全书·观赏园艺卷》中指出："观赏植物配植即是按园林植物形态、习性、物候期和布局要求等进行合理搭配、种植的措施。"朱钧珍在《中国大百科全书·建筑园林城市规划卷》中指出："园林植物配置是按植物的生态习性和园林布局要求，合理配置园林中各种植物（乔木、灌木、花卉、草皮和地被植物等），以发挥它们的园林功能和观赏特性。"苏雪痕在《植物造景》中指出："植物造景，顾名思义就是应用乔木、灌木、藤本、草本植物来创造景观，充分发挥植物本身形体、线条、色彩等自然美，配植成一幅幅美丽动人的画面，供人们观赏。"这3个概念的共同点都是把植物材料进行安排、搭配，创造植物景观。教材中出现的植物配植是各类植物之间的安排、搭配，突出的是植、栽植；而植物配置是植物与其他造园要素之间的安排、搭配，突出的是置、放置。

《现代汉语词典》解释：设，意为布置、筹划。计，意为主意、策略、计划。设计，意为在正式作某项工作之前，根据一定的目的要求，预先制定方法、图样等。这就是说，设计即是为达到目的前的一个过程、措施、方法，是动态的活动，而不是静态的结果。

园林种植设计是根据园林总体设计的布局要求，运用不同种类及不同品种的园林植物，按科学性及艺术性的原则，布置安排各种种植类型的过程、方法。简单地说，即是营造、创建植物种植类型的过程、方法。完美的园林种植设计，既要考虑植物自身的生长发育特性、植物与生境及其他植物间的生态关系，又要满足景观功能需要，符合艺术审美及视觉原则，其最终目的是营造优美舒适的园林植物景观及植物空间环境，供人们欣赏、游憩。园林种植设计也简称为种植设计。

园林植物是园林重要的构成元素之一，园林种植设计是园林总体设计的一项单项设计，一个重要的不可或缺的组成部分。园林植物与山水地形、建筑、道路广场等其他园林构成元素之间互相配合、相辅相成，共同完善和深化了园林总体设计。

1.2 园林种植设计发展概况

园林种植设计是园林设计全过程中十分重要的组成部分。要了解种植设计的发展概况，离不开园林发展的历史。

1.2.1 中国园林种植设计概况

1.2.1.1 中国古代园林种植设计简史

从有关文字记载与汉字形状可知，中国园林的出现与狩猎、观天象、种植有关。殷商时期，甲骨文中出现囿、圃、园等字。

《诗经·鄘风·定之方中》记载："定之方中，作于楚宫，揆之以日，作于楚室。树之榛栗，椅桐梓漆，爰伐琴瑟。"这是描写魏文公于楚丘之地营造宫室的诗歌，营造宫室后种植榛树、栗树、梧桐、梓漆等树，待树木成材后，伐倒制作乐器。

《诗经·陈风·东门之枌》记载："东门之枌，宛丘之栩，子仲之子，婆娑其下。"早在 2500~3000 年前，帝王园苑及村旁就有选择性植树，这虽谈不上是什么植物景观的艺术性，但已具雏形。

战国时期，吴王夫差营造"梧桐园""会景园"。《苏州志》记载："穿沿凿池，构亭营桥""所植花木，类多茶与海棠。"此时在宫苑中已开始栽植观赏植物。

秦始皇统一中国，为便于控制各地局势，大修道路，道旁每隔 8m "树以青松"。有人称之为中国最早的行道树栽植。

汉代在秦旧址上翻建的"上林苑"规模宏大，《西京杂记》列举了大量植物名称，但对种植方式却记载甚少。"长杨宫，群植垂杨数亩""池中有一洲，上椹树一株，六十余围，望之重重如车盖。"这是建筑旁林植及池中小岛上孤植树的宏伟景观。

魏晋南北朝是私家园林大发展时期。由于园主身份不同、素养不同，园林的内容、格调也有所不同，进而对植物景观产生影响。官僚、贵戚的宅园华丽考究，植物多选珍贵稀有或色艳芳香的种类，如官僚张伦的宅园"其中烟花雾草，或倾或倒；霜干风枝，半耸半垂。玉叶金茎，散满阶墀。燃目之琦，裂鼻之馨。"而文人名士崇尚出世隐逸，向往自然之美，私园的风格更趋朴质天成，植物多用乔木茂竹，不求珍稀，也不刻意求多，"一寸二寸之鱼，三竿两竿之竹，云气荫于丛著，金精养于秋菊。"在"鸟多闲暇，花随四时"的闲情逸趣中怡心养性。这一时期的植物配置已经开始有意识地与山水地形结合联系，注意植物的成景作用。谢灵运营造山居时注意到树木的不同姿态与山水相映表现出的美感。《山居赋》中记载："凌冈上而乔竦，荫涧下而扶疏。沿长谷以倾柯，攒积石以插株。华映水而增光，气结风而回馥。当严劲而葱倩，承和煦而芬腴。"

自隋代起，皇家园林内栽植植物转向以观赏为主要目的。《大业杂记》中记载隋炀帝兴建西苑，"草木鸟兽繁息茂盛，桃蹊李径，翠阴交合""过桥百步，即种杨柳修竹，四面郁茂，名花美草，隐映轩陛。其中有逍遥亭，八面合成，鲜华之丽，冠绝今古"。植物栽植作精心布局，使山水、建筑、花木交相辉映，景色如画。

唐代皇家园林中植物景观的地位进一步提升，植物的种植分布便于赏玩目的，配植日趋合理。《开元天宝遗事》记载长安御苑兴庆宫内林木翁郁，景色奇丽，"沉香亭前遍植牡丹，龙池南岸植有叶紫而心殷的醉醒草，池中栽千叶白莲，池岸有竹数十丛"。骊山行宫，在天然植被基础上，进行大量有目的的栽植，出现用不同植物突出各个景区特色的配植手法，有如现今的植物专类园。由于诗人画家参与造园，重视植物的选择和配植，使诗画意趣开始向植物景观中渗透。白居易诗中有大量描写："插柳作高林，种桃成老树""竹径绕荷花，萦回百余步""一片瑟瑟石，数竿青青竹"。诗人、画家王维于辋川建造别业，园内利用多种花木群植成景，划分景点，如斤竹岭、木兰柴、宫槐陌、柳浪、椒园、辛夷坞等，每个景点都配诗一首，以"竹里馆"为例："独坐幽篁里，弹琴复长啸；深林人不知，明月来相照。"

宋徽宗参与设计的"艮岳"中，植物配植注重与山水、地形、建筑结合，配置方式有孤植、对植、丛植、群植等多种，艮岳内的花木漫山遍冈，沿蹊傍陇，连绵不断，四季景色迷人。《御制艮岳记》记载：园内许多景区以植物材料为主体，如植梅万本的"梅岭"，山岗上种丹杏的"杏岫"，叠山石隙遍植黄杨的"黄杨巘"，山岗险奇处植丁香的"丁嶂"，水畔种龙柏万株的"龙柏陂"，以及"椒崖""斑竹麓""海棠川""万松岭""芦渚"等，到处郁郁葱葱，花繁林茂。《东京梦华录》记载东京琼林苑便是一座以植物为主体的园林。"大门牙道皆古松怪柏，两旁有石榴园、樱桃园之类"。苑内"柳锁虹桥，花紫风舸。其花皆素馨、茉莉、山丹、瑞香、含笑、射香"。植物配植从种类选择到配植手法都形成了自身的风格，注重花木形体的对比、姿态的协调、季相的变化；利用乔木、灌木、花草巧妙搭配，结合诗情画意，创造丰富多彩的植物景观。《洛阳名园记》是记载北宋洛阳园林的重要文献，其中较为详尽地描述了当时私家园林丰富的植物景观，富郑公园内大面积的竹林与小面积的梅台形成疏密和明暗对比。环谿"园中树松、桧、花木千株，皆品别种列。"天王院"盖无他池亭，独有牡丹数十万本"。刘氏园"木映花承，无不妍稳"。归仁园"北有牡丹芍药千株，中有竹百亩，南有桃李弥望"。由此可见，北宋洛阳私园显著特点是运用树木成片栽植而构成不同景观，大量使用植物营造天然之趣。临安为南宋南渡之后都城所在，闻名古今的西湖十景已形成，其中许多景点以植物景观著称。此外"花园酒店"开始兴办，《都城纪胜》提到"花园酒店"城外多有之，城内亦有仿效者，店肆"俱有厅院廊庑，排列小小稳便阁儿，吊窗之外，花竹掩映"，这种花木繁茂的花园酒店很受顾客欢迎。

明朝迁都北京，平地造园，天然植被不甚丰富，但经精心经营，也形成了宛若山林的自然生境。万寿山树木葱郁，三海水面辽阔。夹岸榆、柳、槐多为古树，海中萍荇蒲藻，交青布绿，北海遍植荷花，南海芦苇丛生，颇具水乡风韵。《日下旧闻考》记载："绕禁城门，夹道皆槐树""河之西岸，榆柳成行，花畦分列，如田家也。"私家园林与两宋一脉相承，造园更为频繁，遍及全国，植物景观各具地方风格。江南以落叶树为主，配合常绿树，辅以藤萝、竹、芭蕉、草花等构成植物基调，注意树木孤植和丛植的画意，讲究欣赏花木的个体姿态、韵味之美，配合青瓦粉墙，呈现一种恬静雅致有若水墨渲染的艺术格调。北京私园多为贵戚官僚所有，园内多植松、柏、牡丹、海棠等名贵花木，配合琉璃覆顶，绿窗红柱，色彩浓重，对比强烈，风格大气。岭南私园地处南亚热带，植物种类繁多，四季花团锦簇，绿荫葱翠。再者，植物配植思想和手法进一步成熟，以江南私园为例，园中植物材料的选择及造园布局均反映园主的思想情操和精神生活。拙政园以朴树、女贞、枫杨、榔榆、垂柳等乡土树种为基调，配以寓意深刻的荷花、梅、竹、橘、枇杷、梧桐、芭蕉等，不难看出园主隐退田野，对清闲自操的生活的向往。留园、网狮园、怡园则选用银杏、榉树、玉兰、海棠、牡丹、桂花等植物，呈现花团锦簇、荣华富贵、富丽堂皇的景象。

清王朝在园林建设中注重大片绿化和植物配植成景，以自然风景融汇于园林景观。当时的"三山五园"，建筑少而疏朗，园林景观以植物为主，《蓬山密记》中描写畅春园："……又至斋后，上指示所种玉兰、蜡梅，岁岁盛开。时，箂竹两丛，猗猗青翠，牡丹异种，开满阑槛间。国色天香，人世罕睹。左有长轩一带，碧棂玉砌，掩映名花……自左岸历绛桃堤、丁香堤。绛桃时已花谢，白丁香初开，琼林瑶蕊，一望参差。黄刺梅含笑耀日，繁艳无比，……楼下，牡丹益佳，玉兰高茂，……登舟沿西岸行，葡萄架连数亩，有黑、白、紫、绿诸种，皆自哈密来……入山岭，皆种塞外所移山枫婆罗树。隔岸即万树红霞处，桃花万树今已成林。上坐待于天馥斋，斋前皆植蜡梅。梅花冬不畏寒，开花如南土……"足可见园内花团锦簇，林茂草丰，植物景观引人入胜。香山静宜园规划设计时着重保留原有自然植被，因势利导加以利用，形成富有山林野趣的山地园。《绚秋林诗》记载："山中之树，嘉者有松、有桧、有柏、有槐、有榆，最大者为银杏。有枫，深秋霜老，丹黄朱翠，幻色炫彩。朝旭初射、夕阳返照，绮缋不足以拟其丽，巧匠设色不能穷其工。"至今植物景观依旧鲜明，千姿百态的古松古柏，无论单株、成林都颇具如画意境。尤其秋季，层林尽染，绮丽绚烂。颐和园万寿山前山与后山的配植手法极具特色。前山宫殿佛寺集结，因此，植以纯粹的松柏为绿化基调，其暗绿色调沉稳凝重，与建筑的亮黄琉璃瓦、深红墙垣形成极其强烈对比，渲染了皇家园林的恢弘华丽。后山则以松柏与枫、栾、椿、桃、柳间植，姿态多样，树形参差，配合丘壑起伏，山道盘曲，创造出与前山截然不同的幽雅、深邃的林木氛围。

1.2.1.2 中国古代园林著作中的有关园林种植设计

分析古代园林种植设计的原则、手法，不能不研究古代有关园林的著作，尤其明清时期的著作，涉及植物配植的内容对今日的种植设计还具有一定指导意义。

①《园冶》 为明代计成所著。《园冶》是中国历史上第一部专门论述造园技艺的著作，"园说·相地"篇中，作者针对不同类型的园址，对植物的选择和植物景观的设计作了不同的论述。"山林地"宜"竹里通幽，松寮隐僻，送涛声而郁郁，起鹤舞而翩翩。"以烘托山林隐逸环境。"城市地"则"院广堪梧，堤湾宜柳"；"芍药宜栏，蔷薇未架；不妨凭石，最厌编屏；……窗虚蕉影玲珑，岩曲松根盘礴。"创造出闹中取静的幽美生活环境。"村庄地""团团篱落，处处桑麻；……挑堤种柳；……堂虚绿野犹开，花隐重门若掩。"突出田园景色。"郊野地"则"溪湾柳间栽桃；月隐清微，屋绕梅余种竹；似多幽趣，更入深情。……花落呼童，竹深留客。"情趣雅致，意境深远。作者认为"多年树木，碍筑檐垣；让一步可以立根，斫数桠不妨封顶。斯谓雕栋飞楹构易，荫槐挺玉成难"。指出园址中原有树木，尤其古树实为可贵，造园时应妥善保护，加以利用。

②《长物志》 为明代文震亨所著。"花木"篇中，作者对江南园林中常用的花草树木的配植有所论述。作者认为，不同的植物要视其姿态、性状、立地的不同而采取不同的配植方法。"第繁花杂木，宜以亩计。乃若庭除槛畔，必以虬枝古干，异种奇名，枝叶扶疏，位置疏密。或水边石际，横偃斜披，或一望成林，或孤枝独秀。草木不可繁杂，随处植之，取其四时不断、皆入图画。"书中对具体的花木配植也逐一作了说明。牡丹"俱花中贵裔。栽植赏玩，不可毫涉酸气。用文石为栏，参差数级，以次列种。"玉兰"宜种厅事前，对列数株，花时如玉圃琼林，最称绝胜。"山茶"多配以玉兰，以其花同时，而红白灿然。"桃、李不可植于庭院之中，只宜远望。梅有两种配植方式，一是枝梢古而有苔藓者，"移植石岩或庭际"，取其古意；二是植为梅林"另种数亩，花时坐卧其中，令神骨俱清"。芙蓉"宜植池岸，临水为佳；若他处植之，绝无丰致"。柳"更须临池，柔条拂水，弄绿搓黄，大有逸致"。玉簪"宜墙边连种一带，花时一望成雪"。水仙"杂植松竹之下，或古梅奇石间，更雅"。

③《花镜》 为清代陈淏子所著。"课花十八法"之种植位置法，是古人对花木配植手法的一个较全面的总结。其一，园中栽植花木首先要适应其生态习性，适地适树。"花之喜光者，引东旭而纳西晖；花之喜阴者，植北圃而领南薰"。其二，配植要根据植物的品质、色、香、姿、韵以及花期不同采取相应的手法，"因其质之高下，随花之时候，配色之浅深，多方巧搭"，以达到"使四时有不谢之花，方不愧名园二字，大为主人生色"。作者对花木种植的位置具有精到的见解，要根据园林空间的旷奥，花木本身的习性、气质等多方审定搭配，构成生气流动的画面。"牡丹、芍药之姿艳，宜玉砌雕台，佐以嶙峋怪石，修篁远映。梅花蜡瓣之标清，宜疏篱竹坞，曲栏暖阁，红白间植，古干横施。桃花夭冶，宜别墅山隈，小溪桥畔，横参翠柳，斜映明霞。杏花繁灼，宜屋角墙头，疏林广榭。梨之韵，李之洁，宜闲庭广圃，朝晖夕霭；或泛醇醪，供清茗以延佳客。荷之肤妍，宜水阁南轩，使薰风送麝，晓露擎珠。菊之操介，宜茅舍清斋，使带露餐英，临流泛蕊。海棠韵娇，宜雕墙峻宇，障以碧纱，烧以银烛，或凭栏，或欹枕其中。木樨香胜，宜崇台广厦，挹以凉飔，坐以皓魄，或手谈，或啸咏其下。其余异品奇葩，不能详述。……虽药苗野卉，皆可点缀姿容，以补园林之不足。"

1.2.1.3 中国近代园林种植设计概况

民国时期，出现了政府或商团自建公园及利用皇家苑园、庙宇或官署园林经改造的公园，这些公园的景观还是沿用古代园林的造景原理及手法。西方园林文化的引进，对中国近代园林造景起到极大影响。鸦片战争后，外国人在租界地建造了一批公园，出现了不同风格的公园及园林植物景观。上海兆丰公园（今中山公园）以英国式园林风格为主体，采用大草坪、自然式树丛、大理石建筑及山林、水面组成中西园林文化相融合的园林景观。公园内布置有6处草坪，其中有面积达8000m^{2}的大草坪，小地形微微起伏，绿茵绵延，一派英国牧场风光；大草坪西北角，有园主霍格于1886年栽植的悬铃木，至今树干挺拔，树姿雄伟、浓荫匝地，是一株极具观赏价值的孤植园景树，应该说这是我国引种最早的悬铃木；大草坪北建有具西方古典主义园林建筑形式的大理石休息亭，气魄宏伟，亭中有两个大理石塑人像；亭旁种植紫藤，盘绕架上，亭后以龙柏为屏障，整个景观极富欧陆古典园林情调；公园南隅的老蔷薇园，四周用法国冬青围成高篱，中央有一座古典的兽像雕塑，两翼伸张，背负日晷，园中设规则花台，种月季400多株，每年春秋时节，花色缤纷，鲜艳夺目。上海法国公园（今复兴公园）以规整的中轴线、雍容的沉床花坛、端庄的喷水池、法式雕塑、茂盛的悬铃木展现出法国古典园林的风采，同时，园中又布置兼具中国园林风格的山石、溪瀑、曲径、小亭的山水风景景观。公园中部的沉床园采用传统规则式布局，几何图案的毛毡花坛分列轴线两侧，一年四季栽植不同花色、叶色的花草，组合成地毯一般的图案花纹，加以彩色喷泉伴于其中，成为公园特色景区。园内参天的悬铃木或列植成园路树，或群植成树林；西北角规则式古典的月季园都显示着法国韵味的种植形式。

1.2.1.4　中国现代园林种植设计的特点

中华人民共和国成立初期，为改变城市绿化面貌，在"普遍绿化，重点提高"及"实行大地园林化"的方针指导下，城市中大量种植行道树，各单位庭院也大量植树，树种以快生乔木为主，新辟的公园绿地中，先普遍植树，后重点铺草、栽花，尽量扩大绿地面积，使城市绿化出现了蓬勃发展的好局面。1978年以来，各地园林绿化事业进入了新的快速发展阶段，这一时期，更多的专家、学者进一步认识到用植物营造景观的必要性，因此"植物造景""植物配置"被提到极其重要的地位，成为现代园林重要标志之一。通过不断探索，在实践中总结了如下特点。

(1) 注重生态效益，创造生态景观

随着工业发展，城市人口剧增，城市面积扩大，城市环境和生态平衡受到严重破坏，环境质量显著下降，因此在城市现代化的进程中，人们都以极大的热情关注城市绿色空间的开拓。城市绿地是城市用地中唯一具有自然环境，可以调节城市生态平衡的体系；城市外围绿地作为一种新兴的绿地形式，是城市大园林绿地系统中的一个重要组成，不仅关系到附近居民的利益，而且能满足久居闹市的居民更直接地接触大自然的需求。更重要的是这些绿地、绿带给城市带来极大的生态效益。合肥市的环城绿地系统，上海市外环线外侧宽500m、全长97km的大型绿化带，北京市在第一条总面积112km^2"都市森林"的基础上又启动总面积1650km^{2}的第二道绿化隔离带，这些绿地、绿带以乡土树种、快长树种为主，有的乔草结合，有的乔灌草结构，片片绿树，郁郁葱葱，林木森森，以别具一格的风韵独树一帜，给城市生态带来良性循环。在绿地中乡土植物、野生地被的应用，借鉴自然植被模拟植物自然群落的种类、结构，注重种植的科学性和合理性，在城市绿地适宜地区营造混交林景观、疏林草地景观、灌丛景观、草原景观、湿地植物景观等各类植物生态景观。

(2) 挖掘种种潜力，增加植物种类

"多样性导致稳定性"，这是一个最基本的生态学原理。单一植物种群的结构极为脆弱，景观也显单调。在城市绿地中要优化种植结构，实行多种类、多层次、多结构的种植形式，有条件的地区还应采用复层结构，这一切都需要有丰富的植物种类。

乡土植物的应用，有力地保证了各类种植形式的实施，随着科学技术的进步，大量新品种产生，与国外交流的加强，许多新优植物种类和品种的引入，更为城市绿地中的各类种植提供充足素材。彩叶植物、观花、观果、观干、观姿态、地被植物、抗性植物等的大量应用，使现代园林的面貌得到了长足进步。'紫叶'小檗、金叶女贞、欧洲琼花、猬实、'红王子'锦带花、金枝垂柳、绒毛白蜡、千头椿、郁金香、百合、鸢尾、地被菊……这些花草树木以其色、香、姿、韵之美感点缀城市景观，呼唤城市人向往自然，与自然和谐相处，体验那份淳朴的感受。

(3) 继承传统理论，扩充种植形式

现代园林植物种植类型除了传统的自然式树木的孤植、对植、列植、丛植、群植、林植及棚架外，形式更趋多样。有吸取了西方规则式的一些种植类型，如修剪整齐的绿篱、绿墙，各种盛花花坛、模纹花坛；有继承发展古代花卉应用的花境、花丛、花带等；有仅于建筑旁点缀、美化形式扩展到既美化又防护降温的墙面绿化、软化建筑立面与地面夹角呆板的基础栽植；使建筑立面更加生动自然的阳台绿化、让外部空间的绿色渗入室内的室内栽植；使生活工作在高层的人们更方便接触自然的屋顶花园等。

随着经济文化艺术及现代科技发展，人们不再满足简单的游乐，而对精神需要有了更多的追求，这样就出现了不同形式的各类园林：主题公园、专类园公园、居住区小游园、普及科学知识的植物园、动物园、适应不同活动要求的广场……这些园林绿地的种植形式无疑有别于古代园林中的种植形式。

为满足城市人回归自然，在真正的天地山水间放松自己，近年来在市区、市郊营建了一些体现田园风情或山林野趣的公园绿地；在一些特定地区，营造具有自然景观和人文景观相结合的风景名胜区；利用自然森林或建造突出自然野趣的人工林的森林公园、农业观光园；致力于保护生物多样性、保护珍稀濒危动植物的自然保护区。这些大型游览场所以天然植被为主，结合大手笔的景观改造，确是一种新的种植尝试。

国庆期间天安门广场搭建花坛已是历年国庆庆典中必不可少的装饰。1986年，10万盆鲜花组成花坛装点广场，此后，每年的花坛从设计理念到造型色彩，都力求表现中国日新月异的新面貌，象征祖国的繁荣昌盛。"万里长城""延安宝塔""二龙戏珠"到近年的"万众一心"主喷泉花坛，配以四周立体花坛或东西两幅画卷花坛。主喷泉花坛气势壮观，立体花坛、画卷花坛格外靓丽。"福娃""鸟巢""祈年殿""青藏铁路""布达拉宫""原生态西部自然风光"，50万盆鲜花将整个广场变成花的海洋，人们用这种大规格、高质量的花坛布置形式庆贺祖国母亲的生日。

(4) 顺应时代步伐，丰富种植手法

不能否认，古代人民积累了丰富的种植设计手法和经验，但由于现代园林服务对象的改变，必然带来诸多方面的变化，这不仅反映在园林绿化面积的扩大，还表现在形式、风格以及布局手法上的变化。现代园林种植手法受新艺术形式影响，讲究自由流畅，追求简洁明快，风格上博采众长，一定程度上有别于古代园林所刻意追求的意境与含蓄美，诸如大草坪、疏林草地、林缘花境、大地树坪等都呈现出一种疏朗大方的自然气息。

一个出色的种植设计师要善于运用植物的色彩、芳香、姿态、质感、体量等个体特性，调动一切艺术手段，精心搭配。植物景观的创作绝非费尽心机地模拟植物自然群落的种类、结构，而是要对自然群落进行提炼加工，构思立意，然后表现出来，在此过程中，创作手法起着至关成败的重要作用。

利用不同植物围合植物空间，运用各类植物空间组织园林景观，这是现代园林有别于古代园林的一个重要手法。现代人们对于园林的感受，已经由单纯艺术上的欣赏而转入对园林空间物质与精神的双重享用。设计者要在有限的面积上创造尽可能深远的空间感，这是造景的一种技巧、手法，并希望游人能最大限度地感受这一空间，因此必须选择一个最佳观赏点加以突出，并运用植物色彩、姿态、质感、体量等的视错觉进行种植。合理运用植物围合空间，选用不同的植物空间，还必须注重人在不同空间场所中的心理体验与感受的变化，从多方面着手，形成疏密、明暗、动静的对比，创造出丰富的一组组虽隔不断、虽阻不堵、虽透不通、似连非连、相互渗透的植物空间。

近年较为流行的"大地树坪",又称"树阵",规则式或拟规则式地种植大规格乔木,形成冠下空间,树下设休息坐凳,铺以草坪或硬质铺装,有利于人们休息、活动,这种种植形式简洁、大气,深受人们欢迎。

植物种植离不开色块的运用,近年来南北各地常用'紫叶'小檗或红花檵木、金叶女贞、黄杨三色灌木按曲线如波浪的动势流线分层次栽植,形成红、黄、绿色彩对比强烈、线条流畅欢快的动势景观,以丰富园林的色彩构图。在很长一段时间内,这种色块应用极为普遍,以至一说色块即认为红黄绿修剪整齐的图案。其实,应用自然姿态、花色艳丽、花期较长的小乔木、花灌木及宿根花卉搭配组成的花径、花丛,开花时节,或金黄一片,或粉花夹道,同样给人留下极深刻的色块印象。秋冬时节,各色羽衣甘蓝平面造型分区域种植,采用流线形、大色块布置,红、白、黄、粉等色有机组合和搭配,以其鲜艳多彩的叶色点缀秋冬大地,这也是极好的色块运用。绿地中种植色块要把握色块在绿地中的比例大小,尤其那种需定时修剪、管理费工费时、人工痕迹明显的图案色块不能到处滥用;另外,种植色块植物时要注意其集中与连贯性,不能太分散,否则看起来显得凌乱繁杂,达不到整体美感。

大树移植能迅速营造一个景点或布置一处极具气势的绿地,达到绿化、美化城市的效果,是现代城市绿化建设中的一种常用的种植手段。科学的说法,大树移植应当是大规格乔木的栽植,即在苗圃里培育了多年的大规格苗木,苗木胸径一般达到10~15cm,这样的大苗处在生命的旺盛期,移植后,恢复生长时间短,成活率高,容易快速形成景观。大树移植不要过分求大、求古,尽可能选择乡土树种,加强研究大树移植的技术及移植后养护管理措施,并彻底杜绝取自山野大树进行绿化种植。

综上所述,中国现代园林由于城市生态环境恶化,城市市民的心态和审美情趣的变化,城市园林绿化服务对象的改变,科学技术的发展及国外先进经验的引进,形成现代园林有别于古代园林的方方面面。现代园林种植设计要继承中国古代植物种植手法,力求创新、发展,强调与环境相协调,强调生态效益,强调人性化设计,秉承传统文化,"师法自然",顺应自然规律进行适度调整,创作既具时代气息,又体现我们国家和民族历史文脉的后现代主义作品。"21世纪是回归自然的世纪"。保护生态环境是全人类的任务。园林绿化是利用绿色植物的生态功能改造环境的宏伟工程,理顺人和绿化同环境间的相互关系,从而实现人与自然"新的和谐"。

1.2.2 西方园林种植设计概况

西方园林与中国园林一样,有着悠久的历史、古老的传统和精湛的造园技术,同样是世界园林艺术中的瑰宝。目前,我们对西方园林的研究多数为历史、风格等方面,而对种植设计这一领域涉猎不深,只在介绍不同时期园林风格的时候,对该时期常用的植物及其配植方法有所提及。金嬡在硕士毕业论文中对西方园林中的整形植物、植物凉亭和绿廊、花结坛和刺绣花坛、植物迷宫、花境、野花园、观赏草等7种植物种植类型归纳总结其来源、发展、配植手法、营建过程等,以期根据中国国情借鉴应用。

(1) 整形植物(topairy)

通过修剪植物,使植物形成并保持设计造型(如圆形、方形、动物形等)的技术叫植物整形技术,修剪后形成的造型植物叫整形植物。

在古希腊时代,人们认为美是有秩序的、有规律的、合乎比例的、协调的整体,因此,只有强调均衡稳定的规则式园林才能确保美感的产生。植物造型是规则园林极重要的配植手法,古罗马园林受古希腊文化的影响,很重视整形植物的运用,开始只是把一些萌发力强、枝叶茂密的常绿植物修剪成篱,以后则日益发展,将植物修剪成各种几何形体、文字、图案,甚至一些复杂的人或动物形象。常用的植物为黄杨、欧洲紫杉、柏树等。14世纪意大利文艺复兴,植物整形技术得到了进一步发展,不论是在大型园林还是小型园林,不论是整体规划还是单一景点,它都可以栽

图1-1　整形植物

图1-3　花结坛

植应用（图1-1）。整形植物是传统与现代相结合的产物，在当代西方规则式园林中仍应用甚广。

(2) 植物凉亭和绿廊（arbour and gallery）

植物凉亭、绿廊的来源可以追溯到古埃及园林，人们为了抵御酷暑，搭建了简易的凉棚，在凉棚旁栽种藤本植物令其上爬，这就是植物凉亭的最早雏形。之后，人们又延伸凉棚将其加长，这样即使行走，也可遮挡太阳，贵族们又在其旁栽种葡萄等植物，慢慢演变成了绿廊（图1-2）。

植物凉亭和绿廊在规则园中常常作为连接几个园子或通道的中介，不仅使布局显得对称，并具遮阴和观赏效果。在自然园中则运用较多简单、朴素的材料，随意自然的造型，布置在路旁、水涧、香花园、月季园、蔬菜园等专类园及各种场合都很适宜。组成植物凉亭、绿廊的植物材料除了用藤本植物缠绕、攀缘外，也可于路两旁适当密植枝叶茂密的乔木树种，若干年后，两旁树木枝条于道路上方交接，经过适度的修剪，形成弧形的空间，这种绿廊也叫树廊，遮阴效果较好，而且形成静谧的氛围，加强观赏效果。

(3) 花结坛和刺绣花坛（knot and parterre）

花结坛和刺绣花坛均属于模纹花坛的范畴，其特指流行于中世纪欧洲，图纹瑰丽，通常对称植坛而组成古典式模纹花坛（图1-3、图1-4）。

花结坛在英国非常流行，是用矮生绿篱构成复杂图形的花坛，其图案样式，有表现混合的几何形，表现鸟兽、图徽及其他形状，绿篱间或填铺多种颜色的粗砂，或种植一色的花卉，看上去犹如各色彩带。在花结坛的基础上，法国人克洛德·莫莱用花草或小绿篱模仿衣服上的刺绣花边，创造瑰丽的花坛，像在大地上做刺绣一样，称作刺绣花坛，即目前广泛应用的模纹花坛的前身。在17世纪的法国十分流行，几乎形成了园林中不

图1-2　绿　廊

可缺少的种植类型，一直沿用至今。英国人将这种种植类型进行创新，他们通过在草坪上镂空的方法来表现花坛精美的图案，也有人直接以草坪为底衬，其上用鲜花布置美丽的纹样，这两种形式的做法都比刺绣花坛容易建植和养护，在现代英法园林中应用甚广。随着花卉品种的不断增多，后来又演变成盛花花坛。盛花花坛在目前应用最广，因为它的做法简单，观赏效果理想，但是从艺术角度来讲，跟模纹花坛的精雕细琢是不可同日而语的。

(4) 植物迷宫 (maze)

植物迷宫始于罗马时期，以后曾因战乱而荒废，中世纪时局稳定，植物迷宫又再度兴起，成为当时王宫贵族常用的娱乐形式之一。植物迷宫成为花园设计普遍特征的主要时期是16~17世纪的欧洲，这一时期的迷宫依旧存在于现代欧洲的园林中（图1-5）。

建造植物迷宫必须有足够大的场地，选用欧洲紫杉或黄杨按设计图案栽植成规则的绿篱即可，绿篱需要定期修剪，道路也要保持良好状态。用草坪代替绿篱也同样引人入胜，它不需要整枝，只要修剪草地。当代美国，玉米迷宫日渐风行，在一望无际的玉米地里，巨大的结构在田野里剪径而建，有的还配有背景音乐，体现古老与现代的乐趣。

(5) 花境 (flower border)

花境源于英国古老而传统的私人别墅花园。它没有规范的形式，位置多在道路两旁或墙脚，园中主要种植主人喜爱、又可在当地越冬的花卉，其中以管理简便的宿根花卉为主要材料，随意种植在自家庭园。这种花境在当时非常流行。以后设计者在材料中加入小灌木及球根花卉。第二次世界大战之后，出现混合花境和四季常绿的针叶树花境。随着时代变迁和文化的交流，花境的形式和内容也在变化和拓宽，但其基本形式和种植方式仍被保留下来，而得到广泛的应用（图1-6）。

植物种类丰富、季相变化明显，是花境的一个最突出的特点。花境在自然园中应用极为普遍，把不同种类的花卉栽植成团块状或长带状，再现自然

图1-4　刺绣花坛

图1-5　植物迷宫

图1-6　花　境

界中多种野生植物此起彼伏交错生长，色彩变化不断的美丽景观。各种植物间的搭配看来极为随意，详细分析，其高矮、花期色彩、每种植物所占面积大小、与周围环境的协调等处理是有一定规律的。花境也是点缀规则园的重要种植手法之一，与自然园不同的是规则园中的花境一般都有整齐的界线，有的用修剪的矮篱，有的用小石块，有的通过切割整齐的草坪，或硬质铺装来限定边界。

(6) 野花园 (flower garden)

野花园，中世纪人们热爱的草坪上开满野花的植物景观，随着第二次世界大战及战后土地重新开发利用而逐渐消失在人们的视线中。这种古老的种植类型，直至20世纪80年代，随着"自然园艺"在英国的逐渐流行，又开始重新恢复其面貌，所以野花园的再现发展是近几十年的事，但很快即流传应用开来（图1-7）。

野花园的植物材料应以生长强健、不需精细管理的野生宿根花卉及自播繁衍能力强的一、二年生花卉为主，适当应用球根花卉。如今，野花园已经成为大型园林景观中不可缺少的一部分，公园草坪中心或一角、疏林草地上、私家庭园中、城市街道旁，即使荒芜的土地、贫瘠的山坡上都能欣欣然展现它的丰姿。

(7) 观赏草 (ornamental grass)

随着人们回归自然意识的深化，人们把一些具极高观赏价值的野生草类栽植在庭园或城市园林中，因为它自然而优美、朴实而刚强，深深赢得人们的喜爱，很快在西方园林中，观赏草的应用占有了重要位置（图1-8）。

观赏草以禾本科植物为主，也包括部分莎草科、灯心草科、花蔺科等植物。其茎秆姿态优美，叶色丰富多彩，花序五彩缤纷，植株随风飘逸，即使在花叶凋零的秋季，它们也可给生境带来无限生机。观赏草对环境有极广泛的适应性，耐干旱、耐水湿、喜光、耐庇荫、耐高温、耐寒冷，是观赏植物中极为优秀的一个类群。

观赏草在西方国家主要应用于自然式园林中，山坡林缘、园路两侧、水际石畔，可以单种成片栽植，也可与花卉、树木搭配在一起，营造出富有变化的空间。

回顾西方历史，看园林的发展趋势：

意大利文艺复兴时期的造园家多为建筑师，他们将建筑学中相关的比例、尺度、均衡、协调等美学原理，以及空间设计、视角处理等手法应用于园林之中，这一时期，植物种植类型有整形植物、花结坛、植物凉亭、植物迷宫等。

图1-7　野花园

图1-8　观赏草

17世纪法国古典园林，结合本国自然风貌及时代特点，使园林走出庄园的狭小范围，成为相对独立的艺术形式，进而以园林表现一代君主的权势、威力，凡尔赛宫成为极盛时期法兰西的象征，规则园中常用的植物配置手法在这时期都发展到了极致，整形植物、植物迷宫大量应用，在花结坛的基础上发展了刺绣花坛，工艺之细，令人叹为观止。

18世纪英国自然风景园的产生，是西方园林史上的一次重大变革，它改变了自古希腊、罗马以来1000多年西方园林史上占统治地位的规则式园林风格，首次吸引了众多的文学家、哲学家、诗人、画家的参与。当时植物种植的主要类型有花境、植物凉亭、绿廊等。

20世纪80年代以来，随着"自然园艺"在英国的逐渐流行，野花园和观赏草这两种更贴近自然的植物种植类型逐渐应用于园林。现代公园的景观设计不是以视觉欣赏为主要目的，而是以环境保护和生态平衡为首要任务。因此，设计以植物造景为主，讲究开朗的空间、宽阔的草坪、明净的湖水、欣欣向荣的草木和活泼可爱的小动物，讲究纯天然要素所构成的生机盎然的自然美景，讲究为人类提供一个亲近自然、回归自然、返璞归真的和谐环境，使人们充分享受自然带来的自由、清新和欢悦。

1.3 "园林种植设计"课程内容及课程要求

"园林种植设计"课程在完成"园林树木学""园林花卉学""园林花卉应用设计"等课程学习，掌握园林植物的种类、生态习性、观赏特性的前提下，学习掌握种植设计的基本原则及布局、技法，绘制空间合理、景观合宜的各类植物种植类型，如园景树、园路树、树丛、树群、疏林草地、花丛、花境、观赏草坪，专类花园如月季园、芳香园等。

"园林种植设计"课程由理论及设计两部分组成。理论部分讲述种植设计的概念、意义，植物材料选择，种植设计基本原则、布局、技法，植物与建筑、山体、水体、园路、小品的种植方法及种植设计程序、范例分析。设计部分则在已完成山水地形、建筑、道路等设计的小型绿地平面图上进行种植设计，包括种植方案图、种植设计（中期）图、种植施工图及书写种植设计说明书。

园林种植设计是园林设计全过程中十分重要的组成部分。英国风景园林师克劳斯顿（B. Clouston）曾经说道："园林设计归根结底是植物材料的设计，其目的就是改善人类的生态环境，其他的内容只能在一个有植物的环境中发挥作用"。这段话精辟地说明了种植设计与园林设计的相互关系，园林设计中山水地形的堆挖、建筑小品的布置、广场园路的安排等的设计是离不开植物的，只有在有植物的环境中才能淋漓尽致地发挥作用。

园林种植设计归根结底就是植物材料的选择及植物种植。植物是种植设计的主要素材，植物是有生命的活体，在不同的生境条件下生长着不同的植物，它们对环境有着不同的要求，并有不同程度的适应性。随着季节的变化，植物呈现不同的色彩、芳香、姿态、质感、体量；随着年龄的增长，又变化着自身的形体，并因植物间的相互消长而不断变化着园林空间的形象，因此，除要求学生掌握园林植物的生态习性及生物学特性外，还要掌握园林植物的观赏特性，包括植物的色、香、姿、韵及成年植物的株高、冠幅等特性。种植设计的原则、布局、技法等是做好设计的准则，必须熟练掌握。园林种植设计的设计观念可以分为理性部分和感性部分。理性部分是一个很科学的设计概念，该怎么做就怎么做，而且可以沟通，可以传授和学习，如前人的经验。一些设计的原则和规范都是客观存在的知识。而感性部分则涉及设计者个人的文化素养、艺术修养、审美观和个人风格，每个设计者不同的个性、习惯与艺术观都会使设计作品具有不同的品位。园林绿地不单是供人们欣赏的园地，人们对植物景观的欣赏、对植物空间的评价随不同人群的年龄、职业、文化素养等各不相同，因此要求学生除加强自身的文学修养、艺术修养外，还必须学习社会心理学、

行为科学等知识。

　　园林种植设计是一门综合性很强的学科，涉及生物、生态、文学、美学、艺术、社会学等诸多领域。设计既要考虑种植的科学性，又要讲究设计的艺术效果。园林种植设计也是一门理论与实践紧密联系的应用学科，除了借鉴古今中外植物种植的传统理论、优秀技法，加以创新、发扬外，还必须投入大自然，走向园林绿地，汲取自然的精华，开阔视域，多记、多想、多思考，定能取得较大的收获。

复习思考题

1. 为什么说园林种植设计是园林设计的重要组成？
2. 如何继承并发扬中国、西方古代园林的种植设计优秀传统？
3. 观察现代园林中植物种植的范例，分析其科学性及艺术性，积累种植设计的理论和知识素材。

推荐阅读书目

中国古典园林史. 周维权. 清华大学出版社，1993.

古代花卉. 舒还澜. 农业出版社，1993.

外国造园艺术. 陈志华. 河南科学技术出版社，2001.

中国古代园林史. 汪菊渊. 中国建筑工业出版社，2006.

第 2 章 园林种植设计基本原则

园林种植设计包含极丰富的内涵，在不同地区、不同场合、地点，由于不同的目的、要求，可有多种多样的种植类型与种植方式。同时，由于植物是有生命的有机体，它具有自身的生物学特性，在不断的生长发育及四季交替中，产生变化万千的观赏效果；它又与生长环境发生千丝万缕的联系，对环境有一定要求又有不同程度的适应性。

园林种植设计不仅是一个科学问题，也是一个艺术问题，还要考虑社会效益、环境效益及经济效益等。因而其是个相当复杂的工作，要求每个设计者具有广博而全面的知识。园林种植设计工作虽然涉及面广，变化多样，但还是有基本原则可循的。

2.1 生态学原则

近年来由于气候变化、环境污染等原因，人们对生态的重视度不断提高。在这种背景下，园林界提出了园林生态学理论，这种理论以人类生态学为基础，融汇景观学、景观生态学、植物生态学和有关城市生态系统等理论，研究风景园林和城市绿化影响范围内的人类生活、资源利用和环境质量三者之间的关系及调节的途径，并提出了园林生态设计的原则。园林种植设计是园林设计的重要组成部分，是以植物材料来营造具有视觉美感的景观，而具有美感的植物景观首先要符合植物的生态要求。在对环境要求日益提高、对生态效益和环境影响考虑日益增加的情况下，尤其需要把生态学的相关原则和发挥生态效益的思想融入设计中。

植物是园林要素的重要组成部分，它不仅能满足园林空间构成和艺术表现的需要，还可以为人们提供防风、降噪、保持水土、遮阳降温、防火抗灾等功能需求。绿色植物更是生态系统的初级生产者，是园林景观中极其重要的生命象征。在园林种植设计中，一定要以生态学为依据，最大程度地发挥"绿"的效益，具体可表现在以下几个方面。

(1) 重视提高绿地比例和绿化覆盖率

现代园林与古代相比，建筑比例下降，绿化比例上升。中国古代园林从殷代的台苑和囿开始，已有3000余年的历史。如果是从封建社会的秦汉算起，至少也有2000多年的历史。2000多年前，在我国的西北，人口稀少，天然植被生长茂密，郁郁葱葱，帝王宫阙中出现大量的"台""观"之类，可以居高临下以畅胸怀。由于自然环境的优越，从秦汉时期的文献中略可探知当时对植物并不重视，如果将植物的观赏性与经济性相比，后者还是占据主要地位。

无论早期利用天然环境和植被所设置的大型园囿，还是其后，自魏晋南北朝的分治局面到隋唐的统一，皇家园林以及随后出现的私家园林，均重视园林环境与自然的融合，并通过人工仿造自然，提炼和浓缩自然景观精华，技艺日益发达，达到"虽由人作,宛自天开"的效果。但是,尽管在中国古代园林中讲究"天人合一",从植物与建筑、山水、铺装等所占面积比例关系来看,绝大多数的园林中植物种植用地面积所占比例较少,这既与当时良好的周边自然环境有很大关系,也与这类园林为满足人们日常生活功能的需求有关。

随着工业化迅猛发展,人类对自然资源进行掠夺性开发,同时城市人口急剧膨胀,造成大量自然景观被破坏,使得人类生存环境日益恶化。同时,随着时代的发展,人们的生活水平逐步改善,精神文化层次也相应提高,人们的审美情趣发生了变化,文化娱乐生活要求多元化,从而对美的认识也较之古代有了较大的变化。古代园林中造景及赏景的标准常注重意境,不求实际比例,着力画意,对园林植物景观常以个体美及人格化为主;而现代人更偏重于欣赏群体美,强调"有量才有美"。园林也由诸多皇家园林和私家园林转变为现代公园,其服务对象也由君王、地主或具有一定经济基础的文人雅士而转变为普通大众。现代公园对所有民众开放,各种公共绿地、游园几乎都遵循"以人为本"的原则,为人们创造出可居、可赏、可游的美学天地。

这种趋势反映在植物景观的营造中,表现为现代园林与古代园林相比,建筑比重在下降:皇家、私家园林中的建筑比例很大,园林中多以建筑来划分园林空间。而现代公园设计都有标准规范:综合性公园按其陆地面积计算,绿化面积≥70%,大型公园绿化面积≥80%。因为现代园林不仅是人们休憩游赏的优美环境,更是缓解人类破坏自然、改善生活质量的重要手段。

(2) 注重普遍绿化,重视生态效益

植物是有生命的个体,每一种植物对其生态环境都有特定的要求,在进行种植设计时必须首先满足植物的生态要求。如果植物种类不能与种植地点的环境和生态条件相适应,就不能存活或生长不良,就更不能达到预期的景观效果。在种植的过程中选择与种植地生态条件相符合的植物时还应多考虑以乡土植物为主。因为它们在长期的生长进化过程中已对当地环境有了高度的适应

性,这样种植才能发挥其所具有的生态效益,同时它们也是体现当地特色的主要植物材料。

由于快速发展的城市化进程,城市硬质景观不断扩张,导致生态环境恶化,产生热岛效应,而缓解热岛效应以及改善生态环境,必须注重普遍绿化和生态效益。除了合理规划外,最主要的手段就是要加强大面积和大范围内的绿化效应,从而提高整体环境质量。以上海市为例,上海市一直人多地少,1949年人均绿地面积0.12m^2,园林局当时既定的方针是"见缝插绿";经过50余年普遍绿化,人均绿地面积从每人3~4m^{2}达到目前的6.5m^2/人。而目前既定的方针是"规划建绿",即有目的地规划绿地建设。如上海建成区内部拆迁扩绿建公园(徐家汇中心公园、黄浦江、苏州河两岸的环境改造等);重要干道两侧的大型绿地林带建设,如城市规划的外环线外侧建100m宽林带,林带外侧(局部内侧)建400m宽的绿带,以此限定城市的无限发展,并结合绿带建设集团式绿地。全长97km的外环绿带在不同地段与城市内部的绿地通过绿色廊道联系,加强了外环绿带与城市内部的联系,起到很好的改善环境作用;沿江两岸结合产业调整,将驳岸码头、深水码头等搬走,加强绿化,形成自然驳岸;市内开辟各种类型服务半径为500m的公共绿地,即居民小区方圆半径500m即可见到一个3000m^{2}的绿地。近年来在市区南部规划海岸线长10km,进深约3km,整体面积约30km^{2}的"碧水金沙",形成"水清、沙软、林密、景美"回归大自然优美环境的黄金岸线景观。这些变化是从见缝插绿到规划建绿过程中重视普遍绿化的重要见证。

(3) 复层混交群落,增加叶面积系数

园林种植设计必然要遵循生态学原理,建设多层次、多结构、多功能的科学的植物群落。建立人类、动物、植物相联系的新秩序,达到生态美、科学美、文化美和艺术美。种植设计所构建的园林植物景观除了要有观赏性、艺术性,能美化环境,还要改善环境(包括通过植物的光合作用及蒸腾作用,来达到吸收和吸附飘浮物及有害物质,调节小气候,同时利用植物的枝叶减弱噪声,防

风降尘），最重要的是，它必须是具有合理的生态结构配置，能够满足各种植物的生态要求，从而形成合理的时间结构、空间结构和营养结构，达到与周围环境组成和谐统一体的目的。因此，首先要在改善城市生态环境，在运用生态学原理和技术的基础上，借鉴当地植物群落种类组成、结构特点和演替规律，科学而艺术地进行植物种植。具体而言，就是要做到乔灌草的结合，高中低的搭配，利用植物不同的生态习性，在立面形成丰富的层次，从而在单位面积上有效地提高"绿量"，增加叶面积系数，从而增强改善环境的作用。另外，复层混交结构的群落，不仅能在视觉上形成丰富的变化，还能提供不同生物（动物）的生态位，从而可以形成植物、动物以及人类关系上的和谐。这里强调增加叶面积系数而组成复层混交群落结构，并非在种植设计中全部千篇一律地照此应用。为满足功能、景观所需，在一个绿地中除了复层混交群落外，还运用植物围合空间，形成疏林草地、林中空地、开阔草坪等满足人们对不同活动空间的需要。从绿化实践来看，北京城市隔离片林中基本以乔木为主，较少有灌木，下层多以野生地被及草坪为主，复层混交做得不够；而上海外环线绿地一般为乔木、中层小乔木、耐阴灌木（八角金盘、洒金东瀛珊瑚、南天竹、十大功劳等）和草本地被互相搭配，在垂直面上植物层次丰富，增加了叶面积系数，改善环境的生态效益显著。

(4) 重视生物多样性，尤其是植物种类的多样性

要组成生态健全、景观优良的复层混交群落结构，就要重视生物多样性，尤其是植物种类的多样性，要充分考虑到物种的生态学特性，合理选配植物，避免种间竞争，从而形成结构合理、功能健全、种群稳定的复层结构，以利种间互补，形成具有自生能力、自我维护，能抵抗干扰的生态环境。

中国是"世界园林之母"（China, Mother of Gardens），既在野生观赏植物种质资源上具有突出的生物多样性，又在城市园林建设中表现出良好的生物多样性，这不仅是园林建设可持续发展、保持园林外貌丰富多彩的物质基础，更是维系城市园林绿地系统长盛不衰的根本保证。

我国的生物多样性丰富而独特。由于国土辽阔，自然条件复杂而多变化，又有较古老的地质史，故而孕育了极为丰富的植物、动物和微生物种类及多种多样的生态组合，成为全球12个"巨大多样性国家"之一。中国有种子植物30 000余种，名列世界第三位（仅次于巴西和哥伦比亚），其中裸子植物250种，是全球裸子植物种类最多的国家。此外，中国还拥有5个植物特有科、247个特有属和7300个以上的特有种以及众多的珍稀动植物，特称"活化石"，如水杉、银杏、攀枝花苏铁等。中国有7000年以上的农业史，我们的祖先利用引种等培育了大量栽培植物和家养动物，境内已知经济树种在1000种以上，原产我国的重要观赏植物（花卉）达2200种以上。

中国的多种名花及其品种开遍了世界各国，这是约自17世纪起外国人来华搜集、引种栽培的结果。如美国加利福尼亚州有70%以上的树木花草原产中国，意大利曾引种中国园林植物1000种左右，德国现栽培园林植物的50%来自中国，荷兰现有40%花木原引自中国。我国观赏植物丰富多彩的遗传资源为世界各国园林作出了杰出的贡献。我国不仅原产观赏植物种类众多（1万~2万种），而且是多种名贵花卉的起源中心，如梅花、多种牡丹与芍药、菊花、百合属、山茶属、月季、蔷薇类、玫瑰、木兰属、杜鹃花属和珙桐、报春花属等的原产地都在中国，并先后传遍各国。中国不仅原产野生观赏植物种类繁多，而且名花优良品种及其近缘种也丰富多彩，遗传多样性突出。

但是，我国又是一个观赏植物资源多样性受到威胁和严重破坏的国家。虽然在城市园林建设中，自古以来就重视诗情画意、师法自然，注重天人合一，强调宏观上的"虽由人作，宛自天开"，但对细节上的生物多样性，包括植物之复层混交以及地面用植物覆盖等，则一贯重视不够。近数十年来，由于迅速追求园林绿化表面效果，以致珍稀、慢长植物日益罕见，在个体园林乃至整个城市园林绿地系统中，观赏植物种类与品种应用总数增长速度非常缓慢，生物多样性在应用中竟走向了反面。从我国城市园林生物多样性削弱的现状及其与国外多样性的对比来看，以北京为例：北京露地常见栽培应用的树木花草总计不过300~400种，近年略有增加，但很多新增种类尚无普遍应用。武汉、杭州、南京、大连、西安、沈阳等地情况与北京相似。上海原来园林生物多样性情况也很差，近年不断注意改进，使其城市公私园林绿地植物总数已增至800种左右。而据广州公私单位报道和调查，该市城市园林生物多样性表现全国最高，约有1600种或更多。附近的深圳等市，园林多样性种数大体与广州相似。

而国外，不论亚洲之新加坡、新德里、东京（日本）、欧洲之哥本哈根、巴黎、伦敦、华沙和罗马，美洲的旧金山、华盛顿、洛杉矶和大洋洲之墨尔本等，一般每个城市均应用2000~3000种或更多的树木花草。以上只是若干不完全统计和粗略估计，但已对比强烈，触目惊心，足以提醒我们必须迅速给予极大重视。

2.2 艺术性原则

园林种植设计要具有园林艺术的审美观，把科学性和艺术性相结合。种植设计是一种艺术创造过程，必然在设计中存在着设计者审美观点。由于每个人的生活环境、成长过程、知识水平等方面的差异，往往会造成园林审美观的差异，存在着众口难调的现象。"外行看热闹，内行看门道"，然而一个好的设计作品，有以下三方面的要求必须遵循。

2.2.1 满足园林设计的立意要求

中国园林讲究立意，这与我国许多绘画的理论相通。艺术创作之前需要有整体思维，园林及其意境的创作也同样如此，必须全局在握，成竹在胸。晋代顾恺之在《论画》中说"巧密于精思，神仪在心"，唐代王维在《山水论》中说过："凡画山水，意在笔先"。即绘画、造园首先要认真考虑立意和整体布局，做到动笔之前，胸有成竹。由此可见立意的重要性，立意决定了设计中方方面面的构思。不先立意谈不上园林创作，立意不是凭空乱想，随心所欲，而是根据审美趣味、自然条件、功能要求等进行构思，并通过对园林功能空间的合理组织以及所在环境的利用，叠山理水，经营建筑绿化，依山而得山林之意境，临水而得观水之意境，意因景而存，景因意而活，景意相生相辅，形成一个美好的园林艺术形象。意境是由主观感情和客观环境相结合而产生的，设计者把情寓于景，游人通过物质实体的景，触景生情，从而使得情景交融。但由于不同的社会经历、文化背景和艺术修养，往往对同一景物会有不同的感想，比如面对一株梅花，会有"万花敢向雪中开，一枝独先天下春"对梅品格的称赞，也会有"疏影横斜水清浅，暗香浮动月黄昏"对隐逸的表达。同样在另一些人眼里，只不过是花的一种而已。

园林种植设计是园林的重要组成部分，围绕并服务于整个园林设计的立意和主题。种植设计的各种手段，从植物种类的选择、色彩的考虑、植物配置方式的运用及后期的养护管理，都服务于这一主题的实现。为此，在整体意境创造的过程中，要充分考虑植物材料本身所具有的文化内涵，从而选择适当的材料来表现设计的主题和满足设计所需要的环境氛围。

围绕立意和主题展开的种植设计有很多，如北京为中国六大古都之一，历经辽、金、元、明、清等朝代，留下了宏伟壮丽的帝王园林及寺庙园林，在这种背景下，其植物材料的选择也多体现了统治阶级的意愿，大量选用松、柏以体现其统治稳固，经久不衰，如松柏之长寿和常青；选用玉兰、海棠、牡丹等体现玉堂富贵。而私家园林追求的是朴素淡雅的城市山林野趣，在咫尺之地，突破空间的局限性，创作出"咫尺山林，多方胜景"的园林艺术，倚仗于植物花草树木的配置，贵精不在多，重姿态轻色彩。

再如节日广场的花坛设计，植物配置则是以色彩取胜，用色彩烘托节日气氛。为了充分表达节日的欢乐喜庆的氛围，多采用开花植物和色叶植物，色彩使用以黄、红、粉、绿为主的植物来布置，以暖色调为主，同时以不同色彩的花卉混搭，以达到凸现节庆热烈氛围的目的。

而作为纪念性公园或者陵墓等的环境中，植物配置的方式和植物材料的选择则要充分体现所要表达的环境，如烈士陵园庄严肃穆，植物配置多采用对植、列植，树木多采用冷色调树种，如松、柏类等；花木要选择开白花、蓝紫色的等。松苍劲古雅，不畏霜雪风寒的恶劣环境，严寒中挺立于高山之巅，具有坚贞不屈、高风亮节的品格，以表达烈士英魂不朽的设计立意，如上海龙华公园入口处红岩上配植了黑松。再如广州中山纪念堂，主建筑两侧对植白兰花，冠幅达到26m左右，不仅在体量上与建筑达成了协调，而且在立意方面也很好地体现了主题。因为白兰花为常绿树种，四季常青；而且白兰花很香，寓意流芳百世；再者其花为白色，代表哀悼。

再如传统的松、竹、梅即"岁寒三友"配植形式。松树四季常青，姿态挺拔，在万物萧疏的隆冬，松树依旧郁郁葱葱，象征着青春常在和坚强不屈。竹是高雅、纯洁、虚心、有节的象征，碧叶经冬不凋，清秀而又潇洒。梅花为中国传统十大名花之一，姿、色、香、韵俱佳；漫天飞雪之际，独有梅花笑傲严寒，破蕊怒放，这是何等的可爱、可贵！所以松、竹、梅常用来比拟文人雅士清高、孤洁的性格，如西泠印社的植物配置。

再如在岳庙精忠报国影壁前配置有杜鹃花，花色血红，寓意"杜鹃啼血"，以表达对忠魂的悼念，同时墓园中种植有树干低垂的槐树，表示哀悼。这样就很好地表达了纪念性环境气氛，体现了岳庙本身的立意，增加了寄情于景的欣赏价值。

2.2.2 借鉴当地植被，突出地方风格

植物分布受气候带影响，由于受温度、湿度、土壤以及海拔等因素的影响和制约，往往形成不同的植物区域划分，从而在同一植物气候带内既具有共性也具有个性，就是由于这些植物种类的共性和差异性形成了不同地方的植物特色。这种特色形成了独特的地方风格和浓郁的乡土气息，可以使本地人感到亲切自然，朴素大方；外来人感到新鲜活泼，从新鲜感产生愉悦感和欢乐的思绪和情感，而这些具有鲜明地方性的植被在异地的使用，还可以使人联想到其自然分布地带的风光。

植物种植设计中要重视当地植被的应用，借鉴当地植被的植物层次和群落结构及乡土植物构成，从而可以在设计中体现出地方的风格和特色。在这个基础上适当引用适合本地的外来树种，可以做到喜闻乐见和新颖奇特相结合。

如广州市处于亚热带南端，接近热带北缘，是典型的常绿阔叶及热带雨林季雨林风格，具有木质大藤本、附生和寄生植物、大型藤类、大型叶草本植物以及植物板根现象。植物造景以常绿阔叶林景观为主，从当地植物群落构成特点出发，利用地域特色植物和乡土植物，可创造雨林景观，更加充分地体现出热带风光。

(1) 棕榈科植物和竹类的应用

棕榈科植物姿态特殊，具有很强的地方特征，是体现南国风光的重要植物材料。棕榈科中的大王椰子、枣椰子、长叶刺葵、假槟榔都可作为姿态优美的孤立园景树；有些可片植成林，如椰子林、大王椰子林、油棕林、桄榔林；有些可作行道树，如蒲葵、鱼尾葵、皇后葵、大王椰子等；一些灌木，如散尾葵、棕竹、轴榈、软叶刺葵、香桄榔、燕尾棕、华羽棕、单穗鱼尾葵等都可作耐阴下木进行配植。

广州多丛生竹，不同于刚竹属的散生竹类，可片植成竹林，或丛植于湖边，或竹林夹道组成通幽的竹径，或与通透、淡雅、轻巧的南国园林建筑配置。

(2) 大花、密花以及繁花、彩叶香花植物的应用

广州花大、色艳具有香味的木本植物比较多，开花植物如凤凰木、木棉、金凤花、红花羊蹄甲、山茶、红花油茶，彩叶植物如洒金榕、红背桂及浓红朱蕉等，都是广州常用植物种类。

(3) 体现热带雨林季雨林的效果

热带雨林中的独木成林现象以及板根植物、老茎生花植物以及附生植物丰富，都是体现热带雨林景观的重要素材。独木成林是充分利用榕树，尤其是小叶榕、高山榕具有众多下垂的气根，入土生根后，地上部分经过扶持，可逐渐形成一木多干现象，其最后形成覆盖面广，气生根林立，最终成为支柱根，构成独木成林的景观。而木棉、

高山榕都可生出巨大的板根。老茎生花植物有番木瓜、杨桃、树菠萝、大果榕等，这些特点无疑增添了观赏的价值。

附生植物是热带雨林中的常见植物，在一棵树上附生多种植物是热带特有的一种植物景观，这样的景观借用到园林中加以模拟，作为主景，游人将饶有兴趣，予以注目，同时也可开展科普教育。常见的附生植物如龟背竹、球兰、蜈蚣藤、岩姜、巢蕨、气生兰、凤梨科植物、麒麟尾等。

(4) 复层混交层次多

自然热带雨林中一般有6~7层，还有层间层。由于广州风土条件优越，植物种类丰富，又具有丰富的耐阴植物。如木本耐阴植物有九里香、红背桂、八仙花、毛茉莉、丛生鱼尾葵、散尾葵、燕尾棕等，藤本耐阴植物如长柄合果芋、龟背竹、麒麟、绿萝，草本及蕨类耐阴植物有大叶仙茅、一叶兰、'花叶'一叶兰、水鬼蕉、虎尾兰、'金边'虎尾兰、石蒜、黄花石蒜、海芋、广东万年青、肾蕨、巢蕨、苏铁蕨等，故极有条件配植成具有垂直层次丰富、热带景观突出的植物栽培群落。

很多植物在长期的应用中，已经形成地方特色。如一说到古柏、槐树就想到北京；说到雪松、悬铃木就想到南京；一提到白桦就想到万里雪飘的吉林、黑龙江；提到椰树、三角梅就想到迷人的海南岛；谈到牡丹自然就想到菏泽和洛阳；其他如香港的紫荆花、澳门的荷花；一些城市还以植物特色来命名，如广州棉城（木棉）、福州榕城（榕树）、成都蓉城（木芙蓉）、新会葵乡（蒲葵）等。这些具有乡土特色的植物无一不折射出这些地方深厚的文化底蕴和浓郁的地方特色。

2.2.3 创立保持各自的园林特色

没有个性的艺术是没有生命力的。没有特色的公园和景区将是乏味的。根据不同的区域、园林的主题以及植物种植设计的具体环境，确定种植设计的植物主题和特色，形成具有鲜明风格的植物景观。

如杭州具有众多的公园和景点，四季游人如织，对景观的要求是四时有景，多方景胜，既要与西湖整体风景区的园林布局相统一，同时又要具有不同的个性和特点，这样既能具有主旋律，又能做到百花齐放，个性与共性形成统一。

杭州具有众多以季相景观著称的景区和景点，如体现春季景观的有"苏堤春晓"，苏堤风光旖旎，晴、雨、阴、雪各有情趣，四时美景也不同，尤以春天清晨赏景最佳，间株杨柳间株桃，绿杨拂岸，艳桃灼灼，晓日照堤，春色如画，故有"苏堤春晓"之美名，其配植多为垂柳、桃花和春季花卉；而太子湾公园则是以郁金香为主调的春景景观，同样是春景，植物配植不同效果也不同；体现夏季景观的有"曲院风荷""接天莲叶无穷碧，映日荷花别样红"，以木芙蓉、睡莲及荷花玉兰（广玉兰）作为主景植物，并配植紫薇、鸢尾等使夏景的色彩不断；体现秋景的有"平湖秋月"，突出秋景，要达到赏月、闻香、观色，在景区中种植了红枫、鸡爪槭、柿树、乌桕等秋色叶树种以观色，再植以众多的桂花，体现"月到仲秋桂子香"的意境；体现冬季景观的有孤山的放鹤亭，孤山位于西湖西北角，四面环水，一山独特，山虽不高，却是观赏西湖景色最佳之地。放鹤亭位于东北坡，是为纪念宋代隐居诗人林和靖而建，他有"梅妻鹤子"之传说。亭外广植梅花，形成冬季赏梅的重要景点。此外还有灵峰探梅，也是冬季观梅的好去处，这一景点植物配植的关键就是营造一个"探梅"的环境氛围。利用竹林、柏木、马尾松等常绿树形成一个相对郁闭的背景环境，以不同品种的梅花成丛配植，整个环境朴素、大方、古雅，把梅花的艳而不娇表达出来。

此外，利用植物特色而形成的西湖景观区也有许多。如"云栖竹径"景观区"一径万竿绿参天，几曲山溪咽细泉""万千竿竹浓荫密，流水青山如画图"充分体现了云栖的特色，竹林满坡，修篁绕径，以竹景清幽著称。春天，破土竹笋，枝梢新芽，一片盎然生机；夏日，老竹新篁，丝丝凉意；秋天，黄叶绕地，古木含情；冬日，林寂鸣静，飞鸟啄雪，四季景观也突出。"满垅桂雨"景观区多植桂花（品种丰富），明代高濂《四时幽赏录》中，有一则《满家弄看桂花》，其文写道："桂花最盛处唯南山、龙井为多，而地名满家弄者，其林若塘栳。一村以市花为业，各省取给于此。秋时，策蹇入山看花，从数里外便触清馥。入径，珠英琼树，香满空山，快赏幽深，恍入灵鹫金粟世界"。西湖满觉陇一带，满山都是老桂，连附近板栗树上的栗子也带桂花香味，所以杭州的桂花栗子远近闻名。每到桂花成熟季节，满觉陇的茶农们在树下撑起帐子，小伙子们爬到树上用力摇晃，金黄色的桂花像雨点一样纷纷落下，被称为"桂花雨"。此时那西湖边上的满觉陇，漫山漫谷，连绵数里的下着"桂花雨"。满陇桂雨也因此得名。像这种以一种植物为主题的公园还有不少，如北京的柳荫公园，以不同品种的柳树为特色；玉渊潭的樱花园以春季赏樱花为主；紫竹院以不同种类的竹子为特色；香山则以"西山红叶好，霜重色愈浓"的黄栌著称。

2.3 经济性原则

经济性原则就是做到在种植的设计和施工环节上能够从节流和开源两个方面，通过适当结合生产以及进行合理配植，来降低工程造价和后期养护管理费用。节流主要是指合理配植、适当用苗来设法降低成本；开源就是在园林植物配植中妥善合理地结合生产，通过植物的副产品来产生一定经济收入，还有一点就是合理选择改善环境质量的植物，提高环境质量，也是增强了环境的经济产出功能。但在开源和节流两方面的考虑中，要以充分发挥植物配植主要功能为前提。

2.3.1 通过合理选择树种来降低成本

(1) 节约并合理使用名贵树种

在植物配植中应该摒弃名贵树种的概念，园林植物配植中的植物不应该有普通和名贵之分，以最能体现设计目的为出发点来选用树种。所谓的名贵树种也许具有其他树种所不具有的特色，如白皮松，树干白色（愈老愈白），而其幼年生长缓慢，所以价格也较高。但这个树种的使用只有通过与大量的其他树种进行合理搭配，才能体现出该树种的特别之处。如果园林中过多地使用名贵树种，不仅增加了造价，造成浪费，而且使得珍贵树种也显得平淡无奇了。其实，很多常见的树种如桑、朴、槐、楝、悬铃木等，只要安排管理得好，可以构成很美的景色。如杭州花港公园牡丹亭西侧的10余株悬铃木丛植，具有相当好的景观效果。当然，在重要风景点或建筑物迎面处等重点部位，为了体现建筑的重要或突出，可将名贵树种酌量搭配，重点使用。

(2) 以乡土植物为主进行植物配植

各地都具有适合本地环境的乡土植物，其适应本地风土能力最强，而且种源和苗木易得，以其为主的配植可突出本地园林的地方风格，既可降低成本又可以减少种植后的养护管理费用。当然，外地的优良树种在经过引种驯化成功后，已经很好地适应本地环境，也可与乡土植物配合应用。

(3) 合理选用苗木规格

用小苗可获得良好效果时，就不用或少用大苗。对于栽培要求管理粗放、生长迅速而又大量栽植的树种，考虑到小苗成本低，应该较多应用。但重点与精细布置之地区应当别论。另外，当前种植中往往使用大量的色块，需考虑到植物日后的生长状况，开始时不要过密栽植，采用合理的栽植密度，可合理地降低造价。

(4) 适地适树，审慎安排植物的种间关系

从栽植环境的立地条件来选择适宜的植物，避免因环境不适宜而造成的植物死亡；合理安排种植顺序，避免无计划的返工，同时合理进行植物间的配植，避免几年后计划之外的大调整。至于计划之内的调整，如分批间伐"填充树种"等，则是符合经济原则的必要措施。

2.3.2 妥善结合生产，注重改善环境质量的植物配植方式

园林植物具有多种功能，如环境功能、生产功能以及美学功能，进行园林种植设计时，在实现设计需要的功能前提下，即达到美学和功能空间要求的前提下，可适当种植具有生产功能和净化防护功能的植物材料。

结合生产之道甚多，在不妨碍植物主要功能

的情况下，要注意经济实效。如可配植花、果繁多、易采收、供药用而价值较高者，像凌霄、广玉兰之花及七叶树与紫藤种子等；栽培粗放、开花繁多、易于采收、用途广、价值高者，如桂花、玫瑰等；栽培简易、结果多、出油高者，如南方的油茶、油棕、油桐等，北方的核桃（尤其是新疆核桃）、扁桃、花椒、山杏、毛榛等；在非重点区域或隙地、荒地可配植适应性强、用途广泛的经济树种，如河边种杞柳，湖岸道旁种紫穗槐，沙地种沙棘，碱地种柽柳等；选用适应性强，可以粗放栽培，结实多而病虫害少的果树，如南方的荔枝、龙眼、橄榄等，北方的枣、柿、山楂等，可以很好地把观赏性与经济产出结合起来，园林的目标之一就是在保证主要功能的前提下，园林结合生产。在实现美化环境的同时，发挥园林植物自身的各种生产功能，搞各种"果树上街、进园、进小区"，如深圳的荔枝公园，以一片荔枝林为主体植物；用杧果、扁桃作行道树；小区绿化用菠萝蜜、洋蒲桃、龙眼等，既搞好了绿化，又有水果的生产（当然只是小规模的），像南宁的街道上种植杧果、人心果、橄榄等既具有观赏效果又有经济产出功能的树种，达到了园林与生产良好的结合。其他诸如玫瑰园、芍药园、草药园都可以带来一定的经济收益。

还可以合理利用快长树种，以其作为种植施工时的填充树，先行实现绿化效果，以后分批逐渐移出。如南方的楝树、女贞，北方的杨树、柳树，将树木适当密植，以后按计划分批移栽出若干大苗。同时，在小气候和土壤条件改善后再按计划分批栽入较名贵的树种等，这些也是结合生产的一种途径。

当今日益重视环境，人为环境也是一种生产力，良好的环境也是一种重要的经济贡献。而且植物所具有的改善环境的功能，也有很多人对其进行了经济上的核算，不管其具体结果如何，可以肯定的是通过植物的吸收和吸附作用，其改善环境的作用能减少采用其他人工方法改善环境的巨大投入，因此，在保证种植设计美学效果和艺术性要求的前提下，合理选择针对主要环境问题具有较好改善效果的植物，如厂区绿化中多采用对污染物具有净化吸收作用的树种，其实就是一种经济的产出，这也应该是经济原则的体现。

除此以外，在进行园林种植设计的过程中还要综合考虑其他因素。要考虑保留现场，尽力保护现场古树、大树。改造绿地原地貌上的植物材料应大力保留，尤其是观赏价值高、长势好的古树大树。古树、大树一方面已经成才，可以有效地改善周边小环境；另一方面其本身就是设计场地历史的缩影，很好地体现了历史的延续性，因此要尽力保护好场地内现有的古树、大树。同时保留现场的树木可以减少外购树木数量，也是经济性的重要体现。

复习思考题

1. 生态学与种植设计的关系是什么？如何看待生态学在植物种植中的应用？
2. 具有艺术性的种植设计一般体现在哪些方面？
3. 经济性原则如何应用于种植设计？

推荐阅读书目

中国大百科全书·建筑园林城市规划卷．汪菊渊．中国大百科全书出版社，1998．

生态园林论文集．上海市绿化委员会等．园林杂志社，1990．

植物造景．苏雪痕．中国林业出版社，1994．

中国园林植物景观艺术．朱钧珍．中国建筑工业出版社，2003．

城市绿地系统与人居环境规划．李敏．中国建筑工业出版社，1999．

园林树木学（第2版）．陈有民．中国林业出版社，2011．

园林美与园林艺术．余树勋．中国建筑工业出版社，2006．

植物景观规划设计．苏雪痕．中国林业出版社，2012．

第3章 园林种植设计植物选择

园林种植设计是营造、创建植物种植类型的方法及措施。植物是种植设计的主要对象，园林植物种类繁多，各具自身的观赏特性及生物学特性，要完满地完成种植设计，必须熟练掌握各类植物的种类、栽培分布、观赏特性、生物学特性、园林应用等相关知识，合理选择园林植物材料，只有这样，才能保证种植设计的顺利进行。

园林种植设计，要求对植物材料进行科学的选择，也就是说植物材料的选择是完成种植设计的重要基础之一，关系到园林设计地环境质量的好坏，是绿化成败的主要环节。如果种植前不认真对待，随意栽植，待多年后发现问题，将后悔莫及。

植物选择即是有目的、按比例选择一批适应当地自然条件，能较好地发挥城市绿化多种功能的园林植物。植物材料的选择及植物种植绝不是随便栽几株树、种几棵花那么简单，它既不能主观决定、闭门造车，又不可举棋不定、变动频繁，更不能只顾眼前、不管长远，科学认真地选择植物既是完成种植设计的有力保证，又有利于城市环境建设，增进社会和经济等综合效益。

要准确地选择植物材料进行种植设计，首先要认识植物，知道植物的性状、分布，掌握植物的观赏特性，其次要了解植物的生态习性，了解设计地的自然条件，然后根据植物选择的基本原则，就能选择一批所需的园林植物。我国被西方人士称为"园林之母"，园林植物资源极为丰富。近年来，各城市园林部门、植物园大力引种，从国外、野外引入大量新优植物，通过科学、认真地选择植物，定能为顺利地完成种植设计打下良好的基础。

3.1 园林植物的观赏特性

园林植物种类繁多，每种植物都以各自的花、果、叶、干等显示其独特的姿态、色彩、芳香、神韵，而体现美感，随着季节及植物年龄的变化，这些美感又有所丰富和发展。春季，梢头嫩绿，花团锦簇；夏季，枝叶繁茂，浓荫覆地；秋季，嘉实累累，色香俱备；冬季，白雪挂枝，银干琼枝。春夏秋冬，各有风采与妙趣，这是植物随季节变化所体现的四季景观，即季相美。树木在不同年龄阶段也呈现出不同的姿态。幼年之松，团簇似球；壮年之松，亭亭似华盖；老年之松，则枝干盘虬有龙飞凤舞之态。这是树木随年龄的增长所表现的年龄景观，即时空美。另外，植物又以花果叶干的色彩、姿态、质感、体量，给人以视觉的享受；以花果的芳香给人以嗅觉的享受；"雨打芭蕉"的优美、"松涛"的雄壮，是听觉的享受；果实的甜美可口是味觉的享受；枝干叶片的细腻、粗糙则是触觉的感受，这些都是植物给人的感觉器官提供的奇妙享受。下面就从植物的姿态、花、叶、果、干、根几方面展开记述园林植物的观赏特性。

3.1.1 观姿

植物姿态是指植物整体形态的外部轮廓，一般指木本植物而言，它是由主干、主枝、侧枝及叶幕组成的。植物的姿态主要由遗传性而定，但也受外界环境因子的影响，在园林中人工养护管理因素更起决定作用。植物的姿态美，在植物的观赏特性中具有极重要的作用，尤其是针叶树类及单子叶竹类，它们不具美丽芳香的花、叶，也不结晶莹可爱的果实，但它们以其姿态美同样博取人们的喜爱。苍老的松柏给人端庄、古朴的感受，青翠的竹子又有潇洒之感，挺拔的棕榈使人领受到南国风光……这一切都是植物姿态呈现出的观赏特性。

植物姿态千变万化，一般归纳为以下几类：

①圆柱形　杜松、意大利柏、钻天杨、箭杆杨等。

②圆锥形　雪松、云杉、冷杉、油松、圆柏及其他各类针叶树青壮年时期的姿态。

③卵圆形　悬铃木、加杨、七叶树、梧桐、香樟、广玉兰、鹅掌楸、白蜡等。

④倒卵形　刺槐、榉树、旱柳、小叶朴、桑树、楸树、'千头'柏等。

⑤圆球形　馒头柳、元宝枫、椴树、栾树、胡桃、黄连木、乌桕、柿树、'千头'椿等。

⑥垂枝形　垂柳、'垂枝'榆、'垂枝'桦、垂枝桃类、垂枝樱等。

⑦曲枝形　'龙爪'柳、'龙桑'、'龙枣'、'龙游'梅、'龙爪'槐等。

⑧丛枝形　玫瑰、黄刺玫、锦带花、紫珠、夹竹桃、南天竹、小檗、棣棠、紫穗槐等。

⑨拱枝形　迎春、连翘、云南黄馨、假连翘、枸杞、夜香树、多花栒子、火棘、菱叶绣线菊等。

⑩伞形　鸡爪槭、合欢、凤凰木、老年期油松等。

⑪棕榈形　椰树、刺葵、棕榈、苏铁等。

⑫匍匐形　铺地柏、沙地柏、'铺地龙'柏、平枝栒子等。

3.1.2 观花

园林植物的花朵有各式各样的形状和大小，单朵的花又常排聚成大小不同、式样各异的花序，花的色彩更是千变万化、层出不穷，这些复杂的变化，形成不同的观赏效果，而花朵的芳香又给人以沁人心脾的嗅觉享受。

(1) 花的色彩

色彩的效果是观赏植物最主要的观赏特性。

花团锦簇、五彩缤纷、色彩斑斓、万紫千红……这些词汇都形容植物花朵的色彩。植物花的色彩极为丰富，有些植物花具有多种颜色，有些花在开放过程中还变色，本书不一一列举，现仅将植物的基本花色举例如下：

①红色系　榆叶梅、贴梗海棠、石榴、山茶、杜鹃花、夹竹桃、毛刺槐、合欢、木棉、凤凰木、扶桑、刺桐、一串红、鸡冠花、凤仙花、茑萝、虞美人等。

②黄色系　迎春、连翘、棣棠、黄刺玫、黄蝉、金丝桃、小檗、黄花夹竹桃、金花茶、米兰、栾树、金盏菊、万寿菊、大花萱草、一枝黄花、金鸡菊等。

③蓝紫色系　紫藤、紫丁香、木蓝、毛泡桐、蓝花楹、荆条、醉鱼草、假连翘、蓝雪花、蓝香草、桔梗、紫苑、大花飞燕草、紫葶、葡萄风信子等。

④白色系　白鹃梅、珍珠梅、太平花、栀子花、玉兰、流苏树、笑靥花、菱叶绣线菊、欧洲琼花、山楂、刺槐、霞草、香雪球、玉簪、铃兰、晚香玉等。

(2) 花的芳香

花的芳香，目前虽无一致的标准，但可分为清香（如茉莉、九里香、待宵草、荷花等）、淡香（玉兰、梅花、素方花、香雪球、铃兰等）、甜香（桂花、米兰、含笑、百合等）、浓香（白兰花、玫瑰、依兰、玉簪、晚香玉等）、幽香（春兰、蕙兰等）等类，把不同种类的芳香植物栽植在一起，组成"芳香园"，必能带来极好的效果。

3.1.3 观叶

一株色彩艳丽的花木固然理想，但花开有时，花落有期，这是自然规律；有些花木，花时茂盛，花后萧条；或辛苦一年，赏花几天……而一些观叶类植物，一年四季观赏不绝，给人以清新、幽雅、赏心悦目的感受。"看叶似看花""看叶胜看花"，确有其独到之处，有些叶色还能弥补夏、冬景观的不足之缺憾。园林植物叶的观赏价值主要表现在叶的形状及叶的色彩。

(1) 叶的形状

园林植物的叶形变化万千，各有不同，尤其一些具奇异形状的叶片，更具观赏价值，如鹅掌楸的马褂服形叶，北美鹅掌楸的鹅掌形叶，羊蹄甲的羊蹄形叶，银杏的折扇形叶，黄栌的圆扇形叶，元宝枫的五角形叶，乌桕的菱形叶，等等，使人过目不忘。棕榈、椰树、龟背竹等叶片带来热带情调，合欢、凤凰木、蓝花楹纤细似羽毛的叶片均产生轻盈秀丽的效果。

(2) 叶的色彩

①绿色叶　植物叶片中的叶绿素由于吸收光谱中的红光、蓝光最多，不吸收绿光而反射出来，所以我们看到的叶片多为绿色。由于每种植物其叶片质地、厚薄、含水量等的不同，反射的光谱成分也不同，因此同为绿色叶，其绿色度却不同，有嫩绿、黄绿、浅绿、鲜绿、浓绿、蓝绿等之差别。如深浓绿的松、柏、桂花、女贞、大叶黄杨、毛白杨、柿树、麦冬、结缕草等；浅淡绿的水杉、金钱松、馒头柳、刺槐、玉兰、鹅掌楸、银杏、紫薇、山楂、七叶树、梧桐等。把不同绿色度的植物配植在一起，就能增加层次，扩大景深，收到较好的景观效果。

②春色叶　一般说植物春天新发的叶多为嫩绿色，而有些植物的春叶不为绿色，而呈现红色。把春季新发生的嫩叶不为绿色者的植物统称为春色叶植物。如春色叶为红色或紫红色的植物有七叶树、臭椿、元宝枫、黄连木、香椿、栾树、日本晚樱、石榴、茶条槭等。利用春色叶的特殊色彩进行合理的栽植，必能收到理想的景观效果。

③秋色叶　秋天，由于气温下降，叶片内叶绿素破坏，叶黄素、叶红素呈现颜色，使叶片变成黄色或红色，这种秋季叶色有显著变化者，统称为秋色叶植物。秋色叶的色彩极为鲜艳夺目，在黄色与红色中还有很多类别，为方便仅分成这两大类。

黄色系　银杏、白蜡、鹅掌楸、加杨、白桦、无患子、栾树、胡桃、金钱松等。

红色系　枫香、乌桕、黄连木、鸡爪槭、茶条槭、火炬树、地锦、黄栌、柿树、盐肤木、山楂、卫矛、木瓜等。

秋色叶的变色是植株整体叶片的变化，色块面积大，而且变色的时间长，因此，在种植设计时，更多地加以应用，以体现明净的秋景。

④常年异色叶　一些植物种类、变种或栽培品种的叶色常年呈现不为绿色者，统称为常年异色叶。

常年红、紫色　红枫、红桑、红花檵木、紫叶李、'紫叶'小檗、紫叶桃等。

常年银白色　桂香柳。

常年黄色　金叶女贞、'金叶'小檗、'金叶'槐、'金叶'鸡爪槭、'金山'绣线菊等。

常年斑驳色　'金心'大叶黄杨、变叶木、'洒金'东瀛珊瑚等。

绿白双色　银白杨、银桦、胡颓子等。

绿红双色　红背桂。

3.1.4 观果

"一年好景君须记，正是橙黄橘绿时"。累累硕果带来丰收的喜悦，那多姿多彩、晶莹透体的各类色果在植物景观中发挥着极高的观果效果。一般果的色彩有如下几类。

①红色系　山桐子、山楂、冬青、海棠果、南天竹、枸骨、火棘、金银木、多花栒子、枸杞、毛樱桃等。

②黄色系　木瓜、银杏、梨、海棠花、柚、枸橘、沙棘、贴梗海棠、金橘、假连翘、扁担杆等。

③蓝紫色系　紫珠、葡萄、十大功劳、蓝果忍冬、海州常山、豪猪刺等。

④白色系　红瑞木、芫花、雪果、湖北花楸等。

⑤黑色系　金银花、女贞、地锦、君迁子、五加、刺楸、鼠李等。

累累硕果不仅点缀秋景，为人们提供美的享

受，很多果实还能招引鸟类及小兽类，不仅给居住区绿地带来鸟语花香、生动活泼的气氛，并为城市绿地生物多样性的形成起到极好的作用。

3.1.5 观干

园林树木的干皮有的光滑透亮，有的开裂粗糙，开裂的干皮有横纹裂、片状裂、纵条裂、长方裂等多种类型，细细观来也具一定观赏价值。但干皮的色彩更具观赏的效果，尤其是秋冬的北方，万木萧条、色彩单调，那多彩的干皮装点冬景，更显可贵。无边的白雪，一丛丛红色干、黄色干、绿色干相配的灌木树丛，这色彩的强烈对比会使北国的冬景极富情趣。即使在南国，白干的粉单竹、高大的黄金间碧竹、奇特的佛肚竹成丛地栽植一角，这白黄绿的色彩对比，挺拔高大与奇特佛肚的形态对比，也使这局部景观生动活泼。

干的色彩分为下述几类。

①红色系　红瑞木、山桃、杏、血皮槭、紫竹、柠檬桉等。

②黄色系　金枝垂柳、金枝槐、黄桦、金枝梾木、金竹等。

③绿色系　梧桐、青榨槭、棣棠、枸橘、迎春、竹类等。

④白色系　老年白皮松、白桦、白桉、粉单竹、胡桃等。

⑤斑驳色系　悬铃木、木瓜、白皮松、榔榆、斑皮抽丝树等。

3.1.6 观根

根，生于土中，何谈观赏？然而在一些特殊地域，某些树种的根发生变态，在南方，尤其华南地区栽植应用这些特有的树种，形成极具观赏价值的独特景观。

(1) 板根

板根现象是热带雨林中乔木树种最突出的特征之一，雨林中的一些巨树，通常在树干基部延伸出一些翼状结构，形成板墙，即为板根。在西双版纳热带雨林中，以四数木为代表，高榕、刺桐等树种都能形成板根。西双版纳勐腊县境内一株四数木，高逾40m，有13块板根，占地面积55m^2，其中最大的一块板根长10m，高3m，吸引游人慕名观看。

(2) 膝根（呼吸根）

部分生长在沼泽地带的植物为保证根的呼吸，一些根垂直向上生长，伸出土层，暴露在空气中，形成曲膝状凸起，即为膝根。广东沿海一带的红树及生长于水边湿地的水松、落羽杉、池杉等都能形成状似小石林的膝根。华南植物园水榭岸边，落羽杉沿岸栽植，根部长出棕红色的膝根，粗壮的高约1m，大多长得像罗汉，也有些像兽形、石形，不少游人拍照留念，流连忘返。据悉，这是原"羊城八景"——华南植物园"龙洞琪林"中有代表性的景点之一。

(3) 支柱根

一些浅根系的植物，可以从茎上长出许多不定根，向下深入土中，形成能支持植物体的辅助根，称为支柱根。

(4) 气根

榕树的粗大树干上，会生出一条条临空悬挂下垂的气生根，这些气根飘悬于空中，极具特色。气根向下生长，入地成支柱根，托着主干枝，干枝又长出很多分杈，使树冠得以向四面不断扩大，逐步发展，呈现"独木成林"的奇特景观。广东省新会县的"小鸟天堂"景观享誉中外，庞大的榕树冠纵横达16亩（约1.1hm^2），是万千小鸟生活、栖息的好场所。孟加拉国有一株900多年树龄的古榕，冠幅超过40亩（约2.7 hm^2），是世界上最大的，巨大的树冠有4300多条支柱气根，是"独木成林"的典型。

3.2　园林植物生态习性

植物生活空间的外界条件（包括地上及地下部分）的总和称作环境。在综合的环境中，包含着许多性质不相同的单因子，如气候因子（光、温度、水分、空气）、土壤因子（理化性质、土壤生物）、地形地势因子（海拔、坡向、坡度、平原、洼地……）、生物因子（动物、植物、微生物）

人为因子（利用、改造、破坏、污染），这些对植物的生长发育关系密切，起着直接或间接作用的单因子叫生态因子。生态因子中对植物生长起直接作用的是气候因子和土壤因子，而地形地势因子起着间接的作用，人类的活动是有意识、有目的的，对植物的生长发育起着有益或破坏作用。在诸生态因子中包含的某些因素，如氧气、二氧化碳、光、温度、水分、无机盐是植物生存所必需的，缺少它们植物就不能生存，这些因素称为生存条件。

植物生长离不开环境，环境对植物起着综合的生态作用，植物长期在这综合的环境中，经过生存竞争而存活下来，与此同时形成了植物对这种环境的要求及一定程度的适应性。植物对环境的要求及一定程度的适应性即为植物的生态习性。而具有相同或相似生态习性的一类（群）植物叫作生态类型。

了解植物生态习性是保证种植设计得以成功实施的重要的科学性依据，掌握植物生态习性，做到"因地制宜""适地适树"，使每株植物能正常生长发育，这是每个园林设计师必须具备的专业素质。下面仅从对植物生长发育起直接作用的气候因子（包括温度因子、光因子、水分因子、空气因子）及土壤因子来展开植物与环境的生态关系。

3.2.1 温度因子

温度对园林植物的重要性在于植物的生理活动、生化反应都必须在一定的温度条件下才能进行，而作为植物的生态因子而言，温度因子的变化对植物的生长发育和栽培分布具有极其重要的作用。

以温度为主导因子的植物生态类型：

①最耐寒植物　落叶松、臭冷杉、樟子松、剪秋罗、铃兰等。

②耐寒植物　紫杉、红松、白桦、黄檗、山丹、郁金香等。

③中温植物　桃、梨、椴、槭、紫茉莉、石蒜等。

④喜温植物　柑橘、樟树、油桐、竹类、天竺葵、兰花等。

⑤喜高温植物　椰树、咖啡、凤凰木、秋海棠、多浆类植物等。

植物长期生长在不同气候带地区，受气候带温度的长期作用，形成了各不相同的植物生态类型及当地植被（表3-1）；反之，这些不同类型的植物种类也要求各自生长的最适、最高、最低的温度条件。

3.2.2 光因子

光是绿色植物进行光合作用能量的来源，没有充足的光照，绿色植物则不能生存，其结果氧的来源受到抑制，整个食物链破坏，人类及一切生物的生存受到威胁。从这个意义上讲，光不仅是绿色植物，也是地球上生命生存条件之一。

(1) 以光照强度为主导因子植物的生态类型

根据植物对光照强度的需求，可分为喜光植物、中性植物（耐阴植物）及喜阴植物三类。

①喜光植物　在强光照环境中生长健壮，而荫蔽和弱光条件下生长不良的植物。如松、杉、杨、刺槐、椰树、木棉、多数一、二年生花卉及仙人掌科、

表3-1　我国不同气候带的植物水平分布

气候带	年均气温 （℃）	最冷月均气温 （℃）	最热月均气温 （℃）	≥10℃积温 （℃）	生物学零度	植物类型	植　被
寒温带	-5.5~-2.2	-38~-28	16~20	1100~1700	<5	最耐寒植物	针叶林
温　带	2.0~8.0	-25~-10	21~24	1600~3200	5	耐寒植物	针阔叶混交林
暖温带	9.0~14.0	-14~-2	24~28	3200~4500	10	中温植物	落叶阔叶林
亚热带	14.0~22.0	2.2~13	28~29	4500~8000	15	喜温植物	常绿阔叶林
热　带	22.0~26.5	16~21	26~29	8000~10 000	18	喜高温植物	雨林、季雨林

景天科、多浆类等植物。一些彩叶植物为保证叶色鲜艳，也必须生长在强光环境中。

②喜阴植物　能忍受庇荫，在弱光照下比强光下生长良好的植物。如蕨类、兰科、苦苣苔科、凤梨科、姜科、天南星科、秋海棠科等植物。喜阴植物对光照的要求并不是说越弱越好。严格地说，木本植物中没有典型的喜阴植物。

③中性植物（耐阴植物）　在充足的光照下生长良好，但能忍耐不同程度庇荫的植物，绝大多数植物都属此类，根据各种植物耐阴程度的不同又分为：

中性偏阳　如枫杨、榉树、樱花、榆叶梅、桃、月季、玫瑰、黄刺玫、木槿、石榴、芭蕉、金鱼草、芍药、桔梗等。

中性耐阴　如槐树、七叶树、元宝枫、丁香、锦带花、多花栒子、紫珠、猬实、糯米条、雏菊、耧斗菜、郁金香等。

中性偏阴　如冷杉、云杉、粗榧、罗汉松、八角金盘、桃叶珊瑚、黄杨、海桐、八仙花、菱叶绣线菊、天目琼花、金银木、棣棠、玉簪、铃兰、石蒜、麦冬、崂峪苔草等。

在这些生态类型中，尤其是中性偏阳及中性偏阴两类中的灌木、花卉、草坪，一定要多多掌握、熟记。我们在设计植物复层混交群落时，一些中性偏阳的灌木、花卉一定不能种植在乔木树冠下，而一些中性偏阴的灌木、花草却是组成此群落灌木层、地被层的首选。

(2) 以日照长度为主导因子植物的生态类型

植物成花，尤其草本花卉的成花所需要的日照长度各不相同，一定日照长度和相应黑夜长度的相互交替，才能诱导花的发生和开放，依据植物成花对日照长度的要求，可分为长日照植物、短日照植物、中日照植物、中间型植物。

①长日照植物　这类植物要求较长时间的光照（每天有14~16h）才能成花，而在较短的日照下便不开花或延迟开花。二年生花卉及春季开花的多年生花卉多属此类。

②短日照植物　这类植物要求较短时间的光照（每天为8~12h）就能成花，而在较长的光照下便不开花或延迟开花。一年生花卉及秋季开花的多年生花卉多属此类。

③中日照植物　昼夜长短时数近于相等时才能开花的植物。如大丽花、玉簪、蜀葵、凤仙花、矮牵牛、扶桑等。

④中间型植物　对光照与黑暗的时数没有严格的要求，只要发育成熟，在各类日照时数下都能开花。如香石竹、月季花及很多木本植物。

3.2.3　水分因子

水是生命物质——原生质的重要组成部分，植物一切生理生化活动必须在有水的条件下进行，没有水，生命也就停止；同样水分的变化也影响着植物的生长发育及栽培分布。

土壤含水量是水分因子对植物生长重要的因素。水量过多，根系缺氧，窒息，生长缓慢，严重时还导致烂根；水量过少，植物萎蔫、枯萎、生长停止。只有处于土壤水分的最适范围，才能维持植物的水分平衡。

以土壤水分为主导因子植物的生态类型：

①旱生植物　在干旱的环境中能长期忍受干旱而正常生长发育的植物。如樟子松、侧柏、柽柳、夹竹桃、木麻黄、仙人掌科、景天科等植物。

②湿生植物　需生长在潮湿环境中，若在干燥土壤中则生长不良甚至死亡。如水松、池杉、落羽杉、蕨类、凤梨科、天南星科等植物。

③中生植物　要求土壤含水量适中，不能忍受过干或过湿的条件。这一类的植物数量最多，分布最广，又根据对土壤水分的适应性分为：

中生耐干旱　如刺槐、臭椿、构树、黄栌、锦带花、波斯菊、半支莲、牵牛等。

中生耐水湿　如柳、白蜡、丝棉木、枫杨、紫藤、马蔺、水仙、晚香玉等。

④水生植物　常年生活在水中，或在生命周期中某段时间生活在水中的植物。如荷花、睡莲、萍蓬草、水葱、香蒲等。

3.2.4　空气因子

空气的成分非常复杂，其中，二氧化碳及氧

气是植物的生存条件。随着工业化、城市化的进展，大气污染成为人们关心的话题，一些植物对某些污染气体有较强的抗性，列举如下。

①抗二氧化硫的植物　臭椿、刺槐、榆树、樟树、棕榈、珊瑚树、女贞、夹竹桃、蚊母树、金鱼草、美人蕉、鸡冠花、凤仙花等。

②抗氟化氢的植物　圆柏、银杏、悬铃木、臭椿、大叶黄杨、泡桐、槐树、丁香、金银花、连翘、天竺葵、万寿菊、紫茉莉、大丽花、一品红等。

③抗氯气及氯化氢的植物　构树、榆树、黄檗、接骨木、木槿、紫荆、杠柳、紫穗槐、紫藤、地锦等。

④抗光化学烟雾的植物　银杏、柳杉、樟树、日本扁柏、黑松、夹竹桃、海桐、海州常山、紫穗槐等。

空气流动形成风，定向强风、沿海地区的海潮风及台风、北方早春的旱风、干热山谷的焚风都使植物生长受到严重影响。而各种植物的抗风能力差别较大，一般树冠紧密、根系深广、材质坚韧、用播种繁殖的树种抗风能力强。如马尾松、黑松、榆树、乌桕、槐树、木麻黄、台湾相思、盆架树、假槟榔、南洋杉等。

3.2.5　土壤因子

土壤是植物生长的主要基质，它不断提供植物生长所需要的空气、水分、矿质盐类。没有土壤，植物就不能直立，更谈不上生长发育。

(1) 以土壤酸度为主导因子的植物生态类型

①酸性土植物　在呈或轻或重的酸性土上（pH＜6.5）生长最好，而在碱性土或钙质土上生长不良的植物。如白兰花、杜鹃花、山茶、茉莉、栀子花、八仙花、棕榈科、兰科、凤梨科、蕨类等。

②碱性土植物　在呈或轻或重的碱性土上（pH＞7.5）生长最好的植物。如柽柳、紫穗槐、沙棘、沙枣、文冠果、丁香、黄刺玫、石竹、香薰等。

③中性土植物　在中性土上（pH 6.5~7.5）生长最好的植物，绝大多数植物均属此类。

(2) 土壤含盐量

盐碱土是盐土（可溶性盐含量超过0.6%）、碱土（pH＞8.5）、盐化土（可溶性盐含量低于0.6%）、碱化土（pH 7.5~8.5）的统称。一些具忍耐高浓度可溶性盐，可在盐碱土生长的植物称为耐盐碱植物。如柽柳、榆树、绒毛白蜡、新疆杨、刺槐、木麻黄、椰树、垂柳、文冠果、丁香、玫瑰、沙棘、马蔺、野牛草、羊胡子草等。

(3) 土壤肥力

一般说植物都喜生长于深厚肥沃、湿润疏松的土壤。那些能忍耐干旱瘠薄土壤的植物称为瘠土植物。如马尾松、侧柏、刺槐、构树、木麻黄、小檗、锦鸡儿、荆条、金盏菊、花菱草、波斯菊、半支莲、扫帚草等。

3.3　园林植物选择原则

园林植物选择原则涉及多方面的学科，如生态学、心理学、美学、经济学等，究其根本，必须服从生态学原理，使所选种类能适应当地环境，健康地生长，在此基础上再考虑不同比例的组合，不同功能分区的种类，不同年龄、不同职业人们的喜好等，因此说植物材料的选择是件复杂而细致的工作。

(1) 根据城市及绿地性质选择相应植物种类

每个城市按其历史文化、工业生产、风景资源等条件而具有不同性质，有的是历史文化古城，有的是工业城市，有的是风景旅游城等。城市性质不同，则选择植物种类也不尽相同。例如，历史文化古城应多选择原产中国的珍贵长寿树种，体现悠久的历史、历史的沧桑；工业城市，尤其有污染源的工业城市，则必须选择抗性植物，以确保植物的生长发育；风景旅游城市则选择观赏价值高的各类植物，以显示美丽的风景吸引国内外游人。

城市中的各类园林绿地都具有城市绿地的共性，由于其功能不同，各具自己的特点，因此在植物材料的选择时，不仅选择城市的基调植物，更要选择体现个性特点的植物材料。例如，街头绿地，尤其行道树，其主要功能在于改善行人、车辆的出行环境，并美化街景，由于位置紧靠街道，其生态环境比其他绿地差得多，因此要选择冠大荫浓、主干挺直、抗性强（烟尘、污染、土质、病虫害等）、耐修剪、耐移植、无毒、无刺的慢长树种为好。

居住区绿地是居民最接近和经常利用的绿地，对老年人、儿童及在家中工作的人尤为重要。绿地为居民创造了富有生活情趣的生活环境，是居住环境质量好坏的重要标志。要求植物材料从姿态、色彩、香气、神韵等观赏特性上有上乘表现，每个居住区在植物材料上都应有自己的特色，即选择1~3种植物作为基调，大量栽植就能形成这个居住区的植物基调。随着城市老龄化进程加剧，居民中老年人的比例逐年加大，在植物材料选择上应体现老年人的喜好，活动区中选一些色彩淡雅、冠大荫浓的乔木组成疏林以供老年人休息、聊天。儿童活动区除有大树遮阴外，还需有草坪、灌木、花卉的色彩可以鲜艳些，尤以观花、观果的植物更为适宜，切忌栽植带刺或有飞毛、有毒、有异味的植物。底层庭园植物的选择要富于生活气息，应以灌木、花卉、地被为主，少种乔木；色彩力求丰富，选择一些芳香类植物可使庭园更具生气；栽植既美观又便于管理又有经济价值的种类，使居民更接近生活，更具人情味；适当种植刺篱以达安全防范之目的。

(2) 以乡土植物为主，适当选用驯化的外来及野生植物

绿化植树，种花栽草，创造景观，美化环境，最基本的一条是要求栽植的植物能成活，健康生长。城市的立地条件较差、温度偏高、空气湿度偏低、土壤瘠薄、大气污染等，在这些苛刻的条件下选择植物，这就必须根据设计地的自然条件选择适应的植物材料，即"适地适树"。

乡土植物千百年来在这里茁壮生长，形成了其对本地区的自然条件最能适应性，最能抵御灾难性气候；另外，乡土植物种苗易得，免除了到外地采购、运输之劳苦，还避免了外来病虫害的传播、危害；乡土植物的合理栽植，还体现了当地的地方风格。因此在选择植物材料时最先考虑的就是乡土植物。

为了丰富植物种类，弥补当地乡土植物的不足，也不应排除优良的外来及野生种类，但它们必须是经过长期引种驯化，证明已经适应当地自然条件的种类，如原产欧美的悬铃木，原产印度、伊朗的夹竹桃，原产北美的刺槐、广玉兰、紫穗槐，原产巴西的叶子花等，早已成为深受欢迎、广泛应用的外来树种。近年来从国外引种已应用于园林绿地的金叶女贞、'红王子'锦带、'西洋'接骨木、'金山'绣线菊等一批观叶、观花、观果的种类也表现出优良的品质。至于野生种类，更有待于我们去引种，经过各地植物园的近年大力工作，一批生长在深山老林的植物逐渐进入城市园林绿地，如天目琼花、猬实、流苏树、山桐子、小花溲疏、蓝荆子、二月蓝、紫花地丁、崂峪苔草等。

(3) 乔灌木为主，草本花卉点缀，重视草坪地被、攀缘植物的应用

木本植物，尤其乔木是城市园林绿化的骨架，高大雄伟的乔木给人挺拔向上的感受，成群成林的栽植又体现浑厚淳朴、林木森森的艺术效果；优美的形体使其成为景观的主体，人们视线的焦点。乔木结合灌木，担当起防护、美化、结合生产综合功能的首要作用。若仅仅有乔木骨架而缺肌肤，则不堪入目。一个优美的植物景观，不仅需要高大雄伟的乔木，还要有多种多样的灌木、花卉、地被。乔木是绿色的主体，而丰富的色彩则来自灌木及花卉，通过乔、灌、花、草的合理搭配，才能组成平面上成丛成群，立面上层次丰富的一个个季相多变、色彩绚丽的黄土不露天的植物栽培群落。

乔木以庞大的树冠形成群落的上层，但下部依然空旷，不能最大限度利用冠下空间，叶面积系数也就计算乔木这一层，当乔、灌、草结合形成复层混交群落，叶面积系数极大地增加，此时，释放氧气、吸收二氧化碳、降温、增湿、滞尘、减菌、防风等生态效益就能更大地发挥。因此从植物景观的完美，从生态效益的发挥等方面考虑，都需要乔木、灌木、花卉、草坪、地被、攀缘植物的综合应用，仅仅是它们的作用有所不同。

至于乔灌草的比例，这是一个复杂的有待探讨的问题，根据编者多年调查、总结，认为乔灌比例以 1:1 或 1:2 较为适宜，即一份乔木数量配以 1~2 份灌木数量，而草坪的面积不能超过总栽种面积的 20%。

(4) 快长树与慢长树相结合，常绿树与落叶树相结合

新建城市或新兴开发区，为了尽早发挥绿化效益，一般多栽植快长树，近期即能鲜花盛开，绿树成荫，但是快长树虽然生长快、见效早，但寿命短、易衰老，三四十年即要更新重栽，这对园林景观及生态效益的发挥都是不可取的，因此从长远的观点看，绿化树种应选择、发展慢长树，虽说慢长树见效慢，但寿命较长，避免了经常更新所造成的诸多不利，使园林绿化各类效益有一个相对稳定的时期。这样说来，在树种选择时，就必须合理地搭配快长树与慢长树，才能达到近期与远期相结合，做到有计划地、分期分批地使慢长树成为城市绿化的主体。

我国幅员辽阔，黄河以北广大地区处于暖温带、温带、寒温带，自然植被为落叶阔叶林、针阔叶混交林、针叶林。由于冬季寒冷干燥时间长，每年几乎有 3~4 个月时间景观缺少绿色，自然景色单调枯燥，所以在选择树种时一定要注意把本地和可能引进的常绿树列入其中，以增加冬季景观。南方各地区地处亚热带、热带，自然植被为常绿阔叶林或雨林、季雨林，绿地中多用常绿树以满足遮阴降温之需，但常绿树四季常青，缺少季相变化，为丰富绿地四季景观，也需要在选择树种时考虑适当比例的落叶树。

常绿树与落叶树的比例，也还没有国家标准化规定。根据调查，华北地区常以 1:3~1:4 为宜，长江中下游地区常采用 1:1~2:1，华南地区一般采用 3:1~4:1。

复习思考题

1. 园林植物的观赏特性体现在哪些方面？
2. 园林种植设计中如何做到"因地制宜、适地适树"？
3. 园林植物的选择原则有哪些？

推荐阅读书目

园林树木学（第 2 版）. 陈有民. 中国林业出版社，2011.
园林花卉学（第 3 版）. 刘燕. 中国林业出版社，2016.

第4章 园林种植设计基本形式

园林种植设计的基本形式包括种植方式和种植类型。按种植的平面关系及构图艺术来说，种植方式有规则式、自然式、混合式之分。按种植的景观来说，各类植物种植类型多种多样，乔灌木、藤木、花卉以各自不同的种植类型营造植物景观，创造优美的空间环境。

4.1 种植方式

4.1.1 规则式

规则式种植布局均整、秩序井然，具有统一、抽象的艺术特点。在平面上，中轴线大致左右对称，具一定的种植株行距，并且按固定方式排列。在平面布局上，根据其对称与否可分为两种：一种是有明显的轴线，轴线两边严格对称，组成几何图案，称为规则式对称；另外一种是有明显的轴线，左右不对称，但布局均衡，称为规则式不对称，这类种植方式在严谨中流露出某些活泼。

在规则式种植中，草坪往往被严格控制高度和边界，修剪得像熨平而展开的绒布，没有丝毫褶皱起伏，使人不忍心踩压、践踏。花卉布置成以图案为主题的模纹花坛和花境，有时布置成大规模的花坛群，来表现花卉的色彩和群体美，利用植物本身的色彩，营造出大手笔的色彩效果，增加人的视觉刺激。乔木常以对称式或行列式种植为主，有时还刻意修剪成各种几何形体，甚至动物或人的形象。灌木也常常等距直线种植，或修剪成规整的图案作为大面积的构图，或作为绿篱，具有严谨性和统一性，形成与众不同的视觉

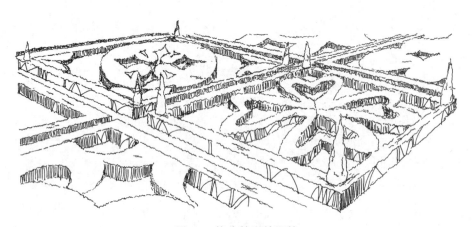

图4-1 修建整齐的绿篱

效果。另外，绿篱、绿墙、绿门、绿柱等绿色建筑也是规则式种植中常用的方式（图4-1），以此来划分和组织空间。因此，在规则式种植中，植物并不代表本身的自然美，而是刻意追求对称统一的形体，错综复杂的图案，来渲染、加强设计的规整性。规则式的植物种植形成的空间氛围是整齐、庄严、雄伟、开朗。

如在法国著名园林设计师勒·诺特尔（Andre Le Notre）1661年设计的孚·勒·维贡府邸（Vaux-Le-Vicomte）就大量使用了排列整齐、经过修剪的常绿树。如毯的草坪以及黄杨等慢生灌木修剪的复杂、精美的图案（图4-2）。这种规则式的种植方式，正如勒·诺特尔自己所说的那样，是"强迫自然接受匀称的法则"。欧洲的一些沉床园、建筑等，我国皇家园林主要殿堂前也多采用规则式的栽植手法，以此与规则式的建筑的线条、外形，乃至体量相协调，以此来体现端庄、严肃的气氛。

规则式的种植讲究对比，一种是"形"的对比，如图4-3所示，同样的植物材料通过修剪和点、线、面的组合，形成富有节奏韵律的构图，仿佛到了欧洲某个小镇；另一种是"姿态"的对比，如利用整形成球形、圆柱形的金叶榕与姿态舒展、优美的大王椰子形成对比，形成一收一放的对比效果。

随着社会、经济的发展，这种刻意追求形体统一、错综复杂的图案装饰效果的规则式种植方式已显得古板和烦琐，尤其需要花费大量的劳力和资金养护的整形修剪种植更不宜提倡。但是，在园林设计中，规则式种植作为一种设计形式仍是不可缺少的，只是需赋予新的含义，避免过多的整形修剪。例如，在许多人工化的、规整的城市空间中规则式种植就十分合宜，而稍加修剪的规整图案对提高城市街景质量、丰富城市景观也不无裨益。

4.1.2 自然式

自然式种植以模仿自然界森林、草原、草甸、沼泽等景观及农村田园风光，结合地形、水体、道路来组织植物景观，不要求严整对称，没有突

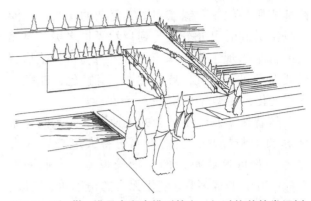

图4-2　孚·勒·维贡府邸中排列整齐、经过修剪的常绿树

图4-3　植物材料"形"的对比

出的轴线，没有过多修剪成几何形的树木花草，是山水植物等自然形象的艺术再现，显示出自然的、随机的、富有山林野趣的美。布局上讲究步移景异，利用自然的植物形态，运用夹景、框景、障景、对景、借景等手法，形成有效的景观控制。植物种植上，不成行列式，以反映自然界植物群落的自然之美为主。自然式种植所要追求的是自然天成之趣，巧夺天工之美，是具象化的自然风韵之美，它在营造过程中具有自身的一些特点。从平面布局上看，自然式种植没有明显的轴线，即使在局部出现一些短的轴线，也布置得错落有致，从整体上看仍是自然曲折、活泼多样的。在种植设计中注重植物本身的特性和特点，以及植物间或植物与环境间生态和视觉上关系的和谐，创造自然景观，用种群多样、竞争自由的植被类型来绿化、美化。花卉布置以花丛、花群为主，树木配植以孤植、树丛、树群、树林为主，不用

修剪规则的绿篱、绿墙和图案复杂的花坛。当游人畅游其间时可充分享受到自然风景之美。自然式的种植体现宁静、深邃、活泼的气氛。植物栽植要避免过于杂乱，要有重点、有特色，在统一中求变化，在丰富中求统一。

随着科学及经济社会的飞速发展，人们艺术修养的不断提高，加之不愿再将大笔金钱浪费在养护管理这些整形的植物景观上，人们向往自然、追求丰富多彩、变化无穷的植物美，所以，提倡自然美，创造自然的植物景观已成为新的浪潮。

4.1.3 混合式

混合式种植既有规划式，又有自然式。

在某些公园中，有时为了造景或立意的需要，往往规则式和自然式的种植相结合，比如在有明显轴线的地方，为了突出轴线的对称关系，两边的植物也多采用规则式种植。

一般情况下，其园林艺术主要在于开辟宽广的视野，引导视线，增加景深和层次，并能充分表现植物美和地形美。一方面利用草坪空间、水域空间、广场空间等形成规整的几何形，按照整形式或半整形式的图案栽植观赏植物以表现植物的群体美；另一方面，保留自然式园林的特点，利用乔灌木、绿篱等围定场地、划分空间、营造屏障，或引导视线于景物焦点。如图4-4所示，周边植物以自然形式进行围合，利用灌木修剪成各种图案来分割空间。

如纽约的中央公园，是美国建造的第一个公共园林，设计者更加注重植物景观的整体艺术效果，而不是将植物作为独立的科学标本进行展示。整个园子的植物种植方式既有自然式又有规则式，中心区设计或保留了大面积的开阔的草坪空间，边界形成田园牧场风光，而在局部和节点空间的处理上则延续了欧洲古典园林的规则式处理，如规则的林荫道景观。

由于不同民族的思维方式和文化内涵不同，所以在植物的种植方式上也有所不同。西方人把天、地、自然看作是与人相对立的异己力量，重于对自然的征服，认为人定胜天，强化人造的力量，所以在种植方式上，多用规则式，喜欢按照人的意志去塑造树形，把植物修剪成各种形状，规则地、

图4-4 混合式种植

对称地种植。中国人则是在天人合一思想的支配下，力求最大限度地让自然山水渗入生活的周围，所以在种植方式上力求以仿效自然为最高追求，多用自然式，不刻意修剪植物，多成丛成群自然灵活的种植。

4.2 种植类型

4.2.1 乔木和灌木

乔木是植物景观营造的骨干材料，形体高大，枝叶繁茂，绿量大，生长年限长，景观效果突出，在种植设计中占有举足轻重的地位，能否掌握乔木在园林中的造景功能，将是决定植物景观营造成败的关键。"园林绿化，乔木当家"，乔木体量大，占据园林绿化的最大空间，因此，乔木树种的选择及其种植类型反映了一个城市或地区的植物景观的整体形象和风貌，是种植设计首先要考虑的问题。

灌木在园林植物群落中属于中间层，起着乔木与地面、建筑物与地面之间的连贯和过渡作用。其平均高度基本与人平视高度一致，极易形成视觉焦点，在植物景观营造中具有极其重要的作用，加上灌木种类繁多，既有观花的，也有观叶、观果的，更有花果或果叶兼美者。

根据在园林中的应用目的，大体可分为孤植、对植、列植、丛植和群植等几种类型。

4.2.1.1 孤植

孤植是指在空旷地上孤立地种植一株或几株同一种树木紧密地种植在一起，来表现单株栽植效果的种植类型（图4-5）。

孤植树在园林中既可作主景构图，展示个体美，也可作遮阴之用。在自然式、规则式中均可应用。孤植树主要是表现树木的个体美。如奇特的姿态，丰富的线条，浓艳的花朵，硕大的果实等，因此孤植树在色彩、芳香、姿态上要有美感，具有很高的观赏价值。

孤植树的种植地点要求比较开阔，不仅要保证树冠有足够的空间，而且要有比较合适的观赏视距和观赏点。为了获得较清晰的景物形象和相对完整的静态构图，应尽量使视角与视距处于最佳位置，如图4-6所示。通常垂直视角为26°~30°，水平视角为45°时观景较佳。若假设景物高度为H，宽度为W，人的视高为h，则最佳视距与景物高度或宽度的关系可用下式表示：

$$D_H = (H-h)\operatorname{ctg}\alpha/2 \approx 3.7(H-h)$$
$$D_W = W/2 \operatorname{ctg}\beta/2 \approx 1.2W$$

图4-5 孤植树的种植

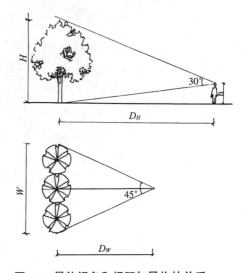

图4-6 最佳视角和视距与景物的关系

式中：α ——垂直视角；
β ——水平视角；
D_H ——垂直视角下的视距；
D_W ——水平视角下的视距。

在安排孤植树时，要让人们有足够的活动场地和恰当的欣赏位置，尽可能与天空、水面、草坪、树林等色彩单纯而又有一定对比变化的背景加以衬托，以突出孤植树在体量、姿态、色彩等方面的特色。

适合作孤植树的植物种类有雪松、白皮松、油松、圆柏、侧柏、金钱松、银杏、槐树、毛白杨、香樟、榕树、玉兰、鸡爪槭、合欢、元宝枫、木棉、凤凰木、枫香等。

4.2.1.2 对植

对植是指用两株或两丛相同或相似的树，按一定的轴线关系，有所呼应地在构图轴线的左右两边栽植。在构图上形成配景或夹景，很少作主景。

对植多应用于大门的两边，建筑物入口、广场或桥头的两旁（图4-7）。例如，在公园门口对植两株体量相当的树木，可以对园门及其周围的景观起到很好的引导作用；在桥头两边对植能增强桥梁的稳定感。对植也常用在有纪念意义的建筑物或景点两边，这时选用的对植树种在姿态、体量、色彩上要与景点的思想主题相吻合，既要发挥其衬托作用，又不能喧宾夺主。如广州中山纪念堂前左右对称栽植的两株白兰花，对植于主体建筑的两旁，高大的体量符合建筑体量的要求，常绿的开白花的芳香树种，又能体现对伟人的追思和哀悼，寓意万古长青、流芳百世。

两株树的对植包括两种情况：一种是对称式，建筑物前一边栽植一株，而且大小、树种要对称，两株树的连线与轴线垂直并等分。

另一种是非对称式，两边植株体量不等或栽植距离不等，但左右是均衡的。多用于自然式。选择的树种和组成要比较近似，栽植时注意避免呆板的绝对对称，但又必须形成对应，给人以均

图4-7 对 植

衡的感觉。如果两株体量不一样，可在姿态、动势上取得协调。种植距离不一定对称，但要均衡，如路的一边栽雪松，一边栽种月季，体量上相差很大，路的两边是不均衡的，我们可以加大月季的栽植量来达到平衡的效果。对植主要用于强调公园、建筑、道路、广场的出入口，突出它的严整气氛。

4.2.1.3 列植

列植是指乔灌木按一定株行距成排成行地栽植。

列植树种要保持两侧的对称性，当然这种对称并不是绝对的对称。列植在园林中可作为园林景物的背景，种植密度较大的可以起到分隔空间的作用，形成树屏，这种方式使夹道中间形成较为隐秘的空间。通往景点的园路可用列植的方式引导游人视线，这时要注意不能对景点造成压迫感，也不能遮挡游人。在树种的选择上要考虑能对景点起到衬托作用的种类，如景点是已故伟人的塑像或纪念碑，列植树种就应该选择具有庄严肃穆气氛的圆柏、雪松等。行列栽植形成的景观比较整齐、单纯、气势大，是公路、城市街道、广场等规划式绿化的主要方式（图4-8、图4-9）。

在树种的选择上，要求有较强的抗污染能力，在种植上要保证行车、行人的安全，然后还要考虑树种的生态习性、遮阴功能和景观功能。

列植的基本形式有两种：一是等行等距，从平面上看是呈正方形或"品"字形，它适合用于规则式栽植；二是等行不等距，行距相等，但行内的株距有疏密变化，从平面上看是不等边三角形或不等边四角形，可用于规则式或自然式园林的局部，也可用于规划式栽植到自然式栽植的过渡。

4.2.1.4 丛植

丛植通常是由几株到十几株乔木或乔灌木按一定要求栽植而成。

树丛有较强的整体感，是园林绿地中常用的一种种植类型，它以反映树木的群体美为主，从

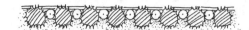
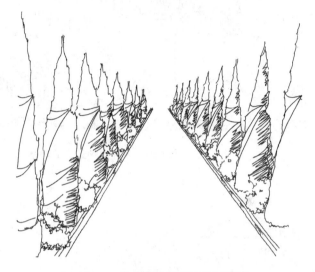

图4-8 道路旁成排列植的行道树

图4-9 承德避暑山庄澹泊敬诚殿前列植的油松

景观角度考虑，丛植须符合多样统一的原则，所选树种的形态、姿势及其种植方式要多变，不能对植、列植或形成规则式树林。所以要处理好株间、种间的关系。整体上要密植，像一个整体，局部又要疏密有致（图4-10）。树丛作为主景时四周要空旷，有较为开阔的观赏空间和通透的视线，或栽植点位置较高，使树丛主景突出。树丛栽植在空旷草坪的视点中心上，具有极好的观赏

图4-10 多种树种组成的树丛

图4-11 粉墙做底，花木为绘，清新淡雅

效果，在水边或湖中小岛上栽植，可作为水景的焦点，能使水面和水体活泼而生动，公园进门后栽植一丛树丛既可观赏又有障景的作用。树丛与岩石结合，设置于白粉墙前、走廊或房屋的角隅，组成景观是常用的手法（图4-11）。另外，树丛还可作为假山、雕塑、建筑物或其他园林设施的配景。同时，树丛还能作背景，如用雪松、油松或其他常绿树丛作背景，前面配置桃花等早春观花树木或花境均有很好的景观效果。树丛设计必须以当地的自然条件和总的设计意图为依据，用的树种虽少，但要选得准，以充分掌握其植株个体的生物学特性及个体之间的相互影响，使植株在生长空间、光照、通风、温度、湿度和根系生长发育方面，都取得理想效果。

4.2.1.5 群植

群植是由十几株到二三十株的乔灌木混合成群栽植而成的类型。群植可以由单一树种组成，也可由数个树种组成。由于树群的树木数量多，特别是对较大的树群来说，树木之间的相互影响、相互作用会变得突出，因此在树群的配植和营造中要注意各种树木的生态习性，创造满足其生长的生态条件，在此基础上才能设计出理想的植物景观。从生态角度考虑，高大的乔木应分布在树群的中间，亚乔木和小乔木在外层，花灌木在更外围。要注意耐阴种类的选择和应用。从景观营造角度考虑，要注意树群林冠线起伏，林缘线要有变化，主次分明，高低错落，有立体空间层次，季相丰富（图4-12）。群植所表现的是群体美，树群应布置在有足够距离的开敞草地上，如靠近林缘的大草坪、宽广的林中空地、水中的小岛屿等。树群的规模不宜过大，在构图上要四面空旷，树群的组合方式最好采用郁闭式，树群内通常不允许游人进入。树群内植物的栽植距离要有疏密的变化，要构成不等边三角形，切忌成行、成排、成带地栽植。

4.2.1.6 林植

凡成片、成块大量栽植乔灌木，以构成林地和森林景观的称为林植。

林植多用于大面积公园的安静区、风景游览区或休、疗养区以及生态防护林区和休闲区等。

图4-12 多种树种组成的树群

林区外缘还可以配植同一树种的树群、树丛和孤植树，以增强林缘线的曲折变化。林下可种植一种或多种开花华丽的耐阴或半耐阴的草本花卉，或是低矮的开花繁茂的耐阴灌木。

② 混交林　由多种树种组成，是一个具有多层结构的植物群落。混交林季相变化丰富，充分体现质朴、壮阔的自然森林景观，而且抗病虫害能力强。供游人欣赏的林缘部分，其垂直成层构图要十分突出，但又不能全部塞满，以致影响到游人的欣赏。为了能使游人深入林地，密林内部有自然路通过，或留出林间隙地造成明暗对比的空间设草坪座椅极有静趣，但沿路两旁的垂直郁闭度不宜太大，以减少压抑与恐慌，必要时还可以留出空旷的草坪，或利用林间溪流水体，种植水生花卉，也可以附设一些简单构筑物，以供游人作短暂休息之用。

密林种植，大面积的可采用片状混交，小面积的多采用点状混交，一般不用带状混交，要注意常绿与落叶、乔木与灌木林的配合比例，还有植物对生态因子的要求等。单纯密林和混交密林在艺术效果上各有其特点，前者简洁后者华丽，两者相互衬托，特点突出，因此不能偏废。从生物学的特性来看，混交密林比单纯密林好，园林中纯林不宜太多。

(2) 疏林

郁闭度 0.4~0.6，常与草地结合，故又称疏林草地。疏林草地是园林中应用比较多的一种形式，不论是鸟语花香的春天，浓荫蔽日的夏日，或是晴空万里的秋天，游人总喜欢在林间草地上休息、看书、野餐等，即便在白雪皑皑的严冬，疏林草地仍具风范。所以，疏林中的树种应具有较高的观赏价值，树冠宜开展，树荫要疏朗，生长要强健，花和叶的色彩要丰富，树枝线条要曲折多变，树干要有欣赏性，常绿树与落叶树的搭配要合适。

根据树林的疏密度可分为密林和疏林。

(1) 密林

郁闭度 0.7~1.0，阳光很少透入林下，所以土壤湿度比较大，其地被植物含水量高、组织柔软、脆弱、经不住踩踏，不便于游人作大量的活动，仅供散步、休息，给人以葱郁、茂密、林木森森的景观享受。

密林根据树种的组成又可分为纯林和混交林。

① 纯林　由同一树种组成，如油松林、圆柏林、水杉林、毛竹林等，树种单一。纯林具有单纯、简洁之美，但一般缺少林冠线和季相的变化，为弥补这一缺陷，可以采用异龄树种来造景，同时可结合起伏的地形变化，使林冠线得以变化。

树木的种植要三五成群，疏密相间，有断有续，错落有致，构图上生动活泼。林下草坪应含水量少，坚韧而耐践踏，游人可以在草坪上活动，且最好秋季不枯黄。疏林草地一般不修建园路，但如果是作为观赏用的嵌花疏林草地，应该有路可走，如图4-13所示。

4.2.1.7 篱植

由灌木或小乔木以近距离的株行距密植，栽成单行或双行的，其结构紧密的规则种植形式，称为绿篱。绿篱在城市绿地中起分隔空间、屏障视线、衬托景物和防范作用。

(1) 篱植的类型

①按是否修剪分　可分为整齐式（规则式）和自然式。

②按高度分

矮篱　0.5m以下，主要作为花坛图案的边线，或道路旁、草坪边来限定游人的行为。矮篱给人以方向感，既可使游人视野开阔，又能形成花带、绿地或小径的构架。

中篱　0.5~1.2m，是公园中最常见的类型，用做场地界线和装饰。能分离造园要素，但不会阻挡参观者的视线。

高篱　1.2~1.6m，主要用作界线和建筑的基础种植，能创造完全封闭的私密空间。

绿墙　1.6m以上，用作阻挡视线、分隔空间或作背景。如珊瑚树、圆柏、'龙柏'、垂叶榕、木槿、枸橘等（图4-14）。

③按特点分

花篱　由六月雪、迎春、锦带花、珍珠梅、杜鹃花、金丝桃等观花灌木组成，是园林中比较精美的篱植类型，一般多用于重点绿化地段。

叶篱　大叶黄杨、黄杨、圆柏等为最常见的常绿观叶绿篱。

果篱　由紫珠、枸骨、火棘、枸杞、假连翘等观果灌木组成。

彩叶篱　由红桑、'金叶'榕、金叶女贞、'金心'大叶黄杨、'紫叶'小檗等彩叶灌木组成。

刺篱　由枸橘、小檗、枸骨、黄刺玫、花椒、沙棘、五加等植物体具有刺的灌木组成。

图4-13　美国门多西诺国家森林公园疏林草地

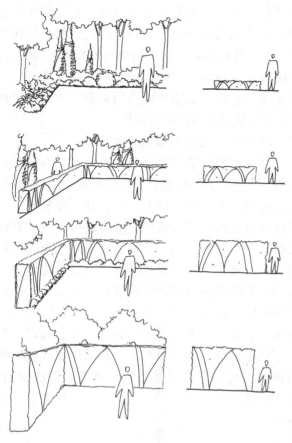

图4-14 绿篱高度示意图

篱植的材料宜用小枝萌芽力强、分枝密集、耐修剪、生长慢的树种。对于花篱和果篱，一般选叶小而密、花小而繁、果小而多的种类。

(2) 篱植在园林中的作用

篱植除了可用来围合空间和防范外，在规则式园林中篱植还可作为绿地的分界线，装饰道路、花坛、草坪的边线，围合或装饰几何图案，形成别具特点的空间。篱植还是分隔、组织不同景区空间的一种有效手段，通常用高篱或绿墙形式来屏障视线、防风、隔绝噪声，减少景区间的相互干扰。高篱还可以作为喷泉、雕塑的背景。篱植的实用性还体现在屏障视线，遮挡挡土墙与墙基、路基等。

4.2.2 藤木

植物种植设计的重要功能是增加单位面积的绿量，而藤木不仅能提高城市及绿地拥挤空间的绿化面积和绿量，调节与改善生态环境，保护建筑墙面，围土护坡等，而且藤木用于绿化极易形成独特的立体景观及雕塑景观，可供观赏，同时还可起到分割空间的作用，其对于丰富与软化建筑物呆板生硬的立面，效果颇佳。

4.2.2.1 藤木的分类

(1) 缠绕类

枝条能自行缠绕在其他支持物上生长发育，如紫藤、猕猴桃、金银花、三叶木通、素方花等。

(2) 卷攀类

依靠卷须攀缘到其他物体上，如葡萄、扁担藤、炮仗花、乌头叶蛇葡萄等。

(3) 吸附类

依靠气生根或吸盘的吸附作用而攀缘的植物种类，如地锦、美国地锦、常春藤、扶芳藤、络石、凌霄等。

(4) 蔓生类

这类藤木没有特殊的攀缘器官，攀缘能力比较弱，需人工牵引而向上生长，如野蔷薇、木香、软枝黄蝉、叶子花、长春蔓等。

4.2.2.2 藤木在园林中的应用形式

(1) 棚架式绿化

选择合适的材料和构件建造棚架，栽植藤木，以观花、观果为主要目的，兼具遮阴功能，这是园林中最常见、结构造型最丰富的藤本植物景观营造方式。应选择生长旺盛、枝叶茂密的植物材料，对体量较大的藤木，棚架要坚固结实。可用于棚架的藤木有葡萄、猕猴桃、紫藤、木香等。棚架式绿化多用于庭院、公园、机关、学校、幼儿园、医院等场所，既可观赏，又给人们提供了一个纳凉、休息的理想场所。

(2) 绿廊式绿化

选用攀缘植物种植于廊的两侧，并设置相应的攀附物，使植物攀缘而上直至覆盖廊顶形成绿廊。也可在廊顶设置种植槽，使枝蔓向下垂挂形成绿帘。绿廊具有观赏和遮阴两种功能，在植物选择上应选用生长旺盛、分枝力强、枝叶稠密、

遮阴效果好而且姿态优美、花色艳丽的种类。如紫藤、金银花、铁线莲、叶子花、炮仗花等。绿廊既可观赏，廊内又可形成一私密空间，供人入内游赏或休息。在绿廊植物的养护管理上，不要急于将藤蔓引至廊顶，注意避免造成侧方空虚，影响观赏效果。

(3) 墙面绿化

把藤木通过牵引和固定使其爬上混凝土或砖制墙面，从而达到绿化美化的效果。城市中墙面的面积大，形式多样，可以充分利用藤木来加以绿化和装饰，以此打破墙面呆板的线条，柔化建筑物的外观。如地锦、美国地锦、凌霄、美国凌霄、络石、常春藤、藤本月季等，为利于藤木植物的攀附，也可在墙面安装条状或网状支架，并进行人工缚扎和牵引。

墙面绿化应根据墙面的质地、材料、朝向、色彩、墙体高度等来选择植物材料。对于质地粗糙、材料强度高的混凝土墙面或砖墙，可选择枝叶粗大、有吸盘、气生根的植物，如地锦、常春藤等；对于墙面光滑的马赛克贴面，宜选择枝叶细小、吸附力强的络石；对于表层结构光滑、材料强度低且抗水性差的石灰粉刷墙面，可用藤本月季、凌霄等。墙面绿化还应考虑墙体的颜色，砖红色的墙面选择开白花、淡黄色的木香或观叶的常春藤。

(4) 篱垣式绿化

篱垣式绿化主要用于篱笆、栏杆、铁丝网、矮墙等处的绿化，既具有围墙或屏障的功能，又有观赏和分割的作用。用藤木植物爬满篱垣栅栏形成绿墙、花墙、绿篱、绿栏等，不仅具有生态效益，使篱笆或栏杆显得自然和谐，并且生机勃勃，色彩丰富。由于篱垣的高度一般较矮，对植物材料的攀缘能力要求不高，因此几乎所有的藤木都可用于此类绿化，但具体应用时应根据不同的篱垣类型选用不同的植物材料。

(5) 立柱式绿化

城市的立柱包括电线杆、灯柱、廊柱、高架公路立柱、立交桥立柱等，对这些立柱进行绿化和装饰是垂直绿化的重要内容之一，另外，园林中的树干也可作为立柱进行绿化，而一些枯树绿化后可给人老树生花、枯木逢春的感觉，景观效果好。立柱的绿化可选用缠绕类和吸附类的藤木，如地锦、常春藤、三叶木通、南蛇藤、络石、金银花等；对枯树的绿化可选用紫藤、凌霄、西番莲等观赏价值较高的植物种类。

(6) 山石、陡坡及裸露地面的绿化

用藤木植物攀附于假山、石头上，能使山石生辉，更富有自然情趣，常用的植物材料有地锦、美国地锦、扶芳藤、络石、常春藤、凌霄等。陡坡地段难以种植其他植物，但不进行绿化一方面会影响城市景观；另一方面会造成水土流失。利用藤木的攀缘、匍匐生长习性，可以对陡坡进行绿化，形成绿色坡面，既有观赏价值，又能形成良好的固土护坡作用，防止水土流失。经常使用的藤木有络石、地锦、美国地锦、常春藤等。藤木还是地被绿化的好材料，一些木质化程度较低的种类都可以用作地被植物，覆盖裸露的地面，如常春藤、蔓长春花、地锦、络石、扶芳藤、金银花等。

4.2.3 花卉

花卉种类繁多、色彩艳丽、婀娜多姿，可以布置于各种园林环境中，是缤纷的色彩及各种图案纹样的主要体现者。园林花卉除了大面积用于地被以及与乔灌木构成复层混交的植物群落，还常常作为主景，布置成花坛、花境等，极富装饰效果。

4.2.3.1 花坛的应用与设计

(1) 概念及特点

花坛的最初含义是在具有几何形轮廓的植床内种植各种不同色彩的花卉，花卉的群体效果来体现精美的图案纹样，或观赏盛花时绚丽景观的一种花卉应用形式。

花坛通常具有几何形的栽植床，属于规则式种植设计；主要表现的是花卉组成的平面图案纹样或华丽的色彩美，不表现花卉个体的形态美；且多以时令性花卉为主体材料，并随季节更换，保证最佳的景观效果。

(2) 花坛的类型

① 以主题不同分类

花丛式花坛（盛花花坛） 主要表现和欣赏观花的草本植物花朵盛开时花卉本身群体的绚丽色彩，及不同花色种或品种组合搭配所表现出的华丽的图案和优美的外貌（图4-15）。

模纹花坛 主要表现和欣赏由观叶或花叶兼美的植物所组成的精致复杂的平面图案纹样（图4-16）。

标题式花坛 用观花或观叶植物组成具有明确的主题思想的图案，按其表达的主题内容可以分为文字花坛、肖像花坛、象征性图案花坛等。

装饰物花坛 以观花、观叶或不同种类配植成具有一定实用目的的装饰物的花坛（图4-17）。

立体造型花坛 以枝叶细密的植物材料种植于具有一定结构的立体造型骨架上而形成的一种花卉立体装饰（见彩图1）。

混合花坛 不同类型的花坛如花丛花坛与模纹花坛结合、平面花坛与立体造型花坛结合及花坛与水景、雕塑等的结合而形成的综合花坛景观。

② 以布局方式分类

独立花坛 作为局部构图中的一个主体而存在的花坛，所以独立花坛是主景花坛。它可以是花丛式花坛、模纹式花坛、标题式花坛或者装饰物花坛。

花坛群 当多个花坛组合成为不可分割的构图整体时，称为花坛群。

连续花坛群 多个独立花坛或带状花坛，成直线排列成一列，组成一个有节奏规律的不可分割的构图整体时，称为连续花坛群（图4-18）。

图4-15 盛花花坛作为规则式园林中的主景

图4-17 昆明世博园入口广场的钟表装饰花坛

图4-16 模纹花坛表现精致的图案和纹样

图4-18 昆明世博园花园大道的花坛群

(3) 花坛植物材料的选择

①花丛式花坛的主体植物材料　花丛式花坛主要由观花的一、二年生花卉和球根花卉组成，开花繁茂的多年生花卉也可以使用。要求株丛紧密、整齐；开花繁茂，花色鲜明艳丽，花序呈平面开展，开花时见花不见叶，花期长而一致。如一、二年生花卉中的三色堇、雏菊、百日草、万寿菊、金盏菊、翠菊、金鱼草、紫罗兰、一串红、鸡冠花等，多年生花卉中的小菊类、荷兰菊等，球根花卉中的郁金香、风信子、水仙、大丽花的小花品种等都可以用作花丛花坛的布置。

②模纹式花坛及造型花坛的主体植物材料　由于模纹花坛和立体造型花坛需要长时期维持图案纹样的清晰和稳定，因此宜选择生长缓慢的多年生植物（草本、木本均可），且以植株低矮、分枝密、发枝强、耐修剪、枝叶细小为宜，最好高度低于10cm。尤其是毛毡花坛，以观赏期较长的五色草类等观叶植物最为理想，花期长的四季秋海棠、凤仙类也是很好的选材，另外株型紧密低矮的雏菊、景天类、孔雀草、细叶百日草等也可选用。

(4) 设计要点

①花坛的布置形式　花坛与周围环境之间存在着协调和对比的关系，包括构图、色彩、质感的对比；花坛本身轴线与构图整体的轴线的统一，平面轮廓与场地轮廓相一致，风格和装饰纹样与周围建筑物的性质、风格、功能等相协调。花坛的面积也应与所处场地面积比例相协调，一般不大于1/3，也不小于1/15。

②花坛的色彩设计　花坛的主要功能是装饰性，即平面几何图形的装饰性和绚丽色彩的装饰性。因此在设计花坛时，要充分考虑所选用植物的色彩与环境色彩的对比，花坛内各种花卉间色彩、面积的对比。一般花坛应有主调色彩，其他颜色则起勾画图案线条轮廓的作用，切忌没有主次，杂乱无章。

③花坛的造型、尺度要符合视觉原理　人的视线与身体垂直线形成的夹角不同时，视线范围变化很大，超过一定视角时，人观赏到的物体就会发生变形。因此在设计花坛时，应考虑人视线的范围，保证能清晰观赏到不变形的平面图案或纹样。如采用斜坡、台地或花坛中央隆起的形式设计花坛，使花坛具有更好的观赏效果。

④花坛的图案纹样设计　花坛的图案纹样应该主次分明、简洁美观。忌在花坛中布置复杂的图案和等面积分布过多的色彩。模纹花坛纹样应该丰富和精致，但外形轮廓应简单。由五色草类组成的花坛纹样最细不可窄于5cm，其他花卉组成的纹样最细不少于10cm，常绿灌木组成的纹样最细在20cm以上，这样才能保证纹样清晰。当然，纹样的宽窄也与花坛本身的尺度有关，应以与花坛整体尺度协调且在适当的观赏距离内纹样清晰为标准。装饰纹样风格应该与周围的建筑或雕塑等风格一致。标志类的花坛可以各种标记、文字、徽志作为图案，但设计要严格符合比例，不可随意更改；纪念性花坛还可以人物肖像作为图案；装饰物花坛可以日晷、时钟、日历等内容为纹样，但需精致准确，常做成模纹花坛的形式。

4.2.3.2　花境的应用与设计

(1) 概念及特点

花境是园林中从规则式构图到自然式构图的一种过渡的半自然式的带状种植形式，以体现植物个体所特有的自然美及它们之间自然组合的群落美为主题。

花境种植床两边的边缘线是连续不断的平行直线或是有几何轨迹可循的曲线，是沿长轴方向演进的动态连续构图；其植床边缘可以有低矮的镶边植物；内部植物平面上是自然式的斑块混交，立面上则高低错落，既展现植物个体的自然美，又表现植物自然组合的群落美。

(2) 类型

①依设计形式分

单面观赏花境　为传统的种植形式，多临近道路设置，并常以建筑物、矮墙、树丛、绿篱等为背景，前面为低矮的边缘植物，整体上前低后高，仅供一面观赏（见彩图2）。

双面观赏花境　多设置在道路、广场和草地

的中央，植物种植总体上以中间高两侧低为原则，可供双面观赏。

对应式花境 在园路轴线的两侧、广场、草坪或建筑周围设置的呈左右二列式相对应的2个花境。在设计上统一考虑，作为一组景观，多用拟对称手法，力求富有韵律变化之美（图4-19）。

②依花境所用植物材料分

灌木花境 选用的材料以观花、观叶或观果且体量较小的灌木为主。

宿根花卉花境 花境全部由可露地过冬、适应性较强的宿根花卉组成。

混合式花境 以中小型灌木与宿根花卉为主构成的花境，为了延长观赏期，可适当增加球根花卉或一、二年生的时令性花卉。

(3) 花境植物材料的选择

花境所选用的植物材料通常以适应性强、耐寒、耐旱、当地自然条件下生长强健且栽培管理简单的多年生花卉为主，为了满足花境的观赏性，应选择开花期长或花叶皆美的种类，株高、株形、花序形态变化丰富，以便于有水平线条与竖直线条之差异，从而形成高低错落有致的景观。种类构成还需色彩丰富，质感有异，花期具有连续性和季相变化，从而使得整个花境的花卉在生长期次第开放，形成优美的群落景观。宿根花卉中的鸢尾、萱草、玉簪、景天等，均是布置花境的优良材料。

图4-19 道路两边的对应式花境

(4) 设计要点

①花境布置应考虑所在环境的特点 花境适于沿周边布置，在不同的场合有不同的设计形式，如在建筑物前，可以基础种植的形式布置花境，利用建筑作背景，结合立体绿化，软化建筑生硬的线条；道路旁则可在道路一侧、两侧或中央设置花境，形成封闭式、半封闭式或开放式的道路景观。

②花境的色彩设计 花境的色彩主要由植物的花色来体现，同时植物的叶色，尤其是观叶植物叶色的运用也很重要。宿根花卉是色彩丰富的一类植物，是花境的主要材料，也可适当选用些球根及一、二年生花卉，使得色彩更加丰富。在花境的色彩设计中可以巧妙地利用不同花色来创造空间或景观效果，如把冷色占优势的植物群放在花境后部，在视觉上有加大花境深度、增加宽度之感；在狭小的环境中用冷色调组成花境，有空间扩大感。在平面花色设计上，如有冷暖两色的两丛花，具相同的株形、质地及花序时，由于冷色有收缩感，若使这两丛花的面积或体积相当，则应适当扩大冷色花的种植面积。因花色可产生冷、暖的心理感觉，花境的夏季景观应使用冷色调的蓝、紫色系花，以给人带来凉爽之意；而早春或秋天用暖色的红、橙色系花卉组成花境，可令人产生温暖之感。在安静休息区设置花境宜多用冷色调花；如果为加强环境的热烈气氛，则可多使用暖色调的花卉。

花境色彩设计中主要有4种基本配色方法：单色系设计、类似色设计、补色设计、多色设计。设计中根据花境大小选择色彩数量，避免在较小的花境上使用过多的色彩而产生杂乱感（见彩图3）。

③花境的平面和立面设计 构成花境的最基本单位是自然式的花丛。每个花丛的大小，即组成花丛的特定种类的株数的多少取决于花境中该花丛在平面上面积的大小和该种类单株的冠幅等。平面设计时，即以花丛为单位，进行自然斑块状的混植，每斑块为一个单种的花丛。通常一个设计单元（如20m）以5~10种以上的种类自然式混交组成。各花丛大小有变化，一般花后

叶丛景观较差的植物面积宜小些。为使开花植物分布均匀，又不因种类过多造成杂乱，可把主花材植物分为数丛种在花境不同位置。在花后叶丛景观差的植株前方配植其他花卉给予弥补。使用球根花卉或一、二年生草花时，应注意该种植区的材料轮换，以保持较长的观赏期。对于过长的花境，可设计一个演进花境单元进行同式重复演进或两三个演进单元交替重复演进。但必须注意整个花境要有主调、配调和基调，做到多样统一。

花境的设计还应充分体现不同样型的花卉组合在一起形成的群落美。因此，立面设计应充分利用植物的株形、株高、花序及质地等观赏特性，创造出高低错落，丰富美观的立面景观。

4.2.3.3 花丛的应用与设计

(1) 概念及特点

花丛是指根据花卉植株高矮及冠幅大小之不同，将数目不等的植株组合成丛配植阶旁、墙下、路旁、林下、草地、岩隙、水畔等处的自然式花卉种植形式。花丛重在表现植物开花时华丽的色彩或彩叶植物美丽的叶色（图4-20）。

花丛既是自然式花卉配植的最基本单位，也是花卉应用最广泛的形式。花丛可大可小，小者为丛，集丛成群，大小组合，聚散相宜，位置灵活，极富自然之趣。因此，最宜布置于自然式园林环境，也可点缀于建筑周围或广场一角，对过于生硬的线条和规整的人工环境起到软化和调和的作用。

(2) 花丛花卉植物材料的选择

花丛的植物材料应以适应性强，栽培管理简单，且能露地越冬的宿根和球根花卉为主，既可观花，也可观叶或花叶兼备，如芍药、玉簪、萱草、鸢尾、百合、玉带草等。栽培管理简单的一、二年生花卉或野生花卉也可以用作花丛等。

(3) 设计要点

花丛从平面轮廓到立面构图都是自然式的，边缘不用镶边植物，与周围草地、树木等没有明显的界线，常呈现一种错综自然的状态。

园林中，根据环境尺度和周围景观，既可以单种植物构成大小不等、聚散有致的花丛，也可

图4-20 花丛式花卉景观

以两种或两种以上花卉组合成丛。但花丛内的花卉种类不能太多，要有主有次；各种花卉混合种植，不同种类要高矮有别，疏密有致，富有层次，达到既有变化又有统一。

花丛设计应避免两点：一是花丛大小相等，等距排列，显得单调；二是种类太多，配植无序，显得杂乱无章。

复习思考题

1. 种植设计的种植方式有哪些？各有什么特点？
2. 种植设计的基本类型有哪些？
3. 试设计几个乔、灌、草搭配的树丛。
4. 花坛、花境各有哪些类型？它们对植物材料的选择有什么要求？
5. 观察记载节日花坛的各种类型，分析其种类及设计特点，为以后作图打下基础。

推荐阅读书目

园林花卉应用设计（第3版）．董丽．中国林业出版社，2015.

花境设计与应用大全．魏钰，张佐双，朱仁元．北京出版社，2006.

植物景观设计．蔡如，韦松林．云南科技出版社，2005.

风景园林设计要素．诺曼·K·布恩著．曹礼昆，等译．中国林业出版社，1989.

风景园林设计．王晓俊．江苏科学技术出版社，2000.

园林植物景观设计与营造．赵世伟，张佐双．中国城市出版社，2001.

第5章 园林种植设计一般技法

在园林发展的历史过程中，人们不断地从经验中总结出许多常能引起游赏者美感的规律，在设计时因地制宜地运用这些规律，造园家通常称为"手法"，一般人则视为一种技法，严格地讲，叫作技法似乎恰当些。为了便于说明各种技法的运用场合以及在美学、心理方面的实质，下面从园林植物的个体特性在种植设计中的应用、种植设计的空间围合、平面布置、立面构图等几方面加以阐述。

5.1 园林植物个体特性在种植设计中的应用

5.1.1 色彩

大自然给了我们一个五光十色的世界。四季色彩多变的园林植物，构成了大自然中一幅幅难得的天然画面（见彩图4、彩图5）。人们观察物体时，视觉神经对色彩的反应最快，其次才是各种形状以及表面质感和细节。"远看色彩近看花、先看颜色后看花、七分颜色三分花"这些中国民间常有的说法，生动地说明了色彩在艺术中的重要作用。因此，在种植设计中，色彩作为植物最重要、最直接的观赏特性之一，承担着重要的角色，对植物种植起着至关重要的作用，会影响设计的多样性、统一性以及空间氛围。

在园林种植设计中，植物不仅是绿化的颜料，也是五彩斑斓的渲染手段。正因色彩的重要性，自古以来，国内外各种类型的园林景观都非常注重对色彩的应用。文艺复兴时期意大利造园颜色相对单一，以绿色为主色调配以一些相对艳丽的园林小品设施；而到了巴洛克时期，意大利园林艺术开始注重装饰，对色彩的运用也逐渐丰富起来。法国古典园林对色彩的运用从整体出发，同样以绿色为基调色，点缀色彩鲜亮的花草。英国自然式风景园因丛生野花的大量应用，颜色相较意大利、法国园林更加轻快明朗一些，但整体仍以蓝绿色调为主。日本园林以其超然朴素的特点而闻名于世，其园林植物色彩配置也基本以常绿树本身色彩为主，创造出淡雅脱俗的独特意境。我国古人同样非常注重对色彩的应用，如《花镜》中描述："梅花、蜡瓣之标清，宜疏篱竹坞，曲栏暖阁，红白间植……"；苏州留园西部的枫林，从曲溪楼上远眺霜叶，具有"枫叶飘丹，宜重楼远眺"的古意。

5.1.1.1 色彩学原理

（1）色彩的三要素

色彩三要素是指色相、明度、纯度。

①色相 这是指色彩的相貌，即物体反射了日光光源所表现出的颜色。有色相的色即为有彩色；相反，不显示色相的色就是无彩色。基本色相为红、橙、黄、绿、蓝、紫6种，其中红黄蓝为三原色。

②明度　这是指色彩的明暗程度，也称色度。它有两种含义：其一是指每个色相都有它相应的明度，如黄色最亮、紫色最暗；其二是指同一色相受光后，由于物体发光的强弱不一，产生不同的明暗层次，一般受光面明，背光面暗（表5-1、表5-2）。

③纯度　这是指色彩本身的纯净程度，也称彩度、饱和度。太阳光通过三棱镜分光而显示的各种颜色为正色（或称纯色、饱和色），正色中掺入白色，颜色即变浅、变淡；掺入黑色即变浓、变深，这都降低了纯度，也就是日常所说的颜色发灰。纯度也就是色彩与灰的距离程度，含灰越少，纯度越高。

（2）色彩的心理

色彩的心理变化非常复杂，有研究表明，颜色的变化能够直接或间接地左右人的情绪，影响人的心理变化，但对人的影响也因人而异。通常状况下，人脑对红色的反应是刺激，对蓝色的反应是冷静等。除对色彩的直接反应外，色彩的冷暖也是基于人类心理的不同感受，例如，红、橙、黄等使人感到温暖，蓝、紫、绿等使人感到寒冷。而颜色原本没有温度，其冷暖属于一种心理的错觉。

（3）色彩的感觉

不同的色彩具有不同的特点，除了视觉效果外，色彩的个性也可反映在人们的心理层面上。因此色彩的冷暖、远近、轻重、大小等感觉在色彩配置中起着至关重要的作用。

①色彩的冷暖　色彩的冷暖是受人们心理作用而产生的主观印象，是视错觉的一种。通常暖色系列具有低明度、高纯度的特点，能够带来兴奋、愉悦向上，或者躁动的心理效应，而暖色系则会产生温暖、鲜明、热闹的效果，暖色系列的颜色通常为红紫色系、橙黄色系以及黑色系等。冷色系列通常具有高明度、低纯度的特点，能够带来冷静或消极的心理效应，冷色系通常会产生沉稳、平静、素雅的效果，冷色系列的颜色通常为蓝绿、蓝紫以及白色系。除冷暖外还有中性色系列，通常包括绿色、紫色或灰色，可以产生舒适、消除疲劳的心理效应，并具有调节冷暖的作用。

②色彩的轻重　色彩的轻重主要取决于明度，其次为纯度、色相。一般来说，轻感色明度、纯度高，而重感色明度、纯度低。相比之下轻感色会产生上升、灵动、漂浮的感觉，重感色会产生下降、沉重、稳定的感觉。在植物种植设计中，色彩的轻重感尤为重要，深色叶做浅色叶的背景，上轻下重，可达到重心稳定的作用。

③色彩的前进与后退　色彩因自身的色相等的不同具有进退感，分为前进色和后退色。前进色有接近人的感觉，通常为暖色，具有高明度、高纯度的特征。而后退色具有远离人的效果，通常为冷色，具有低明度、低纯度的特征。6种标准色的距离感由近至远依次为黄、橙、红、绿、蓝、紫。

④色彩的膨胀与收缩　色彩的膨胀感是指色

表5-1　色相与明度的相对关系

色相	白	黄	黄橙、橙	黄绿、绿	红橙	蓝绿	红、蓝	紫红	蓝紫	紫	黑
明度	100	78.9	69.85	30.33	27.33	11	4.93	0.80	0.36	0.13	0

表5-2　色相与纯度的相对关系

色相	红	红橙	黄	黄绿	绿	蓝绿	蓝	蓝紫	紫	紫红
纯度	14	12	12	10	8	6	8	12	12	12

彩面积或体量感觉比实际大，收缩感是指感觉比实际小。色彩的膨胀与收缩与色彩的前进后退有一定的关系。通常，前进色具有膨胀感，后退色具有收缩感。暖色通常会带来膨胀感，会产生使整体空间变小的效果，往往具有高纯度、高明度的特点。冷色通常会带来收缩感，会产生使整体空间变大的效果，可用来削弱空间的拥挤感。

⑤色彩的爽朗与忧郁　色彩可以直接影响观赏者的情绪。鲜明、绚丽的色彩会给人以爽朗与活泼感，而浑浊、深暗的颜色通常会给人以郁闷的气氛。爽朗感通常为暖色系列，具有高纯度、高明度、强对比的特点；而忧郁感通常为冷色系列，具有低纯度、低明度、弱对比的特点。

⑥色彩的疲劳感　色彩纯度高且鲜艳的颜色，更加刺激人的感受，易使人疲劳。总体来看，暖色比冷色疲劳感强。在同一视觉范围内色相数过多，纯度强，或纯度与明度相差不大的组合等，多易使人感觉疲倦。而蓝绿色系可消除人的疲劳感。比如大面积的鲜艳色彩的花海，游人游赏初期会比较兴奋，但是不久就会产生疲劳感。而大面积的绿树或草坪一般可以供游人长时间停留休息而不会产生疲劳的感觉。

5.1.1.2　园林植物的色彩分类

园林植物色相众多，色彩十分丰富，主要可分为红色系、橙色系、黄色系、绿色系、蓝色系、紫色系、白色系以及黑色系等。

(1) 红色系

红色通常意味着热情、奔放、喜悦与活力，但有时也象征着恐怖与慌乱。红色极具注目性、透视性和美感，但红色使用面积过大时刺激过重，令人倦怠。

(2) 橙色系

橙色是秋天的颜色，是红和黄的合成色，兼有赤之火热，黄之光明的性质，象征古老、温馨和欢欣。橙色具有明亮、华丽、健康、向上、温暖、愉快的感觉。

(3) 黄色系

黄色明度最高，给人以光明、纯净、希望、活跃和轻快的感受，象征着希望、快活和智慧。但黄色面积过大时，会使人感到闷满和堵塞。

(4) 绿色系

绿色是大自然中草地、树木的色彩，象征着春天、希望、和平与生命，是充满活力的色彩。绿色能给人以宁静、休息和安慰的感觉。

(5) 蓝色系

蓝色是天空与海洋的颜色，代表希望、沉静、高洁，表现寂寞、空间感，多用于安静休息处、老人活动区等。

(6) 紫色系

紫色是阴影的颜色，是高贵、庄重、幽雅的颜色。高明度的紫色是光明和理解的象征，明亮的紫色使人感到美好和兴奋，可以形成舒适优雅的环境。低明度的紫色因与阴影和夜空相连，富有神秘感，一般情况下，使人产生疲劳和忧郁的情绪。

(7) 白色系

白色明度最高，给人以明亮、干净、坦率、爽朗的感觉，象征着纯粹、纯洁，代表和平与神圣。但另一方面，白色给人以单调、凄凉和虚无之感。在对比较强的花卉中，混入白色花卉，可使强烈对比缓和而趋于调和。

(8) 黑色系

黑色对人们心理上的影响有积极和消极两方面的作用：一方面可以使人得到休息，有沉思、安静、坚毅等感觉；另一方面又有恐怖、忧伤、消极、悲痛、绝望和死亡的感觉。在园林中运用黑色做对比，可使得一些颜色更鲜艳。

5.1.1.3　色彩构成的协调性

园林种植设计的色彩构成要讲究协调。所谓色彩的协调，是指两个以上组合的颜色作用于人的视觉在心理上引起的反映。简而言之，色彩的协调就是色彩构成的美感。

(1) 同一色相配色协调

同一色相配色，既有色相上的统一基调又有色彩的冷暖、明暗、浓淡的微弱变化。单色方案感觉单纯、大方、宁静、豪迈而有气魄。但单色方案可能让人很快失去兴致，这就进一步要求植物的姿态、质感、体量具有变化（见彩图12）。如杭州花港观鱼公园的雪松大草坪，为单色组景，由于雪松组群在体量上有变化，又精心安排林缘线、林冠线，使单色方案获得成功。北京植物园的槐树—白杆+圆柏—沙地柏—草坪，也是单色组景，但借助于各种植物的姿态变化，林冠线起伏，使单色方案获得成功。

(2) 类似色相配色协调

在色环上位于90°内的两种色相为类似色。类似色相配色比单色方案活跃，但也由于色相相近，容易取得统一进而形成宁静、清新的环境气氛。园林中有一些植物本身就具有富于变化的类似色，在配色中必须注意其很微妙的变化，很好地加以混合运用。如鸢尾类有深浅不同的紫色及蓝紫色，地被菊的不同品种有橙、红、黄、紫、紫红等深浅不同的颜色，合理地选择配色就能得到极佳的效果。绿色草坪上散植抱茎苦荬菜、蒲公英、二月蓝、马蔺等，这种绿与黄、绿与蓝的配色使人舒心、清新（见彩图13）。大草原上镶嵌成片的油菜花或成丛的马蔺，所产生的清新、豪迈的感觉也会让人精神振奋。

(3) 邻补色相配色协调

在色环上大于90°，小于150°的两种色相为邻补色，如红和黄、橙和紫等。这类色相有明显差异，但容易调和处理。邻补色相配置突出表现出色彩的丰富性，配色效果有节奏起伏和韵律变化，构成绚丽多彩、活泼愉快的画面。凡同时开花，金黄与大红、大红与蓝、橙与紫的花卉，都是邻补色对比的花卉。品种多的花卉，如月季、大丽花、郁金香等同种植物不同品种就能找到邻补色加以配色。每年国庆节，人们都常用一串红和黄色的菊花组成图案欢庆节日，以红和黄配色营造绚丽、活泼的节日气氛（见彩图14）。北方春日，连翘和榆叶梅组景，这种黄与粉的配色也成为北方春天的色彩特色之一。

(4) 补色色相配色协调

三原色中，任一原色与其余两原色混合的间色，互称为补色或对比色。如红和绿，橙和蓝，紫和黄。在十二色相环中，互相对应的两色为互补色。补色相配，因色相对比强烈，给人的感受是兴奋突出、运动性大，是一种极富表现力和动感的色彩配合（见彩图15）。补色相配使得各自的色彩更加浓艳，相同数量补色对比的花卉较单色大花卉在色彩效果上要强烈得多。在受光的亮绿色草地上栽植红花檵木，可得到鲜明的对比。又如，草地上栽植'绯桃'、'绛桃'、'紫叶'桃、山茶、贴梗海棠、'乌羽玉'梅、大红的郁金香等，在花期都能得到很好的对比效果。但是，大红色花卉如果与暗绿色的常绿树配植，或与背光的草地和树丛结合，最好加上大量的白花，才能使对比活跃起来，否则因为明度相近、对比效果沉闷而不够显著。

补色相配若运用不当，会引起强烈的刺激感，甚至落于庸俗。补色配色的关键在于掌握互补两色不能分庭抗礼，否则易产生主次模糊、呆滞感，失去协调美。因此补色配色应面积各异，深浅不同，鲜艳有别。此外，为使强烈对比更好地取得统一，还可用白色花卉加以分隔，使之协调。

另一种补色配色的方法是分离式互补色。所谓分离式互补色，即在一个三色相结合之中，两个色相是第三个色相的补色的邻色。这种配合可以是红、黄绿、蓝绿；黄、蓝紫、紫红，以此进行配色，再通过色彩明度和彩度的变化，可获得配色协调效果。如大片蓝紫、紫红色花极易使人陷入忧郁的情绪中，加入一小片黄花使景观明亮、活泼。

(5) 无彩色与有彩色配色协调

无彩色系由黑、白、灰组成，是一种能高度吸引人的色彩。在园林环境里，黑色的树干，灰色的山石、铺装、建筑，白色的雪，白色的花，均可看作无彩色。白色明亮、纯净、高雅，黑色深沉、凝重，灰色安静、柔和、抒情、朴质、大方。无彩色系与有彩色系的组合既可构成无彩色与有彩色的彩度差异性，形成对比，又具有不排斥有彩色系的高度随和性，既可使浓重色彩配色不再喧闹，又可避免无彩色的过分沉寂、平静，从而构成色彩对比协调,获得明朗、生动、艳丽的格调(见彩图16)。暗红色月季在暗绿色圆柏篱前,色调不够明快,对比又过于强烈,这时栽植大量白色月季,则能使对比趋于缓和,色调也明快起来。

5.1.1.4 园林植物的色彩来源

植物的色彩是有生命的色彩,它不同于绘画等其他范畴,会随时间、季节等因素而变化,让人欣赏中感受到自然的魅力。园林植物的色彩来源主要为树干与枝条的色彩、叶色、花色以及果色等。

(1) 树干与枝条的色彩

园林植物的树干与枝条除表面质感的不同所具有的独特观赏价值外,其树干与枝条的颜色同样具有极高的观赏价值。特别是在北方地区的秋冬时节,树干或枝条具有独特色彩的园林植物成为园林景观中主要的观赏内容。树干与枝条的色彩主要可分为红色系(红瑞木、血皮槭、山桃等)、黄色系('金枝'槐、'金枝'垂柳、'金枝'楝木等)、绿色系(迎春、梧桐、棣棠、竹类等)、白色系(白桦、白桉、胡桃等)、斑驳色系(悬铃木、白皮松、榔榆、木瓜等)。

(2) 叶色

叶作为园林植物最重要的观赏部位,成为园林植物景观色彩的重要来源。大多数园林植物的叶色均为绿色,使得绿色成为园林甚至大自然的代表色。但园林植物的颜色并不仅局限于绿色,而是十分丰富。常见叶色分类主要有:

①绿色叶 绝大多数园林植物叶色一直或部分生长时节均为绿色,但不同的植物因叶片质地、含水量等不同所表现出的绿色也不尽相同。例如,深绿(松、柏等)、浅绿(玉兰、'馒头'柳等),除此之外还有黄绿、蓝绿等等。

②春色叶 主要指春季新生嫩叶不为绿色的植物,比如红色系的春色叶(元宝枫、七叶树、香椿等)等。

③秋色叶 秋色叶指秋季叶色有显著变化的植物,主要分为红色系(枫香、乌桕、火炬树等)、黄色系(银杏、白蜡、鹅掌楸等)。

④常年异色叶 常年红色系(红枫、红花檵木、'紫叶'小檗等)、常年黄色系(金叶女贞、'金叶'小檗、'金山'绣线菊等)、常年斑驳色(变叶木、'金边'黄杨等)、双色叶(指叶色正反面不同,如红背桂、新疆杨、银白杨、秋胡颓子等)。

(3) 花色

在园林植物中,花色是最为丰富的色彩来源,常见花色分类主要有红色系(榆叶梅、一串红、杜鹃花等)、黄色系(棣棠、黄素馨、迎春等)、蓝紫色系(紫丁香、紫菀、紫藤等)、白色系(山楂、晚香玉、栀子花等)。

(4) 果色

果色主要分为红色系(山楂、冬青、南天竹、毛叶山桐子等)、黄色系(梨、枸橘、木瓜等)、蓝紫色系(葡萄、十大功劳、海州常山、紫珠等)、白色系(雪果、湖北花楸、红瑞木等)、黑色系(女贞、金银花、君迁子、鸡麻等)。

5.1.1.5 色彩在种植设计中的运用

在园林种植设计中,植物色彩的合理应用能够增加景观的层次感和美感。在配置时,要兼具科学性和艺术性,并借鉴色彩学知识提高植物色彩的观赏价值。在设计时,北方地区一般多考虑夏季和冬季的色彩,因为它们占据时间较长。花朵的色彩虽然更加丰富多彩,令人难忘,但其寿命不长,仅维持数周。因此,植物色彩的应用除了要考虑花色的搭配,做到使游人过目不忘之外,更要做好植物叶色的应用,做到观叶似观花,观叶胜似观花。

春季万物复苏,植物开始生长,绿色成为主要的色彩。不同的植物具有不同的明度和纯度,可以通过单色协调的方法进行绿色的配置。例如,亮度较高的黄色是春季常见的植物色彩,还有春季先花后叶的春花花灌木都可与其他较深的绿色叶树种搭配,提高景观层次感。

在夏季叶色的处理上,最好是在布局中使用一系列具色相变化的绿色植物,使其在构图上有丰富层次的视觉效果。将两种对比色配置在一起,其色彩的反差更能突出主题。此外,深绿色还能使空间显得恬静安详，但若过多使用该颜色，会给室外带来阴森沉闷感。而浅绿色植物能使一个空间产生轻快明亮感，因此，色彩明度的协调性在进行色彩配置时是非常重要的。

秋季观赏叶色主要以黄色、橙黄、橙红、红色这一类暖色调为主，给人以温暖的感觉。而秋季植物叶色之美，需要大面积群植来实现，需要依据相关的配置手法，来展现其群体之美。也可以利用斑驳干皮配色，比如木瓜、成年白皮松、光皮梾木、英桐等。

冬季叶色以常绿植物为主，通常以深绿色居多，特别是在北方冬季，渲染了冬季的深邃感。除叶色之外，冬季观干植物是另一具有极高观赏价值的元素，如红瑞木、'金枝'槐等。极大地丰富了冬季植物的色彩。

总体来说，要善于布置一系列色相变化的绿色植物。比如深绿色能使空间显得恬静安详，但若过多地使用，会给室外空间带来阴森沉闷感。而且深色调植物极易有移向观赏者的趋势，在一个视线的末端，深色似乎会缩短观赏者与被观赏者景物之间的距离。同样，一个空间中的深色植物居多，会使人感到空间比实际窄小。此外，浅绿色植物能使一个空间产生明亮轻快感。浅绿色植物除在视觉上有远离观赏者的感觉外，同时给人欢欣、愉快和兴奋感。当我们在将各种色度的绿色植物进行组合时，一般来说深色植物通常安排在底层，使构图稳定；与此同时，浅色安排在上层使构图轻快。在有些情况下，深色植物可以作为淡色或鲜艳色彩材料的衬托背景。这种对比在某些环境中是有必要的，在处理设计所需要的色彩时，应以中间绿色为主，其他色调为辅。这种无明显倾向性的色调能像一条线，将其他所有色彩联系在一起。绿色的对比表现在具有明显区别的叶丛上。各种不同色度的绿色植物，不宜过多、过碎地布置在总体中，否则整个布局会显得杂乱无章。另外，在设计中应小心谨慎地使用一些特殊色彩，在一个总体布局中，只能在特定的场合中保留少数特殊色彩的植物。

同样，鲜艳的花朵也只宜在特定的区域内成片的大面积布置。如果在布局中出现过多、过碎的艳丽色，则构图同样会显得琐碎。因此，要在不破坏整个布局的前提下，慎重地配置各种不同的花色。假如在布局中使用夏季的绿色植物作为基调，那么花色和秋色则可以作为强调色。红色、橙色、黄色、白色和粉色，都能为一个布局增添活力和兴奋感，同时吸引观赏者注意设计中的某重点景色。事实上，色泽艳丽的花朵如果布置不当，大小不合，就会在布局中喧宾夺主，使植物的其他观赏特性黯然失色。色彩鲜艳的区域，面积要大，位置要开阔并且日照充足。因为阳光下比在阴影里可以使其色彩更加鲜艳夺目。不过另一方面，如果慎重地将艳丽的色彩配置在阴影里，艳丽的色彩会给阴影中的平淡无奇带来欢快、活泼之感。如前所述，秋色叶和花卉色彩虽炫丽多彩，其重要性仍次于夏季的绿叶。

园林景观设计中还非常强调背景色的搭配。中国古典园林中常有以白墙作纸、以红枫为画的妙景，即为强调背景的优秀例子(见彩图17)。任何有色彩植物的运用必须与其背景取得色彩和体量上的对比或协调，如现代绿地中经常用一些攀缘植物爬满黑色的墙或栏杆，以求获得绿色的背景，前面相应衬托各种鲜艳的花草树木等，整个景观鲜明突出，轮廓清晰，展现出良好的艺术效果。

5.1.1.6 园林植物色彩设计应注意的问题

在园林种植设计进行色彩配置时，应注意以下几个方面：

①在园林种植设计中进行色彩配置时，要注重色彩的统一原则 在园林植物景观中最为常见的是绿色，绿色因其明度较低等特质，能够起到协调其他色相的作用，特别是在园林绿化中主要起到了背景颜色的作用。

园林植物景观是一个有机体，色彩配置应从整体出发，利用不同的色彩搭配手法来营造不同的景观氛围。不同的景观区域要有一定的变化，但整体要统一到一致的绿化风格中，使得景观整体舒服完整。

在植物种植设计进行色彩配置时，既要注重

颜色的差异与变化，以显示色彩的多样性，又要使各颜色之间保持一定的相似性，使得植物配置整体既生动活泼又和谐统一。

②搭配色彩要注意色彩的调和　色彩调和是指两种及以上的色彩和谐组织在一起时，给人带来愉快舒适的感觉，产生美的享受。同色彩的对比一样，色彩的调和也包括色相和色彩面积的调和。色彩的调和是相对的，既不过分刺激，又不过分暧昧的配色才是协调的。获得协调的基本方法是减弱色彩的对比强度，使色彩关系趋于近似，而产生调和效果。如果出现两个颜色不协调的情况时，可以在两色之间用黑白灰等颜色的植物分割开来。在色彩配置中，多采用色相环上相近的类似色调和，易于营造协调的效果。

园林植物的色彩虽丰富，但不应该过多过碎地布置于有限的园林空间中。一个布局中出现过多过碎的色彩往往会产生适得其反的效果。在同一视觉范围内应做到色彩主次分明，重点突出。同时要注意，任何颜色都会由于光影逐渐混合，并在构图中出现与愿望相反的浑浊，因此，设计中具有较为重要颜色的树种不要过分远离观赏者，而产生不好的效果。

③色彩搭配中注意使用均衡性　色彩的均衡是指在进行色彩配置时，为了避免视觉上产生色彩不平衡的效果，一般会使所采用的色彩面积不一致。例如一般具有高明度色彩的植物的面积要相对小一些，使得色彩配置在视觉效果上达到均衡的效果。

不同的色彩具有不同的色彩属性，会给人们带来不同的心理感受。一些具有特殊色彩的植物的使用会使观赏者有眼前一亮的感觉，但一些具有特殊色彩的植物大面积使用时，长时间刺激会令观赏者视觉产生不快。

④在色彩分层配置中多采用对比的手法　例如，色相对比、明度对比、纯度对比等，这样更能发挥花木的色彩效果。植物的色彩对比是指两种或两种以上的植物放在一起时，由于颜色相互影响的作用，色彩显示出差别的现象。色彩的对比包括色相的对比和色彩面积的对比。色相对比是指两种及以上的色彩植物组合在一起时，由于植物色相差别而形成的对比效果。色相对比的强弱取决于色相之间在色相环上的距离，距离越大对比越强。在植物的色彩设计中，对比色应用使景观丰富饱满，形成兴奋激动、热烈奔放的感受，不易单调，但处理不好，容易显得杂乱。对比色常用于强调活跃的景观氛围、突出主体、烘托气氛。植物的每一种颜色都具有特定的面积和形状，色彩的面积大小决定着人们的视觉感受，并影响着色彩对比的效果。如果在种植设计中对面积平等对待，画面则会失去主次；只有对比有主有次，才能协调，使人感到舒适。例如，"万绿丛中一点红"是色彩面积对比的最好例证，少量的红需大量的绿衬托，红才能突出，比等面积的绿和红更能引起人的美感。

⑤色彩的节奏是指一个或几个相同的色彩有规律地重复出现，通过移动色彩的位置而产生美感　色彩的韵律感则是色彩节奏的深化，是植物色彩有规律但又有自由地抑扬起伏变化，从而产生富于情调又有抒情意味的感情色彩的律动感。色彩的这一美学原则在道路造景设计中运用极为广泛，主要表现在色彩、图案的重复和变化等。

5.1.2　芳香

一般艺术的审美感知，多强调视觉的感受，唯园林植物中的嗅觉更具独特的审美效应。花香在园林中属于一种极不稳定的因素，它飘忽不定，但对人的感受却起着很重要的作用。

古人对花香的感受极尽描绘之能事，留下了丰富的花香文化内容。芳香在中国人的赏花文化中占有非常重要的地位，被学者誉为"花卉的灵魂"。中国人在花卉审美中"意"重于"形"或"形""意"并重，不仅注重视觉上的，更喜欢视觉和嗅觉的双重享受。

5.1.2.1　园林芳香植物的种类

芳香植物是兼有药用植物和天然香料植物共有属性的植物类群，其组织、器官中含有香精油、挥发油等，因此具有芳香的气味。这类植物主要有芸香科、樟科、唇形科、桃金娘科、杜鹃花科、蔷薇科、木兰科、柏科、百合科等，著名的香花植物有茉莉、九里香、梅花、丁香、玉兰、素方花、金银花、桂花、米兰、含笑、玫瑰、月季、依兰、白兰花、香荚蒾、华北紫丁香、黄兰、鹰爪花、蜡梅、薄荷、姜花、兰花、迷迭香、百里香、紫罗兰、兰香草等。另外，侧柏、香柏、香樟、阴香、月桂、花椒等树体中含有挥发性的芳香物质，也属于芳香植物的范畴。

5.1.2.2 芳香植物的作用

(1) 美化和香化作用

园林中常借植物抒发某种意境和情趣，不但从视觉角度，而且还从嗅觉等感官方面来充分表达。"疏影横斜水清浅，暗香浮动月黄昏"，道出了玄妙横生、意境空灵的梅花清香之韵。苏州留园的"闻木犀香轩"道出了"虽无艳态压群目，却有清香压九秋"的桂花之香。园林中很多景点都是体现花香的，如虎丘的冷香阁，在阁前植蜡梅数株，当万木萧瑟落叶的寒冬，阵阵蜡梅的清香迎面而来，充满生气。网师园中部山水大空间之南，选用"桂树丛生兮山之幽，偃蹇连卷兮枝相缭"的词意，将此轩命名为"小山丛桂轩"，桂树间杂以海棠、蜡梅、南天竹、孝顺竹等，一方面使其"枝相缭"；另一方面又丰富了冬春景色。荷花香远溢清，出污泥而不染，在拙政园远香堂中则可领略到淡而清的荷花香。茉莉则"燕寝香中暑气清，更烦云鬓插琼英""一卉能熏一室香，炎天尤觉玉肌凉"。随着社会的发展，人们更加注重生活质量的提高，所以很多香花植物也成为居家美化和香化的材料，以此来提高自己的居住环境，创造适宜的氛围。一瓶瓶插的蜡梅，开花时不仅可观其黄色的花朵，而且一屋香气，顿使满室生辉。

芳香植物能提升园林景观的文化底蕴，把独特的韵味和意境带给园林。芳香植物创造了清香悠远的园林，反映了自然的真实，让人感受到自然是可以捉摸的，是亲切和悦的。园林中如果建筑、植物和山石代表实的话，那么芳香则象征着虚，而虚所产生的意境给人更为广阔、悠远的遐想，正如李渔所说"幻境之妙，十倍于真"。

(2) 保健作用

芳香植物的药理作用很早就为人们所认识，我国早在盛唐时期，植物香薰就成为一门艺术。后传入日本，即为日本"香道"的起源。《神农本草经》等医学专著有"闻香治病"的记载，据现代科学研究发现，芳香植物对预防和治疗疾病大有裨益，通常是通过心理和生理两个方面起作用的，如，桂花的香气有解郁、清肺之功能，菊花的香气能治疗头痛、头晕，丁香的香气对牙痛有一定的镇痛作用，薄荷具有祛痰止咳的功效等，茉莉花的花香能消除疲劳，兰花的幽香能消除烦闷和忧郁，玫瑰的香味能给人以愉快的感觉，松、柏类植物的挥发性物质则能提神、醒脑等。现在国外比较流行的"芳香疗法""花香疗法"等，就是利用植物治疗或预防各种疾病。苏联巴库是世界上第一个用花香来治疗疾病的地区，在香花医院里治病不靠昂贵的设备和药物，而是四季开放的鲜花。我国近年出现的"香枕疗法"也是花香治疗的一种。

(3) 净化空气的作用

有些芳香植物能减少有毒有害气体，如米兰能吸收空气中的SO_2，桂花、蜡梅能吸收汞蒸汽，松柏类植物有利于改善空气中的负离子含量等。因此，在进行植物种植设计时，适当地选用一些芳香植物，可使空气质量得到有效的改善。

(4) 驱除蚊虫的作用

薰衣草、薄荷、迷迭香、菊花、驱蚊草等植物的芳香对驱除蚊虫有一定的功效，对预防疾病有一定的作用，同时可给人带来舒适感。

5.1.2.3 芳香植物在种植设计中的作用

(1) 布置芳香园

芳香植物的种类很多，很多种类本身就是很重要的观赏植物，所以编排好香花植物的开花物候期，配植成月月芬芳满园、处处馥郁香甜的香花园是园林种植设计的一个重要手段。开阔的草地中可种植高大的乔木树种，如白兰花、玉兰、香樟等；在游人停留驻足处，可种植香气较浓的植物，如春天的梅花、香荚蒾、玉兰，夏天的栀子花、玫瑰，秋天的桂花，冬天的蜡梅等；在小园路边可种植低矮的灌木和芳香的草花植物，如鼠尾草、百里香、薰衣草、迷迭香等，水中可种植荷花、菖蒲。芳香园中还可适当种植一些具有芳香气味的果树或蔬菜类，如柑橘类、杨梅、苹果、薄荷、茴香、紫苏、茼蒿等。总之，在进行芳香园设计时，除了选择芳香植物外，还要考虑四季景观和色彩的变化等。

(2) 植物保健绿地

随着生活质量的提高，人们越来越注重自己所处的环境条件，因此，植物保健绿地应运而生，成为区域内的"绿肺"。在绿地中可种植能分泌杀菌素的植物，如侧柏、圆柏、雪松、柳杉、黄栌、盐肤木、大叶黄杨、月桂等。据计算，$1hm^2$ 的圆柏林于 24h 内，能分泌出 30kg 杀菌素，对美化环境、净化空气起到很好的作用。欧美一些国家现在很流行森林浴，森林中种植分泌杀菌素的树木，由小木屋、石凳等组成各种小景区，既能陶冶心情，又有野趣，很有游赏性。同时，在植物保健地还可种植对治疗疾病有一定疗效的芳香植物，如桂花、茉莉、丁香等，可提高人体免疫力，利于人们放松心情，使人产生精神愉快的效果。

(3) 布置夜花园或盲人园

由于芳香不受视线的限制，所以芳香植物也常常成为夜花园或盲人园的主要植物，以嗅觉来弥补视觉的缺憾，从而达到引人入胜的效果。在夜花园中，常常选用浅色、具有芳香的植物，如月见草、晚香玉、玉簪、夜来香、茉莉、白丁香、栀子花、含笑、桂花等。而在盲人园中，由于盲人群体的特殊性，不必考虑色彩因素，可适当布置一些对盲人身心健康有利的香花植物，通过嗅觉使盲人能够感觉到植物的存在，并能使身心有所放松。

5.1.2.4 芳香植物在应用中应注意的问题

(1) 注意功能性问题

芳香植物在园林中虽然有它的独到之处，但在应用时首先应考虑绿地的功能性。据有关资料报道，心理学家、医生针对 260 多种带有各种气味的物质对 5000 多人进行测试，发现气味对人情绪产生强烈的影响，以此把气味分为四大类：①使人感到清新、平静、温和，如水仙；②能起到积极刺激作用，使人轻松、舒适，如茉莉；③使头脑过于兴奋而眩晕，甚至反应迟钝、麻木，如暴马丁香；④给人带来愉快的感觉，使人产生抑制不住想获得的愿望，如玫瑰、柠檬、橙子。种植设计师了解这些就能更科学地种植，如科研所、学校等地办公楼、教室的窗前不宜于种植暴马丁香一类的植物；而儿童活动区应少用玫瑰、橙子、柠檬等植物。安静休息区应选择香气能使人镇静的植物种类，如紫罗兰、薰衣草、侧柏、水仙等；在娱乐活动区可选择茉莉、百合、丁香等能使人兴奋的植物种类。

(2) 注意香气的搭配

芳香植物种类众多，香气复杂，在同一花期可确定 1~3 种为主要的香气来源，避免出现多种香气混杂的状况。

(3) 注意控制香气的浓度

在露天环境下，空气流动快，香气易扩散而达不到预期的效果，因此可通过人为措施创造小环境使香气能维持一定的浓度和时间，如把植物种植在低凹处。同时还应把芳香植物种植在上风口。对于一些香气特别浓重的植物，如暴马丁香，则不宜大片种植，否则易使人出现兴奋过度而眩晕、胸闷等身体不适。而在室内由于空气流动性差，选择的香花植物一定要慎重，不能选择香气过浓或香气对人体有害的植物。

5.1.3 姿态

大自然的植物千姿百态，各种植物各具其姿，或婷婷玉立，或横亘曲折，或倒悬下垂，或柔和或古拙。植物的姿态是园林植物的观赏特性之一，它在植物的构图和布局上，影响着统一性和多样性。

植物的姿态是指植物从整体形态与生长习性来考虑大致的外部轮廓。它是由一部分主干、主枝、侧枝和叶幕决定的。它用于表明二维（只具备长和宽的形状）和三维（具备长、宽、高）形状。在完成一个种植设计的时候，园林设计师最主要是从三维形状来思考。在进行植物种植设计时，如果姿态变化小，有统一性，但缺乏多样性；如果姿态变化多，多样性有余，统一性又不足。同时植物的大小也是种植设计布局的骨架，一个布局中植物的姿态和大小，能使整个布局中显示出统一性和多样性。

姿态相似的植物在视觉上常常趋向于一个整体，它们自身或与整个群体相互协调共同构成和谐的种植设计作品。在一个设计中采用某一种占主导地位的植物姿态可以使整个种植设计达到统一的效果。多种植物姿态的综合运用可以创造、限定、提升、塑造外部空间，同时也可起到引导观赏者感受设计空间方式的作用。在以姿态作为园林设计要素中，园林设计师应当不拘泥于单株植物（单一姿态），而应运用植物群（组合姿态）来达到种植设计的目标。选择一种占支配地位的姿态能建立起外部空间的全面特征，若与其他设计要素组合，将决定整个种植的质量。

5.1.3.1 姿态的类型和表情

植物的姿态千变万化，其基本类型为纺锤形、圆柱形、水平展开形、圆球形、尖塔形、垂枝形和特殊形。不同姿态的植物有不同的表现性质，称之为"姿态的表情"，这种理解和提法，实际上是尊重人的视觉和心理的需求。人在欣赏植物景观时，总爱把个人的感情与植物相联系，从而体验不同的心理感受。人类对植物的情感是人类与大自然全面融合的体现，并形成一种文化。探索植物姿态的表情有助于更好地应用植物创造对人类来说更为符合视觉、心理需求的景观。人们对植物的姿态赋予感情化时，是按照植物生长在三维空间的延伸中得以体现的。所以我们在设计中应突显植物的姿态特征，引导人们的视线，把植物的这种空间表达与人们的情感相融通。姿态的表情同"方向"这个要素关系极为密切。所谓方向，即各种姿态由于它的高、宽、深3个向度的尺度不同，而具有的方向性。上下方向尺度长的植物为垂直方向植物；前后、左右方向尺度比上下尺度长的为水平方向植物；各方向尺度大体相等、没有显著差别的为无方向植物。依此，植物的姿态可归入以下几类：垂直方向类、水平展开类、无方向类及其他类。

(1) 垂直方向类

圆柱形、笔形、尖塔形、圆锥形和扫帚形，具有此类姿态的植物具有显著的垂直向上性，可归入此类。常见的具有强烈垂直方向性的植物有圆柏、塔柏、铅笔柏、钻天杨、水杉、落羽杉、雪松、云杉属等。一般来说，常绿针叶类乔木多具有垂直向上性。这类植物具有高洁、权威、庄严、肃穆、向上、崇高和伟大等表情。它的另一面表情是具有傲慢、孤独和寂寞之感。此类植物通过引导视线向上的方式，突出空间的垂直面，它们能为一个植物群和空间提供一种垂直感和高度感。如果大量使用该类植物，其所在的植物群体和空间会使人有一种超过实际高度的幻觉，当与较低矮的展开类或无方向类（特别是圆球性）植物种植在一起时，其对比非常强烈，垂直向上类的植物给人一种紧张感，而圆球形植物或展开类植物会使人放松，一收一放，从而成为视觉中心（图5-1）。垂直向上型植物犹如"惊叹号"惹人注目，像地平线上的教堂塔尖。由于这种特征，故在种植设计时应谨慎使用，如果用得过多，会造成过

图5-1 垂直向上的植物成为视觉中心

多的视线焦点，使构图跳跃破碎。这类常绿针叶植物宜用于需要严肃静谧气氛的陵园、墓地、教堂，人们从其富有动势的向上升腾的形象中，充分体验到那种对冥国的死者哀悼的情感或对宗教的狂热情感。而一些落叶阔叶树，如新疆杨、钻天杨栽植于小学、少年儿童活动室周围，就能产生"好好学习，天天向上"的效果。

(2) 水平展开类

偃卧形、匍匐形等姿态的植物都具有显著的水平方向性，可归入此类。需要指出的是，一组水平姿态的植物组合在一起，当长度明显大于宽度时，植物本身特有的方向性消失，而具有了水平方向性。绿篱即是一个典型的例子。

常见的具有强烈水平方向性的植物有矮紫杉、沙地柏、铺地柏、平枝枸子等。这类植物有平静、平和、永久、舒展等表情，它的另一面表情是疲劳、死亡、空旷和荒凉。水平方向感强的水平展开类植物可以增加景观的宽广感，使构图产生一种宽阔感和延伸感。展开形植物还会引导视线沿水平方向移动（图5-2）。

该类植物重复地灵活运用，效果更佳。在构图中，展开类植物与垂直类植物或具有较强的垂直性的灌木配置在一起，有强烈的对比效果（图5-3）。

水平展开类植物常形成平面或坡面的绿色覆盖物，宜作地被植物。展开类植物能和平坦的地形、开展的地平线和水平延伸的建筑物相协调。若将该类植物布置于平矮的建筑旁，它们能延伸建筑物的轮廓，使其融汇于周围环境之中。

(3) 无方向类

园林中的植物大多没有显著的方向性，如姿态为卵圆形、倒卵形、圆球形、丛枝形、拱枝形、伞形的植物，而球形类为典型的无方向类。

①圆球类　圆和球具有单一的中心点，圆和球依这个中心点运动，引起周围等距放射活动，

图5-2　平展的植物使布局有延伸感

图5-3　展开类植物与垂直类植物搭配

或从周围向中心点集中活动。换言之，圆和球吸引人们的视线，易形成重点。它在空间内的活动因不受限制，所以不会形成紊乱；又由于等距放射，同周围的任何姿态都能很好地协调；这种植物既没有方向性，也无倾向性，因此在整个构图中，随便使用圆球形植物均不会破坏设计的统一性。圆球形植物外形圆柔温和，可以调和其他外形较强烈形体，也可以和其他曲线形的因素相互配合、呼应，如波浪起伏的地形。园林中的植物天然具有球形姿态的较少见，更为常见的是修剪为球形的植物，例如黄杨球、大叶黄杨球、枸骨球等。馒头形的馒头柳、千头椿等也部分地具有球形植物的性质。圆球类植物有浑圆、朴实之感，这类植物配以和缓的地形，可以产生安静的气氛（图5-4）。

② 一般类　姿态为卵形、倒卵形、丛生形、拱枝形的植物，没有明显的方向性。此类植物在园林中种类最多，应用也最广泛。该类植物在引导视线方向既无方向性，也无倾向性，因此，在构图中随便使用不会破坏设计的统一性。这类植物具有柔和平静的性格，可以调和其他外形较强烈的形体，但此类植物创造的景观往往没有重点。

(4) 其他类

① 垂枝类　垂枝类植物包括狭义的垂枝植物，如垂柳、绦柳、垂枝梅、垂枝桃等，也包括枝条向下弯的植物，如迎春、连翘等。它们都具有明显的向下的方向性（图5-5）。

垂枝类植物具有明显的悬垂或下弯的枝条，与垂直向上类植物相反，垂直向上类植物有一种向上运动的力，而垂枝类植物有一种向下运动的力。

这类植物具有明显的下垂的枝条，在设计中它们能起到将视线引向地面的作用，不仅可赏其随风飘洒、富有画意的姿态，而且下垂的枝条引力向下，构图重心更稳，还能活跃视线，如河岸边常见的垂柳。

② 曲枝类　这类植物明显的特征是枝条扭曲，如'龙桑'、'曲枝'山桃、'龙游'梅等，具有横向的力，枝条向左右两边延伸，可引导人的左右方向的视线，并使整体树冠趋向圆整。

③ 棕榈形　主要是指棕榈科的植物，这类植物形态独特，能很好地体现热带风光，如椰树、假槟榔、棕榈等（图5-6）。这类植物均为常绿植物，质感上偏向粗质感，给人的感觉是比较粗犷的。

图5-4　圆球类植物占据突出地位

图5-5　垂枝形植物从墙上垂下或将视线引向地下

图5-6 棕榈形的椰树

④特殊形 特殊形植物有奇特的造型，其形状千姿百态，有不规则的、多瘤节的、歪扭式的和缠绕螺旋式的。这种类型的植物通常是在某个特殊环境中已生存了多年的成年老树。除了专门培育的盆景植物外，大多数特殊形植物的形象都是由自然力造成的，如风致形、悬崖形和扯旗形便是特殊形植物的代表。

这类植物具有不同凡响的外貌，通常用于视线焦点，最好作为孤植树，放在突出的设计位置上，构成独特的景观效果。一般说来，无论在何种景观内，一次只宜置放一棵这种类型的植物，这样方能避免杂乱的景象。

5.1.3.2 姿态的特性

(1) 可变性

①随季节的变化 植物的姿态会随着季节的变化而变化，很多树种在不同的季节，体现的姿态是有差别的。如龙爪槐，在早春发芽之后，枝繁叶茂的时候，树木姿态基本呈现半圆形，但是在冬季则清晰可见其垂枝。类似的树种还有绦柳、垂枝桃、垂枝桦等。

②随年龄的变化 植物姿态随着年龄改变（图5-7），在其生长过程中青年期、成熟期、老年期呈现出完全不同的姿态。

③随种植类型的变化 某些姿态由于种植类型的不同，而使其姿态有所改变，如合欢孤植时能很好地体现其伞形的姿态，而当其群植时则伞形变得不那么明显。

(2) 重量感

不同姿态的植物给人不同的重量感，圆柱形的植物给人厚重、沉稳的感觉；而垂枝形的植物则给人轻盈、飘逸的感觉，特别是当微风吹过时枝条随风舞动，让我们禁不住为大自然之美而赞叹。如栽植于河岸边尖塔形的水杉显得稳重而坚固，而河岸边的绦柳则更显清逸。

5.1.3.3 植物姿态在种植设计中的作用

①增加或减弱地形起伏。为了增加小地形的起伏，可在小土丘的上方种植垂直方向类的树种，在山基栽植矮小、无方向类或水平展开类的植物，借姿态的对比与烘托来增加地形的起伏，同时使林冠线更加丰富。如果要减弱地形的起伏，则在高处种植低矮的植物，在低处种植高大的植物，以此来减弱地形的起伏（图5-8）。

②不同姿态的植物经过妥善的种植与安排，可以产生韵律感、层次感（图5-9）。

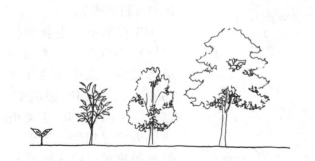

图5-7 同种植物在不同年龄阶段的姿态

图5-8 植物能增强和减弱地势的起伏感

图5-9 深圳街头把榕树修剪成圆柱形

图5-10 黄山的迎客松

③姿态的巧妙利用能创造出有意味的园林形式。如国外的墙园，利用藤本植物创造出丰富的立体景观，对于一些耐修剪的植物可通过人为措施修剪成各种姿态，如动物、建筑、人物等，增加园林的观赏情趣。这种形式在自然式园中较少应用。

④特殊姿态植物的单株种植可以成为庭园和园林局部的中心景物，形成独立观赏的景点。例如，黄山的迎客松（图5-10），上千年来以其独特的姿态迎接着各方的游客。

5.1.3.4 种植设计中姿态的配置原则

姿态是植物造景中的基本要素，不同姿态植物的组合关系，是种植设计成败的又一方面。但是什么样的姿态是美的呢？能使主观产生美感的植物景观有什么规律呢？

(1) 简单化

在特定的条件下视觉刺激物被组织得最好、最规则（对称、统一、和谐）和具有最大限度的简单明了往往给人的感觉是极为愉悦的，不会引起任何紧张和憋闷的感受。

在园林种植设计中，要求植物姿态种类不宜太多，或为同一种姿态植物的大量应用，要有体量上的变化；或为少量几种姿态的组合，组成简约合宜的景观。最忌一小块绿地中，多种姿态的植物拥挤在一起，显得杂乱无章。如杭州的云栖竹径，大片的毛竹林创造出曲径通幽的感觉，景观上符合人的视觉要求简洁的天性（图5-11）。

(2) 有意味

在大多数人眼里，那种稍微偏离一点和稍微不对称的、无组织性（排列上有点凌乱）的图形，似乎有更大的刺激性和吸引力，更有意味。在植物景观设计中，非规则对称的、出人意料的、非正常生长的植物姿态的利用常常使景观有较强的艺术吸引力。如海南海边倾向于水面的椰树，比笔直的椰树更有可赏性（图5-12）。

(3) 有秩序

有秩序是指园林种植设计中姿态组合的韵律、节奏、均衡、秩序等，将各具特征的姿态进行组合时，要使之有规律，忌杂乱无章。

(4) 模拟自然，高于自然

种植设计是一门十分复杂的艺术，最根本的途径是向大自然学习。大自然中的植物景观显示的是自然天趣，是高等艺术产生的源泉，各种姿态的植物配置若能模拟自然、显示出自然天成，但又高于自然，就是成功的配置。

5.1.3.5 种植设计中姿态的组合要点

(1) 单一姿态的植物组合

单一姿态的植物组合在种植设计中虽不常见，但是只要搭配得当，依然可以取得特殊的、良好的景观效果。例如，昆明植物园裸子植物区的日

图5-11 同一姿态的毛竹创造出幽静的环境

如图5-15所示，水平展开形植物与圆锥形植物相配植，水平展开形植物在整个构图中作为水平方向联系的主要因素更显其开展的特性，而圆锥形植物也在水平展开形植物的衬托下更具突出作用。

无方向性植物外形圆柔温和，可以调和其他外形较强烈的形体。图5-16中，整个植物群落全由圆球形植物组成，依然抑扬顿挫，有张有弛，可见，在布局中圆球形植物应占有突出位置。

特殊形植物具有奇特的造型，其形状千姿百态，通常是在某个特定环境中生长多年的老树，这类植物最好作为孤植树，放置于显著的位置，形成独特的景观效果。为了避免杂乱景象，在景观中

图5-12 海边向水面倾斜的椰树

本花柏大草坪（图5-13），就是一个单一姿态植物群落的优秀典范，整个半开敞空间完全由日本花柏构成，由垂直面来控制视线，宽阔的草坪使得高大、挺拔的日本花柏更多了几分俊秀。简洁的种植设计十分宜人，创造了引人驻足的空间，使人心旷神怡。在进行单一姿态组合时，为了使林冠线能有高低错落的变化，可以采用不同年龄段的植物进行组合，也可通过地形的改造来突出林冠线的变化。

(2) 多种姿态的植物组合

姿态的类型很多，在进行种植设计时，要根据具体情况选择姿态进行组合。垂直向上型植物在设计中通过引导视线向上的方式，突出了空间的垂直面，当垂直向上型植物与较低矮的无方向型和水平展开型植物配置在一起时，对比十分强烈，惹人注目。如图5-14所示，水平展开的灌木，圆球形的黄杨，使整个构图水平展开，和谐伸展。而几棵尖塔形的圆柏，巧妙地点缀于整个布局中，形成向上引导视线的元素，同时也使整个画面看起来更灵动、更自然。

图5-13 昆明植物园的日本花柏

图5-14　多种姿态的组合使画面更生动、更自然

图5-15　圆锥形植物在水平展开类形植物中的突显作用

图5-16　无方向性植物的配置

一处只宜放置一棵这一类型的植物。

(3) 力的作用

垂直方向类植物将人的视线引向高空，通常成为人们的视觉焦点，给人垂直感和高度感。水平方向类植物横向引导人们的视线，在景观中给人一种展开感和外延感，引导人的视线水平方向移动。此类植物向两侧伸展，使人的视线也随着这些植物水平方向外延。无方向类植物在引导人们的视线方面，既无方向性，也无倾向性。所以，无方向类植物也是最易与其他类型植物和其他园林要素相搭配种植的植物姿态类型。其他类型植物力的作用各不相同，垂枝形植物向下引导人们的视线，特殊形植物常常成为视觉焦点。

各种姿态的植物都在传达力的作用，例如，垂直方向类的植物有一种向上运动的力；垂枝类的植物有一种向下运动的力等。各种姿态植物所表现的力的秩序性，对于一组植物景观的艺术生命力来说是至关重要的，在植物景观中，各种力的相互支持和相互抵消而构成整体的平衡（图5-17）。

(4) 各种姿态植物与其他园林要素的搭配

① 与园林建筑的搭配　园林植物与建筑的配置是自然美与人工美的结合。园林建筑是园林设计中一个不可或缺的要素，但是它坚硬的质感、笔直的线条、清晰的轮廓线，使其在园林中难以与周围环境相协调，这便迫切地需要植物的柔化和调和。植物有丰富的自然色彩、柔和多变的线条、优美的姿态和风韵，能增添建筑的美感，使之产生出一种生动活泼而且有季节变化的感染力，是一种动态的均衡构图。植物与建筑配置得当，可使建筑与周围环境更为协调（图5-18）。

图5-17 视觉上一个比较和谐的整体

通常，水平展开形植物能和低矮水平的建筑物相协调。若将该植物布置于平矮的建筑旁，它们能延伸建筑物的轮廓，使其融汇于周围环境之中。同时，无方向性植物也宜配植于建筑旁，可以柔化建筑的坚硬质感。有时为了突出环境，还可利用对比的方法来强调，也能起到较好的观赏效果，如杭州花港观鱼的牡丹亭旁的植物材料的应用，为了能让游客在远处看到牡丹亭，植物的选择主要用的是一些无方向性的卵圆形姿态的阔叶树，而不是垂直向上的针叶树，形成了明显的对比，使游人在远处就能发现牡丹亭（图5-19）。

不同性质的建筑，所需的植物材料也不相同。对于皇家古典园林，为了反映帝王至高无上、尊严无比的思想，加之宫殿建筑体量庞大、色彩浓重、布局严整，应选择垂直方向类或一些特殊形植物，如油松、侧柏、白皮松等树体高大、四季常青、苍劲延年的树种作基调，来显示皇家的江山兴旺不衰、万古长青。如北京的颐和园就以油松、侧柏、白皮松等树种居多。对于一些以欧式建筑为主的园林，种植设计时则应以开阔、略有起伏的草坪为底色，其上配置一些圆球形、圆锥形、尖塔形等一些姿态较为美观、可爱植物。例如，雪松、'龙柏'以及月季、杜鹃花等色彩较为鲜艳的花灌木，或孤植、或丛植。而一些纪念性园林中的建筑，其植物配置与皇家园林中比较相似，多衬托建筑的庄严、稳重，常用松、柏类植物来象征革命先烈的高风亮节和永垂不朽的精神，也可种植一些枝条下垂的植物，如'垂枝'榆、'龙爪'槐等，以此表达人们对先烈的怀念和敬仰，种植时多采用规则式。

② 与园路的搭配　园林道路，一般都自然流畅，路边植树，不仅能增添园林景观，还能为游人遮阴。与园路联系最紧密的植物便是园路树。园路树宜和园路协调一致，园路曲线自然流畅者，树形宜自然随意，多以无方向类植物为主；平坦笔直的主路两旁，可用规则式配置，通常使用垂直方向类植物。园路树最好植以观花乔木，并以花灌木作下木，丰富园内色彩。垂直方向类植物作园路树时，给人一种积极向上、庄严肃穆的感觉；但是，其树冠狭长，不能起到良好的遮阴效果。无方向类植物通常冠大荫浓，夏日茂密的枝叶给人带来阵阵凉爽，而寒冷的冬季，阳光则能透过枝干给人们带来丝丝暖意。在园路的转角处通常

图5-18　北京植物园科普馆前的植物种植

图5-19　杭州花港观鱼牡丹亭旁圆球形的植物材料

宜配植一棵姿态优美的树木，还可适当地点缀山石，形成良好的景观，同时还起到引导游人的作用。图 5-20 为天坛公园中使用高大的常绿针叶树作为园路树，从进入园门便使人感受到皇家园林的肃穆和威严，给人强烈的崇高感。然而，正如前文所述，垂直方向类植物没有密实的树冠，不能起到良好的遮阴效果，所以，在自然的园路旁尽量少用或不用此类植物作为园路树，除非为了达到其特殊的效果。在蜿蜒曲折的次级园路，以自然式的配置为最好，通常还可选用一些姿态特殊的高灌木。如颐和园后山的丁香路和连翘路让人仿佛在花廊中行走。

③与地形搭配　不同姿态的植物适于搭配不同地形。水平展开类植物能和平坦的地形及平展的地平线相协调；无方向类植物则可以和波浪形起伏的地形相互配合、呼应；垂枝形植物通常可种于一泓水湾之岸边，配合其波动起伏的涟漪，以象征水的流动。

5.1.3.6　姿态在具体种植时的注意事项

①植物的姿态并不是一成不变的，落叶植物在落叶后，姿态变得较不肯定。另外，有的植物在不同的生长发育时期姿态有所不同，例如油松，老年与中年、幼年不同，愈老愈奇特，老年油松姿态婷婷如华盖，故在设计时要考虑到这些姿态的可变性，合理运用。

②不同姿态的植物给人的重量感是不同的。视觉艺术心理学的研究表明，凡是规则的形体，其重力就比那些不规则形状的重力大一些；物体向中心聚集的程度也影响重力等。比如那些修剪成规则形状或球形的植物，在感觉上就重些，在构图时应加以注意。

③当植物是以群体出现时，单株的形象便消失，它的自身造型能力受到削弱。在此情况下，整个群体植物的外观便成了重要的方面。例如，地被植物就是同一种姿态的植物以群体出现，个体的姿态消失了，此时应考虑的是整体的姿态，而不是单体的效果。

④在进行植物景观设计时，不要应用太多不

图5-20　北京天坛公园的园路树

同姿态的植物，以免成为大杂烩，应有主体姿态部分，其他姿态作为配景。

5.1.4　质感

植物的质感是植物重要的观赏特性之一，却往往不被人们重视。质感不像色彩引人注目，也不像姿态、体量为人们所熟知，但它却是一个能引起人们丰富的心理感受，在植物景观设计中起着重要作用的因素。

植物质地是植物材料可见或可触的表面性质，是某种物质材料组成的排列、结构的性质。如植物叶子是纸质、膜质、革质等。而植物质感，是人们对植物质地所产生的视觉感受和心理反应。例如，纸质、膜质的叶片呈半透明状，常给人以恬静之感；革质的叶片，具有强烈的反光能力，由于叶片较厚，颜色较浓暗，故有光影闪烁的感觉；至于粗糙多毛的叶子，则给人粗野的感觉。一般来说，我们从粗糙不光滑的质地中感受到的是野蛮的、男性的、缺乏雅致的情调；从细致光滑的质地中感受到的则是女性的、优雅的情调。总之，植物质感有较强的感染力，从而使人们产生十分复杂的、丰富的心理感受（图 5-21）。

植物的质感由两方面因素决定：一方面是植物本身的因素，即植物的叶片大小、叶片表面粗糙程度、叶缘形状、枝条长短与排列、树皮外形、植物的综合生长习性等；另一方面是外界因素，如植物的观赏距离、环境中其他材料的质感等因素。

质感对于一个种植设计作品来说是能增加尺度、变化、趣味的设计工具。质感可定义为物质表面的触觉和视觉特征，它取决于植物组成单元的形态、尺寸和总体。在近距离内，单个叶片的大小、形状、外表及小枝条的排列都是影响观赏质感的重要因素。当从远距离观赏植物的外貌时，决定质感的主要因素则是树干的密度和植物的一般生长习性。质感除了随距离而变化外，落叶植物的质感也要随季节而变化。

植物景观中植物质感会影响许多其他的因素，其中包括布局的协调性、多样性、视距感、空间感以及一个设计的情调、观赏情趣和气氛等。有特征的质感具有较强的艺术感染力，能给人以视觉和触觉上的美感，给景观增加趣味。例如，绒柏的整个树冠有如绒团，具有柔软、秀美的效果；而枸骨则具有坚硬多刺、剑拔弩张的效果；地肤茎叶细密、娇柔，颜色黄绿。在种植设计中巧妙地利用植物的质感，会使景观更加丰富。

5.1.4.1 植物质感类型

根据植物的质感在景观中的特性及潜在用途，可将植物质感大致分为三类：粗质型、中质型及细质型。

(1) 粗质型

粗质型植物通常由大叶片、疏松而粗壮的枝干（无小而细的枝条）及松散的树冠形成。粗质型植物给人以强壮、坚固、刚健之感，其观赏价值高，泼辣而有挑逗性。将其植于细质型植物丛中时，粗质型植物就会"跳跃"而出，首先为人所见。

因此，粗质型植物可在景观设计中作为焦点，以吸引观赏者的注意力，或使景观显示出强壮感。与使用其他突出的景物一样，在使用和种植粗质型植物时应小心适度，以免它在布局中喧宾夺主，或使人们过多注意凌乱的景观。由粗质型植物组成的园林空间比较粗放，缺乏雅致的情调。

粗质型植物有使景物趋向赏景者的动感，从而造成观赏者与植物间的可视距短于实际距离的错觉。如果一个空间粗质型植物居多，会使空间显得小于其实际面积，而使空间显得拥挤。因此，粗质型植物的这一特征极适合运用在超过人们正常舒适感的现实自然范围中，即面积较大的空间，但在狭小空间布置粗质型植物，就须小心谨慎。如果种植位置不合适，或过多地使用该类植物，空间会被植物"吞没"。

在许多景观中，粗质型植物在外观上显得比细质型植物更空旷、更疏松、更模糊。粗质型植物通常还具有较大的明暗变化。鉴于该类植物的这些特性，它们多用于不规则景观中，极难适应那些要求整洁的形式和鲜明轮廓的规则景观。例如，立交桥绿地多为规则式绿地，粗质型植物则较少选用。

具有粗质型的植物有栲树、欧洲七叶树、二

图5-21 不同质感的植物给人不同的感受

乔玉兰、广玉兰、核桃、火炬树、棕榈、凤尾兰、木棉、鸡蛋花等（图5-22）。

(2) 中质型

中质型植物是指那些具有中等大小叶片，枝干中粗及具有适度密度的植物。同为中质型植物，在质感上也有粗细的差别。例如，紫松果菊就比矢车天人菊粗壮，银杏比刺槐粗壮，而在植物大家族中它们都可归入中质型。

在景观设计中，中质型植物往往充当粗质型和细质型植物的过渡成分，将整个布局中的各个部分连接成一个统一的整体。

多数植物属于中质型。如水蜡、女贞、槐、海棠花、山楂、紫薇等。

(3) 细质型

细质型植物具有细小叶片和微小脆弱的小枝，并具有整齐密集而紧凑的特性。细质型植物给人以柔软、纤细的感觉，在景观中极不醒目，它们往往最后被人们所见，具有一种"远离"观赏者的倾向、动感，从而造成观赏者与植物间的距离大于实际距离的错觉，在景观中起到扩大视线距离的作用，当大量细质型植物植于一个空间时，它们会构成一个大于实际空间的错觉，故适宜用于紧凑、狭窄的空间。

由于细质型植物长有大量的小叶片和浓密的枝条，因而它们的轮廓清晰，外观文雅而密实，宜用作背景材料，以展示整齐、清晰规则的特殊氛围。

属细质型的植物有羽毛枫、北美乔松、菱叶绣线菊、'馒头'柳、柽柳（图5-23）、珍珠梅、珍珠花、地肤、文竹、苔藓等。修剪后的草坪也多属于细质型。

根据上面的分析，可得出如下的结论：在种植设计中最理想的是均衡地使用这3种不同类型的植物。这样才能使设计令人悦目。质感种类太少，布局会显得单调，但若种类过多，布局又会显得杂乱。对于较小的空间来说，这种适度的种类搭配十分重要。而当空间范围逐渐增大，或观赏者逐渐远离所视植物时，这种趋势的重要性也逐渐减小。另一种理想的方式是按大小比例配置不同的质感类型的植物，如使用中质型植物作为粗质型和细质型植物的过渡成分（图5-24）。不同质感的小组群过多，或从粗质型到细质型的过渡太突然，都易使布局显得杂乱无章。此外，鉴于尚有其他特性，因此在质感的选取和使用上都必须结合植物的大小、姿态和色彩，以便增强所有这些特性的功能。

5.1.4.2　植物质感的特性

(1) 可变性

可变性是指某些植物的质感会随着季节和观赏距离的远近而表现出不同的质感。如某些落叶植物在夏季呈现轻盈细腻的质感，而在冬天落叶后而呈现出与夏季完全不同的质感。例如，皂荚

图5-22　粗质感的棕榈

图5-23　细质感的柽柳

图5-24 质感的过渡

图5-25 鹅卵石与沿阶草在质感上的协调

属的植物的质感会随季节而发生惊人的变化。在夏季，该植物的叶片使其具有精细通透的质感；而在冬季，无叶的枝条使其具有疏松粗糙的质感。

另外，植物的质感还随距离而变。在近距离内，单个叶片的大小、形状、外表及小枝条的排列都是影响质感的重要因素。当从远距离观赏植物的外貌时，决定质感的重要因素则是枝干的密度和植物的一般生长习性。如火炬树，近观时，其叶片柔软、薄而半透明，有细质的感觉；远观时，枝干粗壮、稀疏，有粗壮的质感。有些植物近观时，美感度高；远观时由于质感的变化，美感度降低，例如，虞美人，花瓣膜质，有轻盈的美感，不适宜远观；相反，木芙蓉等则宜远距离观赏。

(2) 相对性

植物质感的相对性是指受相邻植物、周围的建筑物等外界因素的影响，植物的质感会发生相对的变化。例如，万寿菊与质感粗壮的凤尾兰种植在一起，具有细质感，而与地肤种植在一起，又具有粗壮感。孔雀草种植在大理石墙前显得粗壮，而种植在毛石墙前，又有纤细的质感。

5.1.4.3 植物质感的调和

同色彩调和一样，质感调和的方法也要考虑统一调和、相似调和、对比调和。

(1) 统一调和

同一质感易达到整洁和统一，质感上也易调和。例如，草坪上的地被植物，选用同一种植物时，在质感上容易调和，感觉比较单纯。

(2) 相似调和

有明显的不同，又有某些共性。相似的质感搭配比同一质感搭配要丰富，而且由于质感相似，搭配起来容易取得协调，给人的感觉是舒适、稳定。如杭州花港观鱼的牡丹园在卵石铺装旁种植阔叶沿阶草，卵石与沿阶草有显著的不同，但又有共性，卵石铺装有一种细致感，阔叶沿阶草有一种纤细感，在质感上达到了统一，显示出细腻美（图5-25）。

(3) 对比调和

对比调和是提高质感效果的最佳办法，就是根据质感的对比，使各种素材的优点相得益彰，达到突出的效果。例如，苔藓与石头的配合，由于质感的对比强烈，比草坪和石头的对比更为优越，石头的坚硬强壮的质感与苔藓的柔软光滑的质感对比，在不同的质感中产生了美。质感的对比有粗糙和光滑、坚硬与柔软、沉着与轻盈、规则与杂乱、有光与无光的对比。

5.1.4.4 种植设计中质感的组合要点

(1) 根据空间大小选用不同质感的植物

在选用不同质感的植物时，要考虑与周围环境之间及空间大小的协调。空间大小不同，不同质感植物所占比重应不同。大空间可选用粗质型植物，可使空间显得粗糙刚健，而有良好的配合；

小空间细质型的植物居多，则显得整齐而愉悦，而且可使空间有放大的感觉，不致拥堵。

(2) 不同质感的植物过渡要自然，比例合适

空间和空间的过渡与相连处采用质感相近的材料做过渡与衔接，使景观相互交融。不同质感植物的小组群过多，或从粗质感到细质感植物过渡太突然，都易使布局显得凌乱。

(3) 善于利用质感的对比来创造重点

有时为了突出重点，达到突出景物的效果，可以利用质感的对比。如在林缘，由近至远依次是凤尾兰、小叶女贞、山茶、香樟，这样质感的强烈对比，突出了凤尾兰的粗质质感，拉开了景观层次。又如，苔藓的光滑柔软与石头的坚硬强壮的配合，由于质感的对比效果，比草坪和石头的对比更优越，从而在质感对比中创造了美。

(4) 均衡地使用不同质感类型的植物

质感种类少，布局显得单调，但若种类过多，布局又会显得杂乱。对于较小的空间来说，这种适度的种类搭配十分重要，而当空间范围逐渐增大，或观赏者逐渐远离所视植物时，这种趋势的重要性也逐渐减小。这样才能使一个植物景观赏心悦目。

(5) 在质感的选取和使用上必须结合植物的特性

如果一个构图中，如要突出某种植物的姿态或色彩，那么其他个体宜选用质感较为纤细、在景观上不过分突出的植物种类作为衬托。

总之，在种植设计中要有效地运用植物质感。园林植物的质感组合要遵循异同整合原则。"异"即植物质感的相互区别和对比关系；"同"即植物质感的相同与近似关系；"整合"即整体的相辅相成关系。也就是说既要服从整体统一原则，又要积极地发挥对比，做到统一而不乏味，对比而不杂乱。质感同样对于观赏者有某种心理和生理上的影响（图5-26）。质感从粗糙到细腻的顺序变化能扩大景观，使它显得距离比较远，而从细腻到粗糙则会使距离显得比较近。还应当记住的是细腻的质感比粗糙的质感能反射更多的光线，这使细腻的质感显得更加明亮。

5.1.5 体量

植物的体量与植物色彩、芳香、姿态、质感一样，也是植物重要的观赏特性之一，在景观设计中与周围环境相互协调，营造空间合理、比例恰当的优美环境，因此体量在景观设计中起着极重要的作用。

5.1.5.1 体量的定义

植物的体量即是指植物的大小。在为种植设计选择植物材料时，应首先考虑其体量，因植物的体量直接影响着空间范围、结构关系及设计的构思与布局。

5.1.5.2 体量的类型

植物的体量可分成大型、大中型、中型、中小型及小型5种类型。

(1) 大型

大型体量主要是大中型乔木种类，大乔木在成熟期其高度可超过20m，而一般乔木可达9~12m。这类植物代表种有雪松、悬铃木、香樟、广玉兰、枫香、榕树、凤凰木等（图5-27）。

依大小及景观中的结构和空间来看，最重要的植物便是大型类乔木，它在空间的划分、围合、屏障、装饰、引导、美化方面都起到很大的作用。大型类乔木是构成园林空间的基本结构和骨架。因此在设计时，应首先确立大型类乔木的位置，它们的配植将对园林空间结构与外貌产生决定性的影响。同时由于其体量高大，所以当大型

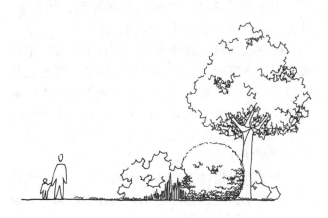

图5-26 粗质感的植物趋向观赏者，而细质感的植物却远离观赏者

图5-27 大体量的香樟

类乔木居于较小植物之中时，它将占有突出的地位，在园林景观中易形成视线的焦点。如果在应用时结合花好姿美者，如榕树、凤凰木、合欢等，将起到单体点景或成林景观的效果。

(2) 大中型

大中型是指高度一般在 4~8m 之间的小乔木，这类植物有桃、海棠、樱花、紫叶李、山楂、水石榕等。这类植物的高度最接近人体的仰视视角，故成为城市园林空间中的主要构成树种。常用于景观分隔、空间限制与围合、视线焦点与构图中心。

大中型类小乔木从垂直面和顶平面两方面限制小空间。该空间的封闭度受小乔木分枝点高低的影响，当其树冠低于视平线时，会在垂直面上完全封闭空间；当视线透过这些小乔木树干和枝叶时，人们即可感受到空间的深远感；树冠极低的小乔木可以形成很好的隔离层。总而言之，小乔木适合于受面积限制的小空间，或设计要求较精细的地方。

大中型类小乔木也常作为构图中心与视线焦点，除了因为体量优势外，其春花、秋叶、夏绿、冬姿等观赏特性都是其他植物所无法比拟的，选择何种风格的小乔木，主要取决于它的功能、大小、姿态、色彩和质感。按其观赏特性，常置于视线的焦点或被布置在那些醒目的地方，作为主景或引导视线之用，如园林入口附近、道路尽头、转弯处、突出的景点上。

(3) 中型

中型是指高度一般在 3~4m 的高灌木。如桂花、垂叶榕、珊瑚树、山茶、金银木等。与小乔木相比，灌木不仅较矮小，而且最明显的特点是灌木叶丛几乎贴地而长，而小乔木则有一定的高度，从而形成树冠。在景观中自然型或人工型的高灌木犹如一堵堵围墙，能在垂直面上构成空间围合。

高灌木也可以用来营造屏障和私密的氛围。在有些地方，人们并不喜欢规则式的硬质围墙和栅栏，而是需要绿色的屏障。但是，在运用高灌木营造屏障和私密氛围时，必须注意对植物材料的选择和配植，应着重考虑如何把不同个性、不同姿态、不同生态习性的植物，根据不同的空间特点进行组合，做到"景到随机"。否则，它们就不能在一年四季中都发挥其观赏作用。

当在低矮灌木的烘托下，高灌木成为构图焦点时，它便能从环境中脱颖而出，它们在以低矮灌木为背景的环境中显得特别高耸，因此首先吸引人们的视线。其形态越狭窄，色彩越明显，则效果就越突出。

高灌木在垂直面上围合空间、屏蔽视线、组织私密性活动空间上效果最佳，如珊瑚树，常用于屏蔽园林中的厕所、垃圾桶等物件及分隔园林中的不同景区。

(4) 中小型

中小型是指高度在 0.3~2m 的植物，如月季、牡丹、杜鹃花、金丝桃、连翘、南天竹等。这类植物的空间尺度最具亲和性。其高度与视线平齐或以下，在空间设计上具有形成矮墙、篱笆以及护栏的功能。所以，对作用在空间中的行为活动与景观欣赏有着至关重要的影响，而且由于视线的连续性，加上光影变化不大，从功能上易形成半开敞式空间。

中小型类植物在园林中应用广泛，如种植在人行道或小路两旁的小灌木，具有不影响行人视线，又能将行人限制在人行道上的优点。而中灌木可与其他高大物体形成对比，从而增强高大物体的体量感。中小型植物还可在设计中充当附属因素,它们能与较高的物体形成对比,或降低一级设计的尺度,使其更小巧、更亲密。因其尺度矮小,故应大面积使用,才能获得较佳的观赏效果。如果使用面积小,其景观效果极易丧失。但过多使用许多琐碎的中小型植物,就会使整个布局显得烦琐、零碎而无整体感。

(5) 小型

小型是指高度在 30cm 以下的植物,常称为地被植物,如'金山'绣线菊、微型月季、麦冬、扶芳藤、美国地锦、长春蔓、常春藤、酢浆草、白三叶、蝴蝶花等。

地被植物的空间功能特征是:对人们的视线及运动不会产生任何屏蔽及障碍作用,能引导视线,暗示空间边缘,可构成空间立面和平面上自然的视线连续和过渡,将两个或多个孤立的因素联系成一个统一的整体。

地被植物尤其是色叶植物或开花草本,可以提供观赏情趣,能形成一些独特的平面构图。大部分草本花卉的视觉效果通过图案的轮廓及阳光下的阴影效果对比表现。因此,该类植物在应用上重点突出体量上的优势。

那些不宜种植草皮的地方还可种植下层植被,如陡坡或草坪草难以生存的阴暗角落。另外,地被植物的养护少于同等面积的人工草坪,与人工草坪相比,养护面积地被植物节约养护所需的资金、时间和精力。

5.1.5.3 体量的特性

(1) 重量感

不同体量的植物给人带来完全迥异的感受。大型植物往往显得高大、挺拔、稳重;中型植物却姿态各异,会因姿态不同给人不同的重量感受,叶色深、枝条浓密、圆球形的给人一种厚重感,如黄杨、大叶黄杨等,而叶色浅、枝条稀疏的则显得轻盈飘逸;小型植物由于没有体量优势,而且在人的视线之下,通常不容易引起人们的关注,故几乎无重量感可言,除非其镶嵌着美丽的小花,或者具有独特的色彩。

(2) 可变性

植物体量主要伴随其年龄的增长而发生变化。大部分植物的生长都经历着由种子或者小苗渐渐长大的过程,这期间植物体量都发生着不断的变化。另外,对于一些落叶树种,不同季节所呈现的体量也不同,落叶后体量相对变小。

5.1.5.4 种植设计中体量的组合要点

(1) 体量在种植设计中的作用

①围合空间 不同体量的植物能围合不同的空间。大型乔木能从顶平面和垂直面上封闭空间,通常成为室外空间的"天花板和墙壁",形成冠下空间,这是夏日人们通常最喜欢停留的空间。

大中型小乔木依然从顶平面和垂直面来限制空间,当人的视线能透过树干和树枝时,这些小乔木好像前景的一个漏窗,形成一个有较大深远感的冠下空间,而当其树冠低于人的视线时它将形成一个垂直面上的封闭空间。

中型的高灌木好似一堵堵墙,在垂直面上使空间闭合,形成一个个竖向空间,顶部开敞,有极强的向上的趋向性。高灌木还能构成极强烈的长廊型空间,将人的视觉和行动直接引向终端。如果高灌木属于落叶树种,那么空间的性质就会随季节而变化,而常绿灌木能使空间保持始终如一。

中小型的矮灌木在不遮挡视线情况下限制或分隔空间。由于其没有明显的高度,因此它们不是以实体来分隔空间而是以暗示的方式来控制空间。要构成一个四面开敞的空间,可以在垂直面上使用小灌木。

小型的地被植物同样也可以暗示空间的边缘。当地被植物与草坪或铺道相连时,其边缘构成的线条在视觉上极为有趣而且能引导视线,范围空间。

②遮阴作用 大型乔木庞大的树冠在景观中还被用来提供阴凉,尤其是炎热的夏季,人们就会对阴凉之处非常渴望,而有数据显示,林荫处的温度将比空旷地低 4.5℃ 左右。在进行种植设计时,首先要考虑的是以人为本,在游人比较集中

的地方，在园路边，要适当栽植能遮阴的乔木树种。为了达到最大的遮阴效果，大型乔木应种植于空间或楼房建筑的西南面、西面或西北面。

③防护作用　大型乔木在园林中可遮挡建筑西北面的西晒，同时还能阻挡西北风的作用，在绿地的西北角多种大中型乔木树种，下层种植灌木，可形成密林，有效地阻挡西北风，为绿地创造小环境，并能为其他植物的生长创造良好的小环境。

(2) 体量在种植设计中的组合要点

①植物本身的体量组合　进行种植设计时会组成各种各样的种植类型，如树丛、树群、树林、绿篱、花境、花丛等，这些种植类型的组成，有时是单一体量的组合，有时是不同体量的组合。

单一体量的组合　如绿篱，同一树种的树丛、树群，纯林等。它们体量相同或相似，组成的林冠线平直无起伏，表现出或单纯或壮观的艺术效果（图5-28）。

多种体量的组合　多数种植设计由多种体量组合形成。由于种类不同、体量不等，林冠线高低起伏，形成有韵律、有节奏的自然风景景观。

当多种体量组合在一起时，不能等同地运用各种体量植物，要以一种体量为主，配合其他体量的植物组景。如草坪的一角，大片的连翘和平枝栒子，烘托出圆柏的高耸，这强烈的体量对比，形成极好的效果（图5-29）。

②植物体量与园林其他要素的组合　植物与园林其他要素组合时，需与周围环境、空间大小相协调，遵守比例与尺度的原则。

例如，北京四合院内树木种植一般是正房前的庭院内左右相对各植一株海棠或丁香；有的在正房两侧各植一池牡丹，水下养育金鱼；有的院内设一架紫藤。四合院所用植物多为玉兰、'重瓣粉'海棠、石榴、丁香、牡丹、紫藤等，而街道胡同内常植槐树。这些种类的选择除了体现庭院与植物相配的内在意境外，还由于这些树木的体量与空间大小的协调，庭院空间较小则适用小乔木、灌木，而胡同空间大而深，则可用槐树这类大乔木。

又如，公园绿地中黄杨球直径一般1~1.5m，绿篱宽度0.5~0.8m，而天安门前花坛中的黄杨球直径4m，绿篱宽7m，这么巨大的体量是与广场、城楼的体量相协调的。另如，杭州平湖秋月景点，西湖湖面极大，建有大规格的亭，于大水面边多种植香樟等大体量植物。曲院风荷景点水池面积较小，多植垂柳、乌桕、红枫、木芙蓉、桂花等大中型、中型植物。灵峰探梅的小水面边则多植梅花、羽毛枫、紫薇、南迎春等体量娇小、姿态优美的植物。图5-30为杭州三潭印月景点，水边大体量的亭子与香樟相配，取得体量上的协调。

③注意植物近期与远期体量变化的造景难题　植物是活的生物体，随着年龄增长其体量也随之增大，这给近期与远期的植物景观的营造带来一定的难题。诚然，我们可以用栽种填充树解决近期与远期的景观效果，但是在某些局部，填

图5-28　海南单一体量的组合

图5-29　以圆柏为主体的多体量组合

图 5-30 大体量的亭子边配以大体量的香樟

充树却解决不了这一问题。

如窗外一株桂花，比例恰当，每到秋季，闻香观色，好不惬意，但随着岁月递增，植株体量加大，打破了原有的比例，也遮挡了光线，这是每个种植设计师都应关注的问题。如亭旁植树，根据亭子的体量种植相应体量乔木，中近期效果极佳，但由于乔木的不断生长，远期长成参天大树，就显亭子的矮小而不成比例。

要解决这些问题，要求设计者除了了解植物的生态习性外，还必须了解植物的生物学特性，尤其是植物的生长速度及美学构图原则。前一个例子，除了桂花栽植点要距窗一定距离外，切不可栽树于窗正中，可偏于一旁，利用侧枝横生点缀窗景，既含蓄又不影响色、香的发挥。后一个例子则应选择与亭子比例相当的慢长树种，这样就能够减缓矛盾的加剧。

5.1.6 其他

5.1.6.1 声响

园林并不仅仅是一种视觉艺术，对园林的审美还涉及听觉。

园林植物可以与风、雨巧妙配合，生动地表现出风雨的声响魅力，这在我国古典园林中有着淋漓生动的体现。计成在《园冶》中将其归纳为"瑟瑟风声""夜雨芭蕉""鹤声送来枕上""梵音到耳"4种。书中提到"晓风杨柳""夜雨芭蕉"的典型现象，表明在古典的园林中就已意识到植物有表现风雨，借听天籁的特殊作用。

具体通过植物塑造声景的传统手法有以下两种：

(1) 风与植物塑造声景

某些植物在风的作用下会发出声音，如松林的涛声，杨树等大叶植物的婆娑之声。因此，选择好植物，利用风作为创造声景的方法，无论是在我国古典园林还是现代园林均有大量运用。

如拙政园的听松风处，该景点位于中部小沧浪的东北方向，亭子的东部种植松树。得名的原因取自《南史·陶弘景传》："特爱松风，庭院皆植松，每闻其响，欣然为乐。"在此处，尤其是夏季，松声响起，会有一丝凉意。

如果说苏州园林内的"听松风处"为小家碧玉，那么承德避暑山庄的"万壑松风"则是大家闺秀。在参天古松的掩映下，壑虚风渡，松涛阵阵，形成一个极其寂静安谧的小环境，是批阅奏章、诵读古书的佳境，乾隆幼时曾在此读书。故其楹联题道："云卷千峰色，泉和万籁吟"，长风过处，松涛澎湃，如千军万马大显声威，壮人心胆。

(2) 雨创造声景

雨景最佳的欣赏方式莫过于聆听了，古人云："听风听雨日又斜"，但这需要在植物的辅助下才可达到听雨的效果。苏州留园北部，有一个亭子的匾额上写着"佳晴喜雨快雪"，借助梧桐来达到听雨的效果。"扬州八怪"之一郑板桥平生非常爱竹，在他著名的《竹石图》里写道："一方天井，修竹数竿，石笋数尺，其地无多，其费亦无多也，而风中雨中有声，日中月中有影，诗中酒中有情，闲中闷中有伴，非唯我爱竹石，即竹石亦爱我也。"

古人在造园时，有意识地通过在亭阁等建筑旁栽种荷花、芭蕉等花木，借来雨滴渐沥的声响，为我所用。杭州西湖十景之一的曲院风荷，就以荷叶受风吹雨打、发声清雅的"千点荷声先报雨"的意境为其特色。韩愈十分欣赏荷叶的音响美："从今有雨君须记，来听潇潇打叶声"。刘颁也有类似

图5-31 拙政园"听雨轩"的芭蕉

诗句："东风忽起垂杨舞,更得荷心万点声。"声音所创造的这一类高雅、淡泊的情趣和意境,是吸引游客的重要因素之一。

芭蕉,其叶硕大如伞,秀色可餐,雨打芭蕉,如同山泉泻落,令人涤荡胸怀,浮想联翩。杜牧曾写有"芭蕉为雨移,故向窗前种;怜渠点滴声,留得归乡梦"的诗句;白居易也曾写有"隔窗知夜雨,芭蕉先有声"的诗句。

如拙政园的"听雨轩"在轩前一泓清水,植有荷花,池边有芭蕉、翠竹,轩后也种植一丛芭蕉,前后相映(图5-31)。芭蕉、荷叶均是绿叶肥硕,雨滴滴在落叶上,滴答有声,人靠窗栏边、漫步屋檐下,静听雨声,细细观景,这个环境,最适合品茶下棋了。在室内也正好有一张红木棋桌,应唐·李中的"听雨入秋竹,留僧复旧棋"而得来的。宋代的杨万里在《秋雨叹》中云:"蕉叶半黄荷叶碧,两家秋雨一家声",也指明了雨景是在植物的配合下形成的,因此,该屋子也得名"听雨轩"。

又如留听阁,位于拙政园的西部,隔水与东南放主建筑"卅六鸳鸯馆"相望,西面跨小路有民林修竹,环境极其清幽。园主别出心裁,依据李商隐《宿骆氏亭寄怀崔雍崔衮》的后半首:"秋阴不散霜飞晚,留得枯荷听雨声。"这是诗格与配植直接相关的一句。秋雨滴落在残荷之上,依然滴答有声,因此,该阁取名为"留听阁"。秋天是欣赏雨景的最佳季节,秋天是忧愁的季节,秋风秋雨秋声最引人深思。在这里因借雨滴,达到了因景生情,情景交融的境界。

5.1.6.2 光影

自然光投照于物体上,会产生不同的景观效果和意境,如图5-32所示,计成《园冶》中所言的"梧荫匝地""槐荫当庭"和"窗虚蕉影玲珑"等都是对植物阴影的欣赏。在日光或阳光之下,墙移花影,蕉荫当窗。以竹为例,则有"日出有清荫,月照有清影",突出了"清"的美感。

张先的诗"云破月来花弄影",将影子写活了。以这种敏锐的视觉感悟去欣赏园林中的植物,在形、色、香之外,又增添了一道风景。苏州留园"绿荫轩",临水敞轩,西有青枫挺秀,东有榉树遮日,夏日凭栏,确能领悟明代高启"艳发朱光里,丛依绿荫边"的诗意。

东岳泰山普照寺旁的"筛月亭"即为欣赏月影的景点。亭旁有一棵六朝古松,虬枝弯曲如蟠龙,每当皓月当空,朗朗月光透过茂密的松针洒

图5-32 苏州留园的树木投影

向地面，光怪陆离，如同筛月，故名，遂成为泰山赏月佳处。月行中天，丝丝缕缕的月光，从枝繁叶茂的缝隙中筛落而下，骤然间，掠过几丝晚风，树梢一阵沙沙地颤动，摇落的月光，似片片雪花，使人通体生凉。待定神看时，杳无踪迹，树影又恰似凝住了。虬枝、枝丫、针叶，各具其态；从繁枝茂叶的缝隙中筛落的月光，静时"丝丝缕缕"，动时"似片片雪花"；忽而"摇落的月光"使人通体生凉，忽而"片片雪花"杳无踪迹。

5.2 园林种植设计的空间设计

5.2.1 空间的类型

5.2.1.1 空间及园林植物空间的定义

空间是物质存在的一种客观形式，由长度、宽度、高度表现出来，是物质存在的广延性和伸张性的表现。在中国古代并不把它简单当作物质实体之间的空隙，而是赋予它更深的精神意义，甚至关乎宇宙、自然、社会和人生哲理。经过儒教与道教等的不断发展，形成了虚实相生、阴阳对立而辩证统一的空间观，它深刻地影响着人们的生活态度、审美观点和艺术创作。

园林植物空间是指园林中以植物为主体，经过艺术布局，组成适应园林功能要求和优美植物景观的空间环境。园林植物构成的景观由两部分组成，一个是植物元素构成的实体景观；另一个是由这些植物实体围合、限制所形成的空间。一组好的园林植物空间景观，结合时空的渐进，赋予植物群体诗一般的韵律感，给游客以无限的美的享受。在种植设计的方法中注重空间结构和景观格局的塑造，强调空间胜于实体的设计概念，对我们的设计来说显得尤为重要。

5.2.1.2 园林植物空间营造的基本手法

运用植物来营造空间的基本原理实际上是利用植物塑造类似建筑的三维空间感。在一定范围内可以利用相应的植物材料塑造出室外的"建筑空间"，如类似建筑的墙面、天花板和地板等，都可以用植物来体现。一般用来营造植物空间的方法有以下几种。

(1) 围合与分隔

要营造一个有效的植物空间，最基本的方法就是围合——利用植物将空间的垂直面进行围合，起到类似建筑墙面的作用。而围合所用植物材料的质感、色彩、形态、规格决定了创造出空间的特征。植物围合出的空间的尺度变化可以很大，从小尺度的庭院到大尺度的公园中的疏林草地，它们都有特定的功能并满足使用者的需求。根据选择的植物材料和种植密度可以形成植物虚空间和实空间。虚空间围合种植密度低，利用稀疏的枝叶形成隐约的空间感；实空间树木紧凑，枝叶繁密，视线被局限在所围合的空间里。围合的程度又决定了创造出的是1/4围合空间、半围合空间、3/4围合空间还是全围合空间。然而，无论创造的是怎么样的围合空间，这种类型的空间总是能够给人带来一定的安定感和神秘感，而且只有为满足一定功能而营造的围合空间才有意义。

利用植物材料不仅可以围合形成一定功能的园林空间，而且也可以在景观构成中充当像建筑物的地面、天花板、墙面等界定和分割空间的因素。植物在园林中以不同高度和不同种类的地被植物或灌木丛来分隔空间，起到类似建筑屏风的作用，在一定程度上限制游人视线，达到引导游人游览的目的。在垂直面上，植物特别是乔木的树干如同外部空间中建筑物的支柱，以暗示的方式限制着空间，其空间封闭程度随着树干的大小、疏密以及种植形式的不同而变化。植物枝叶的疏密度和分枝高度又影响着空间的闭合感（图5-33）。

(2) 覆盖

围合空间是空间垂直面上的围合，而覆盖则是运用植物材料进行平面上的界定，包括地平面及顶平面两种形式。在地平面上，植物以不同高度和不同种类的地被植物来暗示空间的边界，一块草坪和一片地被植物之间的交界处，虽不具有实体性的视线屏障，但却暗示着空间范围的不同。在顶平面上，围合空间通常顶平面与自由的天空相连接，然而覆盖空间的顶平面是绿色植物。顶平面覆盖的形式、特点、高度及范围对它们所限定的空间特征同样产生明显的影响。园林里最常见的亭子、楼阁、大棚、廊架是一种利用构筑物形成覆盖的方法，而植物材料覆盖一方面可以选择攀缘植物借助廊架和构筑物的构建来形成；另一方面可以选择具有较大的树冠和遮阴面积的大乔木孤植、对植、丛植、群植来形成。这时的植物犹如室内空间中的天花板或吊顶限制了伸向天空的视线，并影响着垂直面上的尺度（图5-33左）。

(3) 辅助

在园林绿地中，植物元素只是构成空间的因素之一，其他因素如地形、构筑物、道路等可以辅助植物形成更加丰富多样的空间类型。园林中的地形因素常常与植物配置不可分割，两者之间的配合设计对构成的空间有着增强或者减弱的作用（图5-34）。高处种高树，低处种矮树，可以加强地势起伏的感觉，反之，就减弱和消除了原有地形所构成的空间。又如植物辅助道路边界的界定，无论在城市道路还是园林道路，边缘处种植行道树或者用灌木、花境镶边，既起到强化道路边界的效果，又可以分隔空间和构成空间，两旁行道树形成垂直空间或覆盖空间，对于旁边的绿地形成开放或围合的游憩空间。

5.2.1.3 园林植物空间的类型

园林植物组成的空间按照其组成形式、与游人视线控制的关系，可以分为以下几种类型。

(1) 开放性空间（开敞空间）

园林植物形成的开放性空间是指在一定区域范围内，人的视线高于四周景物的植物空间，一般在地面上种植低矮的灌木、地被植物、花卉及草坪而形成开敞空间（图5-35）。这种空间没有私密性，是开敞、外向型的空间。游人在此种空间活动时，是完全暴露的状态。另外，在较大面积的开阔草坪上，除了低矮的植物以外，有几株高大乔木点缀其中，并不阻碍人们的视线，也为开放性空间。但是，在庭园中，由于尺度较小，视距较短，四周的围墙和建筑高于视线，即使是疏林草地的配置形式也不能形成有效的开放性空间。开敞空间在开放式绿地、城市公园等园林类型中

图5-33 植物围合空间

（左：树木用来创造"墙"和"天花板"；右：树干用来暗示垂直面）

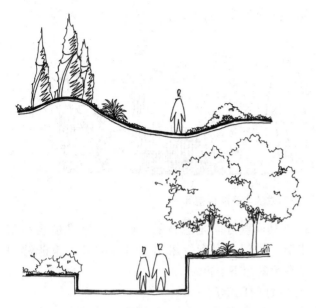

图5-34 植物与地形结合来强化地形变化感受

非常多见,像大草坪、开阔水面等,视线通透,视野辽阔,容易使游人感觉心情舒畅,产生轻松自由的满足感。

(2) 半开放性空间(半开敞空间)

半开放性空间是指在一定区域范围内,四周不完全开敞,而是某些部分用植物阻挡了游人的视线(图5-36)。根据功能和设计需要,开敞的区域有大有小,其共同特征是在开放的范围中种植低矮的植物材料,而封闭的范围中种植高大的植物材料,并在垂直方向上起到遮挡及封闭视线的作用。从一个开放性空间到封闭空间的过渡就是半开放空间。这种空间具有一定的私密性,游人在景观中处于半暴露的状态,即不同方向上的通透与遮蔽状态。当然,半开放性空间也可以植物与其以外的园林要素如地形、山石、小品等相互配合,共同完成。半开敞空间的封闭面能够抑制人们的视线,从而引导空间的方向,达到"障景"的效果。如从公园的入口进入另一个区域,设计者常会采用先抑后扬的手法,在开敞的入口某一朝向用植物、小品来阻挡人们的视线,使人们一眼难以穷尽,待人们绕过障景物,进入另一个区域就会豁然开朗,心情愉悦。

(3) 冠下空间(覆盖空间)

冠下空间通常位于树冠下方与地面之间,通过植物树干的分枝点高低、树冠的浓密来形成空间感(图5-37)。高大的常绿乔木是形成覆盖空间的良好材料,此类植物不仅分枝点较高,树冠庞大,而且具有很好的遮阴效果,树干占据的空间较小,所以无论是几株、一丛,还是成片栽植,都能够为人们提供较大的树冠下活动空间和遮阴休息的区域。游人的视线在此类空间中水平方向是通透

图5-35 由低矮灌木所组成的开放性空间

图5-36 部分高于视线高度的种植形成的半开放性空间

图5-37 由高大乔木形成的冠下空间

图5-38 植物在垂直面和顶平面上封闭视线构成的封闭空间

图5-39 由两侧灌木封闭而顶部空间开放所构成的竖向空间

的,但垂直方向是遮蔽的。此外,攀缘植物利用花架、拱门、木廊等攀附在其上生长,也能够构成有效的冠下空间。

(4) 封闭空间

封闭空间是指在游人所处的区域范围内,四周用植物材料封闭,垂直方向用树冠遮蔽的空间(图5-38)。此时游人视距缩短,视线受到制约,近景的感染力加强,景物历历在目,容易产生亲切感、宁静感和安全感。

小庭园的植物配置可以在局部适当地采用这种较封闭的空间造景手法,而在一般性的绿地中,这样小尺度的封闭空间,私密性最强,视线不通透,适宜于年轻人私语或者人们独处和安静休憩。

(5) 竖向空间(垂直空间)

用植物封闭垂直面,开敞顶平面,就形成了竖向空间(图5-39)。分枝点较低、树冠紧凑的中小乔木形成的树列,修剪整齐的高树篱等,都可以构成竖向空间。由于竖向空间两侧几乎完全封闭,视线的上部和前方较开敞,极易产生"夹景"效果,以突出轴线景观,狭长的垂直空间可以起到引导游人行走路线,适当的种植具有加深空间感的作用。公园、校园的入口处,常以甬路的形式出现;道路两旁种植高大圆锥形树冠的乔木来加强纵深感。而在纪念性园林中,园路两边常栽植松柏类植物,使游人在垂直的空间中走向轴线终点瞻仰纪念碑时,会产生庄严、肃穆的崇敬感。

通常在一个园林中,往往会有以上各种空间围合形式。根据各类植物空间具有的不同特性，可在不同功能分区中加以应用。如儿童活动区不需要有太多的私密性，要方便家长的看管、寻找、关注，因此多应用开放性空间；小型建筑亭、榭、廊等具有观景、聊天等功能，多置于半开放空间中；老人活动区、休闲广场、停车场多采用冠下空间，既满足人们的活动需求，又可以起到遮蔽烈日的作用；恋爱角由于私密性较强，而多用封闭性空间以满足青年人谈恋爱所需要的环境氛围；园路、甬道则多用竖向空间，以加强指向性。

5.2.2 空间的组合

植物作为构成园林景观的要素，是构成空间的弹性材料，是极富变化的动景，增添了园林的生机和野趣，丰富了景色的空间层次，起着划分景区、点缀景观、创造园林空间的作用。即使园林中的地表也可以不同高度和不同种类的植物来暗示空间的边界（图5-40）。如果没有花草树木，园林中的山水、建筑仅以空阔的蓝天作为背景，就会显得过分开敞、暴露，毫无园林情趣。用植物作背景，包围某一个景区，笼罩某一个景象，则使其在建筑与山水周围产生尺度宜人、气氛幽静的空间环境。在园林设计中，可根据设计目的和空间性质（开旷、封闭、隐蔽等），相应地选取各类植物来组成开敞空间、半开敞空间、覆盖空间、完全封闭空间等不同的空间组合。高大树木、绿荫华盖，不仅创造了幽静凉爽的空间环境，还创造了富有变化的光影效果，那"梧桐匝地，槐影当庭，墙移花影，窗映竹姿"的景象使人抒发某种意境和情趣。浓郁的树木，可以形成建筑与山水的背景，而树冠的起伏层叠，又构成园林空间四周的丰富变化。层次深远的林冠线，打破或遮蔽了由建筑物顶部与园林界墙所形成的单调的天际线，使园林空间更富于自然情调。

5.2.2.1 空间的阶层顺序和连续顺序

园林中的空间不是一成不变的，在各个空间之间必须存在一定的关系，首先，是阶层顺序，即一

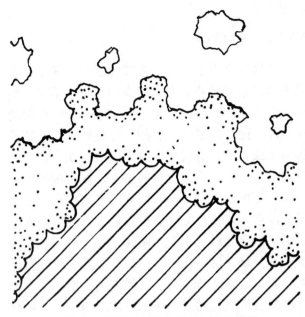

图5-40 不同地被植物形成场地的分界

种空间出现的顺位秩序。比如，依照公园的各个设施、景点的顺序，而产生了与之配合的空间顺序。有时可以落实为一种空间的表象顺序，空间是外向的→半外向的→内向的；写实的→折中的→抽象的；封闭的→半封闭的→开放的等。阶层顺序的主要内容是对各个空间规定性格的顺序，从视觉上形成各个空间的交替作用。在园林中这种空间的交替，使之分成若干段落的方法有很多，可以采用建筑、小品、水体、地形等园林要素来进行分隔，例如，园林中的门、栅栏、台阶、牌坊、地形高差改变、水体等。也可采用植物种类、种植方式转换进行分隔，例如，北京植物园桃花园与丁香园之间的空间转换。在实际范例中，常常植物与其他要素配合使用，来达到设计目的。

其次，确定空间的连续顺序。连续顺序像电影中将很多个镜头连接在一起，使之成为一个连贯画面。把空间的阶层顺序连接起来就成了连续顺序。长距离单一的空间，容易使游人在游览时产生乏味的感觉。在种植中利用园林要素，巧妙改变空间的方向、类型，变更园林要素的材质等，都能得到优美的连续顺序。如能很好地利用园林要素，则可起到加强空间的丰富性和趣味性的

作用。

5.2.2.2 空间过渡

植物用来组织空间，能够构成相互联系的空间序列，这时植物就像一扇扇门、一堵堵墙，引导人们进出和穿越一个个不同空间。可以取得似隔非隔，使相邻景象空间相互渗透的效果。浓郁的树木或竹丛，有时可以完全遮挡视线，使空间得到划分。景观发生变化的位置，称为转折过渡区域。转折过渡区域有时以点的形式存在。在一个景区空间的结束处，点缀几株植物，可以对另一个景区空间起到引导与暗示作用，所谓"山穷水复疑无路，柳暗花明又一村"的效果就显现出来。那么，这几株植物组成的树丛，形成了空间过渡的转折点，起到了连接过渡点两侧空间的作用。同时植物可以用在园林内外空间交接处，起到拓展园林空间感的效果。例如，有些面积较小的园林，人们在园内漫步，园林边缘的界墙，往往就在视线范围之内，使人觉得园林空间过分局促，感到索然无味。如果用浓郁的树木加以遮挡，使界墙在人们的视线中消失，这种心理上的局促感就消除了。所谓"围墙隐于萝间"，使人感到在竹丛、树木之后还有园林空间的延伸。这种园林内外的过渡，既是空间的变化，又是不同空间之间的交流。在种植设计中对园边界的处理，也要注意空间过渡和变化，使园内的游人到达园边界却还有景可观，而园外的行人又能被园内透出的景色所吸引。例如，北京植物园月季园的南边界，也是北京植物园边界的一部分，它的种植就考虑了园景透绿的要求，通过园边界处的小地形与植物种植的变化，营造出丰富的景观，使游人身处边界，却还感觉有无限风景在前方。

5.2.2.3 空间组合

在组成景观空间的过程中，不同植物空间通过不同排列与过渡的形式可以创造出不同的景观空间。游人在欣赏景观的过程中，会不自觉地按照一定的次序在运动与驻足观赏中断续进行。因此种植设计是要充分考虑游人驻足观赏、停留的空间，否则设计只能产生道路效果，游人穿行其中不能停歇。根据游览形式不同，可以将空间组合分为线性排列空间、簇空间及包含空间等几种形式。

(1) 线性排列空间

线性排列空间指在一系列前进过程中的空间，仅有一条交通依次穿过不同的空间或各个空间沿着行进路线依次平行排开，每个空间有独立的出入口（图5-41）。行进的方向可以是直线、折线、曲线或不规则线，但整个游览线路连续并具有起点和终点。在线性排列空间组合中出现的每个独立空间可以相似，其平面大小、形状和封闭性也可以根据位置及功能的不同而变化。在这个线上的起点和终点空间由于标志着开始和结束而具有特殊的重要性，中间各个空间的重要性决定于它们在整个序列中的位置，或者决定于它们的大小、形态和主景元素。

线性排列空间组合可以根据游览线的穿行方式不同，分为游线内穿式和游线外穿式两种类型。

①游线内穿式线性空间　指游览线从各植物围合空间内部穿越，把各空间按照一定顺序一个接一个地连起来。这种空间组合形式的各个空间直接连通，不仅它们之间关系紧密，而且具有明确的顺序和连续性。如图5-41（左）所示，一条游览线路从每个独立的空间中穿过。种植设计时在每个独立空间的营造上，可以选择不同主题植物搭配形成一定的围合空间，可以采用片植手法，注意围合所形成空间的内边缘效果，使游人在空间内部能够观赏到丰富的景观层次。而在相邻的两个空间的连接处，注意树种的变换，以起到示意空间转换的目的。在整个游览线路上选择一致的植物材料，采用等间距或变化间距的列植形式，以达到统一、自然的效果。在空间转折处可以选择种植特殊景观的观赏树，提醒游人空间将要发生的变化。

②游线外穿式线性空间　指每个独立空间之间没有明显的直接连通关系，各个植物围合的空间直接与道路相接，道路位于各空间的外缘，空

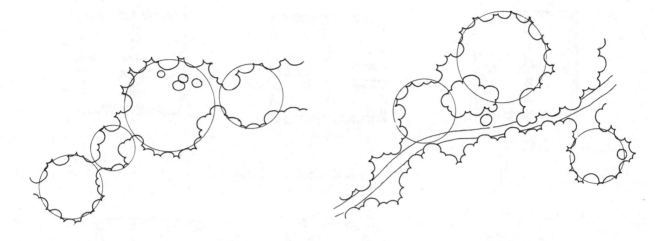

图5-41　线性排列空间（左：交通从空间中通过；右：交通与空间关系平行）

间和交通明确分开（图 5-41 右）。这种游线的设置，在一定程度上保证了各个空间的相对独立性，使之相对安静和私密。道路将各空间连成一体，使它们保持必要的功能联系。每个空间有独立的出入口，出入口在道路两侧依次排开。这样的空间布置要点与内穿式基本相同，只是由于具有单独的入口，因此，在空间入口处采用孤植、对植、丛植园景树的方式作为独立空间的标志。

这种线性排列空间主要用于重要建筑或场所前，对其前面引导序列进行细致设计，使整个行进过程充满预期、兴奋和到达感。

(2) 簇空间

簇空间群构成了另一种不同的空间组合方式。在这种组合方式中，组成的空间的相关性主要取决于它们之间的接近距离或距离道路或入口的远近（图 5-42）。对称可以作为组合这种空间的一种方式，如果不是实的对称轴线，这种虚轴更多的是一种联系它所分隔空间的视线或感知的轴线。

簇空间有多种交通组织方式（图 5-43）。如果一个空间仅引向另一个，这就类同于压缩到一起的线性空间。常用的组织方式是根据各个空间的功能和重要性，形成道路网络加以连接。主要道路引导进入主要空间，通过其他过渡空间或次级路进入其他空间。另一种方法是营造一个大型的聚会和分散场所，类似于城市广场或演艺区，尽管是非线性静态的，却能与它相临的周边空间有方便的交通联系。由于其在整个构图中的位置及其与其他空间良好的交通，这个聚集空间通常是最大和最重要的因素。

簇空间的组织方式适用于需要相对独立范围，同时又具有相似或相关活动的空间。一个常见的例子就是居住区内的私人庭院、公共空间和街道、游戏区和街区公园的关系。交通系统应该允许居民或参观者选择进入或不进入某些场地，这一点与线性排列空间仅提供一条预先设计好的序列不一样。这种复杂多变的簇空间形式可以在中国传统园林中见到，室内、室外、过渡、覆盖等空间都集中在封闭的院墙内。

为形成以上的空间，通过采用对植、列植和丛植、群植的方式，形成引导、封闭、围合出符合空间序列和空间功能要求的场地。

(3) 包含空间

一个或多个空间完全包含于一个大的围合空间。被包含空间可以完全封闭并与包含的空间相隔离，或仅仅部分空间封闭，但仍然拥有与其包含空间明显不同的领域。一个包含空间序列理论上可以有两层（一个空间在另一个空间内）、三层、四层等，但实践中包含空间序列很少会有三层以上，在包含空间内的任何一层可以由不止一个空

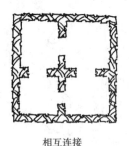  

相互连接　　　　　　　　共同入口　　　　　　与进入道路相连

图5-42　簇空间形式与交通方式相关

  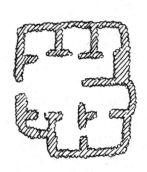

图5-43　簇空间的交通形式（左：压缩的线性排列空间；中：道路网络；右：进入主要空间）

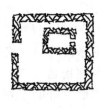    

两层　　　　　同心两层　　　非对称两层　　　　三层　　　非对称三层
　　　　　　　　　　　　　多个亚空间　　　　　　　　　多个亚空间

图5-44　包含空间的几种类型

间组成（图5-44）。

包含空间序列可以是同心的，或者被包含空间根据交通和其他使用需求而不对称分布。与线性空间序列和簇空间不同，包含空间序列的功能决定于组成空间的相对尺度大小。如果被包含空间与包含空间相比很小，它就会具有明显视觉特征，并作为一个大空间内的主景，这个被包含空间会被认为是一个大空间内的实体而不是可以进入和游赏的空间。另外，如果被包含空间太大，则包含空间没有足够的领域范围就会失去其独立性和主导特征。在这种情况下，或者是这两个空间的边界简单地相互强化形成双边界，或在边界间形成线性空间，最后成为一条环形道路（图5-45）。

包含空间序列给人以深刻、积极地进入边界，逐渐接近构图中心的感觉。任何组成包含序列空间的影响效果是由其相对大小、封闭程度和对视觉的吸引力决定的。通常而言，主导空间是那些最大或最内部的空间，因为这个才是构图的中心。其他附属空间起到辅助、增加多样性、分

图5-45 被包含空间大小对包含空间功能的影响 [左：被包含的空间过小成为一个配景元素；中和右：被包含空间过大，导致形成包含空间与被包含空间之间形成环路（中）或两侧强化的边界（右）]

隔空间或为最内部空间提供缓冲或作为前奏的作用。

空间组合中出现的不同空间应该在满足功能的前提下富于变化。空间组合的起点和终点一般要求有标志性的设计，可以通过不同的配植手法，如利用树形、体量或者色彩等的对比来形成主体。在一些重点表现的空间需要设计者通过前景、中景和背景以及树丛的林缘线的较多层次变化来表现空间的进退和大小，用其精彩的设计作为整个空间组合的景观高潮。这样使游览者在欣赏景观时，能够感受到景观丰富度的不同，并在不同功能、大小、形式各异的空间中找到适合自己的空间进行一系列游憩活动。游人在顺序游览的过程中，空间围合、变化一定要丰富，否则使之长时间在某种或明或暗的光影效果空间中行进，会产生厌倦的感觉。在平面上，空间要有大小、形状的差异，在空间的光影效果上要表现为明暗的交替、郁闭度的变化。

5.2.3 园林种植设计中空间设计要点

5.2.3.1 园林静态空间布局

园林静态空间布局是指在视点固定的情况下所感受的空间画面。这与绘画具有很大的共同性，这时只有视线所及的四周景物，才对空间布局有用，在视线以外的景物可以不予考虑。在以上所说的线性排列空间、簇空间以及包含空间中，一般说来在每个空间的入口或者空间中某些需要游人停留的地方往往需要考虑静态空间的配置和景点的安排。园林静态空间布局一般需要考虑以下要素：

(1) 风景透视与视角、视距的关系

在园林中不同视距、不同视角，会使游人形成不同的风景感觉。适宜的视距、视角可以起到更好渲染气氛的作用。一般正常视力的人，在距离景物25cm处，能够看清各种细节，属于最明视的距离。在距离植物250~270m的距离时可以辨别出花木的类型。正常的眼睛在静止时最大能看到垂直方向视角130°、水平方向160°范围的景物。景物最适视域为：园林中的主景，如建筑、小品、园景树、树丛等，最好能在游人垂直视场30°和水平视场45°的范围内。所以，在此范围内，应该安排游人停留、休息、欣赏的空间。例如，在草坪中安排雪松作园景树，则要安排出一定的视距范围，才能让游人不用仰头，直接可以看到雪松优美树姿的全景；而不能在小范围空旷草坪中安排较大的园景树，这样游人不能一目了然地观赏树姿，影响了其观赏效果。在园林中，有时为了营造景物特殊的感染力，还可以把主景树安排在仰视或俯视条件下来观赏。平视时，游人头部比较舒适，此时的感染力是静的、安宁、深远的，没有紧张感，所以在安静休息处应该注意树丛与休息点的距离，空出足够空间，甚至营造非常开敞的空间，使游人视线延伸到无穷远的地方。当游人与景物不断接近，仰角超过13°时，为了较完整欣赏景物必须使头部微微仰起；如果继续接近，景物映象不能进入垂直视场26°范围时，必须抬头仰视；仰角超过30°时，显示出愈来愈紧张的感觉，可以突出所观景物的高耸感。这种手法常常用来突出建筑的高大感。当游人视点位置高，景物展开在视点下方时，不得不俯视观察。由山顶俯视山谷，景物位置愈低，就显得愈小，给人一种"登泰山而小天下"的英雄气概，征服自然的喜悦感。在中国自然风景当中，常有这种俯视景观，如黄山清凉台和峨眉金顶等。我们称之为俯视景观或鸟瞰画面。在园林中，可以巧妙创造这种视觉景观与空间，尤其是大型园林和风景林，要很好地利用自然地形的起伏，营造各种空间，形成富于变化的仰视、俯视和平视风景。如杭州宝石山的宝俶塔、玉皇山顶等都是很好的仰视和俯视风景。而平湖秋月、曲院风荷、柳浪闻莺等是很好的平视风景。

(2) 透景与透景线、障景、夹景、框景等处理

特别需要注意的是，无论哪种视角，在种植时一定要注意布置透景线。透景线两边的植物在景观上起到对景物的烘托作用，所以不能阻隔游人视线，不能在透景范围内栽植高于视点的乔木，而要留出充足的空间位置以表现透视范围的景物。规则式园林在安排透景线时，常与直线的园路、规则的草坪、广场、水面统一起来；自然式园林常与河流水面、园路和草坪统一起来安排，从而使透景线的安排与园林的风格相一致，同时可以避免降低园林中乔木的栽植比例。在非常特殊的场合下，如风景区森林公园，原有树木很多，通过周密的安排，可以疏伐少量衰老或不健康的树木，以达到开辟透景线的作用。

在园林种植设计的过程中应该使园内外的美景互相透视，这种手法被明代造园家计成称为"借景"。他认为："借者，园虽别内外，则景则无拘远近，晴峦耸秀，绀宇凌空，极目所致，俗则屏之，嘉则收之。"在借景的过程中需要注意游人观赏点周围的种植与所借风景如何融为一体，不能出现比例上不和谐的问题。

出现局部景色不调和的问题时，常用的手法是"障景"。很多公园绿地用障景的手法变换空间，达到欲扬先抑的目的。比如花港观鱼公园东入口的种植，就采用种植树丛屏障游人视线，入园后不能一览无余，造成空间明暗的变化，使树丛后的草坪空间显得更加开阔。

夹景，是当远景在水平方向上很宽，其中部分景色并不动人的情况下，可以利用树丛、地形或建筑等把不动人的景色屏蔽掉，而只留合乎观赏的远景。

框景，就是利用类似画框的门、窗、门洞等，把真实的自然风景"框"起来，从而形成画意。

图5-46 利用植物枝干作为框景

植物种植中可以利用树丛、灌丛、甚至乔木枝干等形成框景（图 5-46）。

5.2.3.2 园林动态空间布局

园林静态空间在园林中并不是孤立的，而是相互联系，从而形成一种动态变化的空间过渡与转折。游人视点移动，画面立即变化，随着游人视点的曲折起伏而移动，景色也随着变化，就是我们经常所说的"步移景异"。但这种景色变化不是没有规律，而是必须既有变化，又要合乎节奏的规律，有起点、高潮、结束。这就要考虑动态空间的布局。以上所说的3种空间组合形式，每一个空间具有其静态空间，但从整个游线来说，其为一种动态的空间布局，随着游线的展开，视觉画面会随着植物种类、色彩、季节等发生着有节奏的变化。动态空间布局主要注意以下三方面。

(1) 变化与节奏

游人在行进间两侧的景物不断变化，这种连续的风景是有始有终，是有开始有高潮有结束的多样统一的连续风景。在这个连续的风景营造中，对比和变化的使用，可以营造出一种多样性的统一，从而产生节奏感。具体手法有：

①断续　连续风景是需要具有轻重缓急节奏的，否则就会变得单调乏味。所谓"密林稠林，断续防他刻板"，就是这个道理。连续不断的同一

个景物延续下去，尤其在空间营造中林带的延续，就会产生刻板、不生动，即缺乏节奏；反之，如果林带有断续，就可能产生节奏。

②起伏曲折　起伏有致，曲折生情。通过起伏和曲折的变化，来形成构图的节奏。园林中河流及湖岸，则用曲折来产生节奏，例如，颐和园苏州河两岸的土山和林带，富于曲折和起伏，林带由油松构成的林冠线有起有伏，河流两岸的林缘线也有曲折变化，因而沿苏州河走去，感觉构图有动人的节奏。

③反复　连续风景中出现的景物，不能永远不变，也不能时刻不停地变化，这就要求有些景物在行进间反复出现，既打破了单调产生变化，又不致太杂乱无章，失去重点。反复有3种（图5-47），第一种是"简单反复"，就是同一个体连续出现，如行道树种植等。第二种是"拟态反复"，就是出现的单体具有细微的差别，基本感受一样，但形态或色彩等方面会有少许变化。如一个花丛为玉簪、萱草和紫花鸢尾；另一个花丛为玉簪、射干、黄花鸢尾，以射干代替萱草，产生形态的变化，同时以黄色鸢尾代替紫花鸢尾，也产生色彩的差异，但这两个花丛相似度很高，其反复轮流出现就构成了"拟态反复"。第三种是交替反复，就是差别很大的单体反复出现。如一个花丛为玉簪、萱草和紫花鸢尾；另一个花丛为宿根福禄考、景天和漏斗菜。在自然式林带设计中，以不同树种构成的树丛，就可以采用以上方式进行种植。

④空间开合　游人在园林中行进，有时空间开阔，有时空间闭锁，空间一开一合，可以产生节奏感。如颐和园苏州河两岸，不仅林冠线有起有伏，林缘线有曲折变化，同时河流本身有弯曲，这样河流宽度也会发生宽窄变化，因而沿河行空间时而开朗，时而闭锁，产生空间开合节奏感。

(2) 主调、基调与配调

在连续布局中必须有主调贯穿整个布局，拥有统率全局的地位，基调也必须自始自终贯穿整个布局，但配调则可以有一定变化。整个布局中，主调必须突出，基调和配调必须对主调起到烘云托月、相得益彰的作用。如颐和园苏州河两岸的林带，以油松、桃花、平基槭、栾树、紫丁香等树种组成的树丛为基本单元，把这个基本单元不断地进行拟态反复。两旁的林带，春天以粉红色的桃花为主调，以紫花的丁香、平基槭、栾树嫩红的新叶为配调，以油松为基调；秋季则以红叶的平基槭为主调，油松为基调，其余为配调；冬季则以油松为主调，其余均为配调；其中油松、平基槭、桃花3个树种，必须自始自终贯穿在整个苏州河两岸。

(3) 季相交替变化

园林植物随着季节的变化而时刻变换着外貌和色彩。植物作为园林空间构图中的主题，由于季相变化，也就引起园林空间面貌的季相变化。对于这种季相的变化，是与园林的功能要求以及艺术节奏相结合的，从而做出多样统一的安排，这就是季相构图。季相变化不仅仅考虑植物的荣枯，还要考虑其叶色、花期、果期、展叶期、落叶期等多方面的生物学特性，从而合理安排植物在所需营造空间中的季相特征。

园林植物从开花到结果，从展叶到落叶，随着时间的发展而不断变化，从色彩、光泽和体形都随着时间而不断变化，正是这种变化，在保证基本空间功能的基础上，赋予空间以更多的色彩和体验。在季相变化的构图中，不论是大型的风景区，还是小型的花园，从大型密林疏林到小型花坛花境的植物搭配，都要做到不能偏荣偏枯，一年四季要做到有序曲、有高潮、有结尾。每一个园林空间，每一种种植类型，在季相布局上，

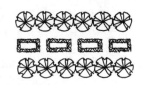

图5-47　3种反复类型

应该各有特色、各有不同的高潮。有的可以以春花为高潮（如牡丹、樱花、梅花等主题景区），也可以以秋实为高潮（如石榴、柿树等）。

5.3 园林种植设计的平面布置

5.3.1 2株、3株、4株、5株的平面布置

5.3.1.1 2株树的种植

在构图平面上2株树的种植要符合多样统一的原理，使2株树达到既相同又有不同的境界。它们是对立的统一体，所以2株差别过大的树木种植在一起，会因差异过大而不够调和。例如，一株雪松与一株毛白杨种在一起；一株圆柏与一株女贞种在一起；一株高大的乔木和一株灌木搭配或一株常绿树与落叶树相搭配，都会因为对比过于强烈而达不到好的效果。所以，2株树的平面布置应选用相同树种。但是2株同样大小的同种树搭配在一起，显得过于一致而呆板。所以相同树种的2株树的搭配最好在姿态、动势、大小上有较显著的差异，这样才能使2株树的搭配既有对比又能统一，显得生动、活泼（图5-48）。

5.3.1.2 3株树的种植

3株树的种植，在透视外观上形成了比较稳定的画面。最好3株为同一个树种或者外观相似的2种树种来搭配。如果选用外观差别十分大的2种树来配合，在感觉上形成了2个树丛。比如采用2株雪松和1株樱花搭配。3株配合中，如果用不同树种，为了保持比较的一致性，最好同是常绿树，或同是落叶树；同为乔木或同为灌木。如果选用3个不同树种（同科同属，相似树种除外）搭配成3株一丛，看起来会显得纷乱。

3株树的种植，种植点忌在同一直线上，也忌成等边三角形。3株树的种植点最好形成不等边三角形。尤其3株树为同一树种，在树木的规格大小、姿态上都要有对比。如果3株为2种不同树种时，在平面布置上需要注意对比与均衡。首先，2个树种大小相差不能太大。最好，距离较近的2株树为不同树种（图5-49），其中不等边三角形中距离较近两点上的树种为不同树种。

在具体种植搭配中，如果在1株高大乔木之下，种植2株灌木，如1株毛白杨搭配2株榆叶梅；或者在2株高大乔木之下，配植1株灌木，如2株悬铃木搭配1株麦李，都会由于体量差异太悬殊，对比过于强烈，而显得不调和，产生了构图不统一的问题。这3株植物虽然位置上在一起组成3株的小组，但是不能调和在一起。

5.3.1.3 4株树的种植

4株树的种植，最好为同一树种，最多为2种不同树种，而且必须同为乔木或灌木。如果应用3种以上的树种，或体量大小悬殊、乔灌木混用，则不宜调和；但如果是外观极相似的树木，则可以超过2种以上。

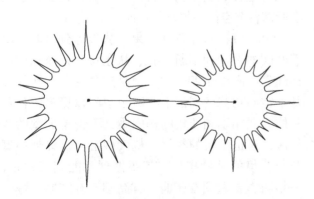

图5-48　2株树的种植

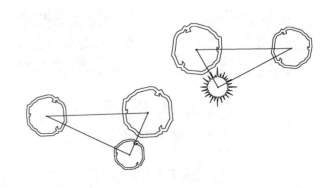

图5-49　3株树的种植

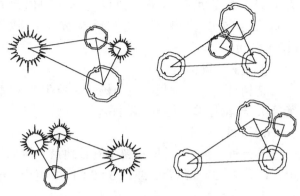

图5-50　4株树的种植

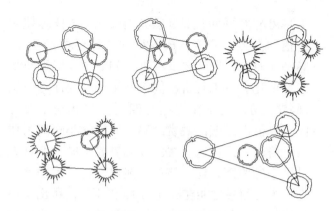

图5-51　5株树的种植

当4株同为1个树种时，在体量、姿态、大小、株距等方面要有所变化。并可以把4株树分为2组，成为3：1的组合，并且单独的一树种在4株中不能最大，也不能最小，它必须与其他一树种组成3株混交树丛。4株树种植，不能两两分组，更不要有任何3株树排成一条直线。其基本平面应为不等边四边形或不等边三角形（图5-50）。

5.3.1.4　5株树的种植

如果5株同为一个树种，可以同为乔木、同为灌木，同为常绿树、同为落叶树。每株树的体量、姿态、大小等都要不同。在5株种植中最理想的分组方式为3：2的3株和2株组成两组（图5-51）。

总之，树木的种植，株树越多越复杂，但分析起来，孤植1株和2株丛植是基本单元，数量增多后可以不断拆分成简单单元。3株由2株1株组成，4株由3株1株组成，5株则由1株4株或3株2株组成。由此类推，数量更多的树丛、树林也可以在种植过程中拆分、简化。其关键是在调和中要求对比和差异，差异太大时又要求调和。所以种植数量越少，树种越不能多。树种数量随着种植数量的增多而缓慢增多。

7株树丛：理想分组为5：2和4：3，树种不要超过3种以上。8株树丛：理想分组为5：3和2：6，树种不要超过4种。9株树丛：理想分组为3：6及5：4和2：7，树种最多不要超过4种。需要注意树丛的配植，在10~15株以内时，外形相差较大的树种，最好不要超过5种以上，但外形近似的树种可以适当增多。

5.3.2　树丛、树群的平面布置

5.3.2.1　树丛

树丛是指丛植的树木构成的一组树，是城市园林中最普遍的植物种植方式。一个树丛可由二三株至八九株同种或异种树木组成，其树种的选择、数量与间距，主要根据立意的要求，也包括使用功能和审美要求，并结合周围环境而定。因此，树丛的应用方式较为多样，如庇荫功能的树丛、观赏为主的树丛、视线诱导或者遮挡的树丛、配合建筑用来丰富立面形象的树丛等。属于观赏为主的树丛，可考虑将不同树种的乔木和灌木进行混交，也可以与宿根花卉相搭配，要注意不同树种在不同季节的形态、色彩的搭配关系以及层次背景的艺术构图等。属于蔽荫为主的树丛，大多数全由乔木树种组成，宜采用单一树种。庇荫树丛的林下，用草坪覆盖土面，树下可以设置天然山石作为坐石，或安置座椅。树丛之下，一般不得通过园路，园路只能在树丛与树丛之间通过。

丛植由于是其群体作为一个单元来对待，所以丛植和孤植既有相同之处也有不同之处。丛植与孤植相同之处在于都要考虑个体美，就是构成树丛的树木也要具有良好的姿态和好的观赏价值，不同之处则是丛植要考虑好株间、种间关系，要统筹群体美与个体美，总体来说个体美要服从于整体美的要求。

树丛的平面设计中要应用2株、3株等树木配植的要点，使得构成树丛的树种要相互穿插，其平面树冠投影线要具有进出和所围空间大小形态的变化。对于观赏功能树丛来说，要注意留出观赏空间，就是在树丛的四周，尤其是主要方向，要留出足够的观赏距离，通常最小距离为树高4倍以上，在这个视距以内，要空旷，但这只是最小的距离，还应该让人能够离得更远去欣赏它，主要面最远能在高度的10倍距离内留出空地是比较理想的。作为主景及对景的树丛，要有画意，在岛屿上，作为水景焦点的树丛，色彩宜鲜艳，以多用红叶树及花木为宜。

在道路交叉口、道路弯曲部分，作为屏障的树丛，既要美观，又要紧密，因而选用生长势强、生长繁茂的常绿树为宜。树丛的高度必须超过视点，树枝较密，可以有效地阻挡视线。

在自然式园林的进口或园林的局部进口两侧，在不对称建筑的门口两侧，也可用树丛对植，以诱导游人。

下面以屏障树丛及观赏树丛为例，说明平面布置及作图安排。

(1) 屏障树丛

屏障树丛一般安排在公园内广场终点，作为障景，目的是阻挡游人视线，不让园内景物一览无余地展现出来，达到欲扬先抑的效果（图5-52）。

①立意　屏障视线。

②树种选择　圆柏、毛白杨、锦带花（连翘、紫薇）、丰花月季、马蔺、草坪。

③作图

主景树安排　9株圆柏错落有致地植于树丛边缘，可以3∶3∶3组合，或以3∶3∶1∶2组合，绝不能等距离列植。

背景树设置　为增加层次，可于主景树后列植叶色较浅的毛白杨或绦柳。

配景树点缀　配景树的点缀有多种选择，可于主景树前种植几株低矮的花色亮丽、花期较长的花灌木，如锦带花或连翘或紫薇等，也可以在草坪边缘栽植丰花月季或时令花卉形成花带，而在草坪一侧埋小块卧石，石旁植以马蔺点缀。

④效果分析　背景为屏，主景连贯，前景统一，常绿中有花木色彩，草坪空间留出观赏视距，简洁大方。

(2) 观赏树丛

观赏树丛常于草坪边、树林外缘、园路交叉口等地布置，游人近距离观赏，树丛的季相美、树种的个体美及组合成丛的群体美都是考虑之要点（图5-53）。

①立意　春光明媚。

②树种选择　油松、龙须柳、碧桃、连翘、平枝栒子、草坪。

③作图

主景树　4株龙须柳以3∶1布置点题。7株碧桃左2右5栽于外围全光下，点题。

配景树　油松3株放于中心位置，增加冬季景观。

连翘8株、平枝栒子14株连接于乔木之间，形成整体，再次点题。

④效果分析　突出一季，兼顾三季，高低错落，疏密有致，春光明媚，色彩宜人。

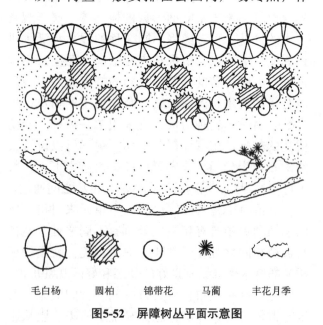

图5-52　屏障树丛平面示意图

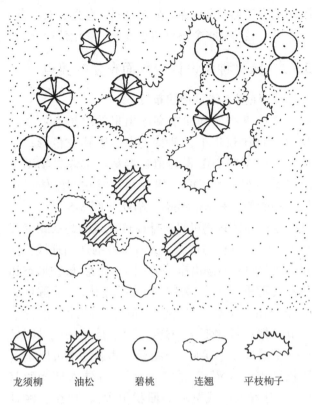

图5-53 观赏树丛平面示意图

（龙须柳　油松　碧桃　连翘　平枝栒子）

5.3.2.2 树群

树群是指由二三十株以上七八十株以下的乔灌木组成的人工群落，可以分为单纯树群和混交树群两类。单纯树群由一种树木组成，混交树群是指由两种以上的树种组成的树群，在树群中可用阴性宿根花卉为地被植物。混交树群是应用的主要形式。

树群主要表现为群体美，像孤立树和树丛一样，是构图上的主景之一，因此树群应该布置在有足够距离的开阔场地上。例如，靠近林缘的大草坪上，宽广的林中空地，水中的小岛屿上，有宽广水面的水滨，小山山坡上，土丘上。在树群的主要立面的前方，至少在树群高度的4倍、树群宽度的1.5倍以上距离，要留出空地，以便游人欣赏。

树群在构图上的要求是四面空旷，树群内的每株树木，在群体的外貌上都要起一定的作用，也就是每株树木，都要能被观赏者看到，所以树

群的规模不宜太大。规模太大，在构图上不经济，因为郁闭的树群的立地内是不允许游人进入的，许多树木互相遮掩难以看到，对于土地的使用也不经济，所以树群的规模一般其长度和宽度在50m以下，特别巨大乔木组成的树群可以更大些。树群一般不作庇荫之用，因为树群内部采取郁闭和成层的结合，游人无法进入，但树群的北面，开展树冠之下的林缘部分，仍然可供庇荫休息之用。

树群组合的基本原则：从高度来讲乔木层应该分布在中央，亚乔木层在外缘，大灌木、小灌木在更外缘，这样可以不致互相遮掩，但是其任何方向的断面，不能像金字塔那样机械，应该像山峰那样起伏有致，同时在树群的某些外缘可以配置一两个树丛及几株孤立木。

对树木的观赏性质来讲，常绿树应该在中央，可以作为背景，落叶树在外缘，叶色及花色华丽的植物在更外缘，主要原则是为了互不遮掩，但是构图仍然要打破这种机械的排列，只要能够做到主要场合互不遮掩即可，这样可以使构图活泼。

树群外缘轮廓的垂直投影，要有丰富的曲折变化。其平面的纵轴和横轴切忌相等，要有差异，但是纵轴和横轴的差异也不宜太大，一般差异最好不超过1∶3。树群外缘，仅仅依靠树群的变化是不够的，还应该在附近配上一两处小树丛，这样构图就格外活泼。

树群的栽植地标高，最好比外围的草地或道路高出一些，能形成向四面倾斜的土丘，以利排水。同时在构图上也显得突出一些。树群内植物的栽植距离也要各不相等要有疏密变化。任何3株树不要在一直线上，要构成不等边三角形，切忌成行、成排、成带的栽植，常绿、落叶、观叶、观花的树木，其混交的组合，不可用带状混交，又因面积不大，也不可用片状、块状混交。应用复层混交及小块状混交与点状混交相结合的方式。小块状是指2~5株的结合，点状是指单株。

现在许多城市园林中的树群通常中央是乔木，周边就围一圈连续的灌木，灌木之外再围一圈宽度相等的连续的花带。这种带状混交，其构图不

能反映自然植物群落典型的天然错落之美，没有生动的节奏，显得机械刻板，同时也不符合植物的生态要求，管理养护困难。因此，树群外围栽植的灌木及花卉，要丛状分布，要有断续，不能排列成带状，各层树木的分布也要有断续起伏，树群下方的多年生草本花卉，也要呈丛状或群状分布，要与草地呈点状和块状混交，外缘要交叉错综，且有断有续。

树群中树木栽植的距离，不能根据成年树木树冠的大小来计算。要考虑水平郁闭和垂直郁闭，各层树木要相互庇覆交叉，形成郁闭的林冠。同一层的树木郁闭度在 0.3~0.6 较好。疏密应该有变化，由于树群的组合，四周空旷，又有起伏断续，因此边缘部分的树冠仍然能够正常扩展，但是中央部分及密集部分形成郁闭；耐阴植物可以在喜光植物树冠之下时，树冠就可以互相垂叠庇覆。

以北京树群设计为例（图 5-54），第一层大乔木为喜光的青杨，最高可达 30m，4 月初最先发叶。第二层亚乔木有 3 种：平基槭，半阴性，秋季红叶；'白碧'桃、'红碧'桃，4 月中下旬开花，喜温暖小气候，喜光；山楂，半阴性，6 月开白花，10 月果红。第三层为落叶灌木：重瓣榆叶梅，4 月上旬开红花，喜光；忍冬，耐阴，常绿藤本灌木，6~7 月开黄白花，有芳香；紫枝忍冬，落叶灌木，5~6 月开紫红花。其中的白皮松近期作为第三层的常绿灌木应用，20 余年后，可以上升为第二层的小乔木，至 80 余年后与平基槭同为第一层大乔木，而青杨及其余小乔木与灌木已全部衰老，需要全部更替，树群下的草本地面覆盖植物，

耐阴的有玉簪、金针菜、荷包牡丹，喜光的有芍药、荷兰菊。这样，整个树群自春至秋，季相荣落交替。

5.3.3 园林种植设计中平面布置的要点

(1) 注意主体景物的布置

主体景物从画面中突出出来的方法有：居于少数而且比较集中；独特姿态、质感或色彩；主体景物是个精心配置的植物群丛。主体景物不一定只有一组，可以两三组并存；但它们的体量和形态不能相同相等，要有主有次（图5-55）。

这些主体景物可以安排在透视线的终点或交叉点上、成片树林的边缘、大片草坪的适当地段、林间空地四周或河湖沿岸等地（图5-56）。植物形态和色彩会随季节的推移产生很大的变化，最醒目的植株会相继交替。因此，最好的设计是把各个季节的精彩景物汇于一处，而不是在一处景区只在一个时期丰盛美丽。注意主体景物也可以是由植物装点的池沼、溪谷、小径或佳木环绕的草坪。但若水面或草坪的面积很大，则在这些景

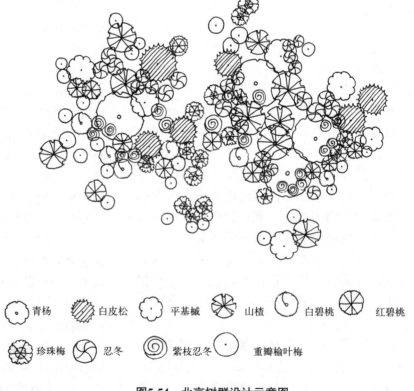

图5-54 北京树群设计示意图

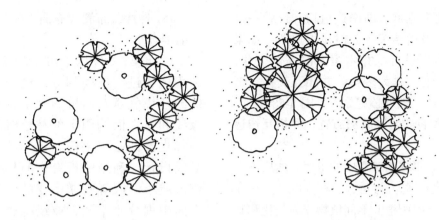

图5-55 不同元素比例相近，主体不突出（左）；主体元素突出而成为主景（右）

图5-56 空间主景的处理手法

物之中还要再设主体景物。有些主体景物也可以由植物与建筑或山石、雕塑作品等有机结合。

与主体景物相对应的一般林木可以由单一树种组成，也可以由多种植物混合而成。对它们的要求主要是在观赏主体景物的同一季节里没有引人注目的突出目标以致喧宾夺主。如果主体景物的界限轮廓鲜明，其他树木就应轮廓散淡而相互交融；如果前者质地浓密，后者就应该疏朗；如果前者色彩艳丽，后者应均匀淡雅。

(2) 植物布置不能平均而分散，要注意成组成团进行布置，做到疏密变化的平面关系

植物种植过于分散而平均会形成单调而缺乏变化的空间，在视觉和体验上都没有美感，其根本原因是这种布置缺乏对比和突出重点。而当植物配置做到疏密关系的变化时，平面和空间上就会产生对比变化，从而丰富空间的体验，同时利用这种疏密的对比关系，也容易体现出设计的重点（图5-57）。

(3) 植物布置不能过分线形化，而要形成一定群体以及厚度

带状或线性的种植方式适合于特定的环境，如线性的道路、河流两侧较窄地段的种植；而对于园林绿地来说，种植一定要体现出群体效果，也就是在空间上一组植物材料要组成具有厚度的种植群体，形成一定的体量感。具体而言就是植物的配置要在前后左右4个方向上展开，而不是仅仅在左右方向上延展。湖岸边植树，仅就一排柳树绕湖一周，虽简洁整齐，但显得单调，如果增加树种，有常绿落叶、乔木灌木的高低变化，还显单薄，那么变一排为多排，并相互交错，形成具有厚度的整体，效果必定显著（图5-58）。

(4) 不同植物种类宜以成组布置，并相互渗透融合

同种植物应该形成相对集中的组团，然后不同组团之间相互融合、相互渗透，这样在既产生秩序的同时，又能够产生配植上不同植物立面变化和其他观赏特性的变化，这一点在自然界中也可以观察到，就是在一片自然林中往往同种植物相对集中，不同植物种类成片相交，在其相交边缘地带，可以进行适当的混交，产生种间过渡（图5-59）。

(5) 林缘线布置要有曲折变化感，从而形成变化的围合空间

设计园林植物空间的创作是根据地形条件，利用植物进行空间划分，创造出某一景观或特殊的环境气氛。而植物配植在平面构图上的林缘线和在立面构图上的林冠线的设计，是实现园林立意的必要手段。相同面积的地段经过林缘线设计，利用曲折变化的林缘线可以划分成或大或小、或规则或多变的空间形态；或在大空间中划分小空间，或组织透景线，增加空间的景深。林缘线的曲折变化可以有效地加强景深，增加空间的神秘感。在林缘线设计中如果仅是简单地处理成整齐的线性，将会使得空间缺乏前后的变化，也会形成呆板的景观效果。

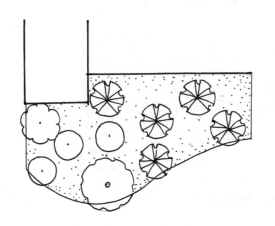
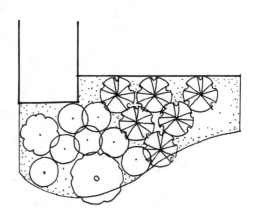

图5-57　植物布置要成丛搭配

图5-58　线形种植较为单调（左）；具有厚度的种植方式效果丰富（右）

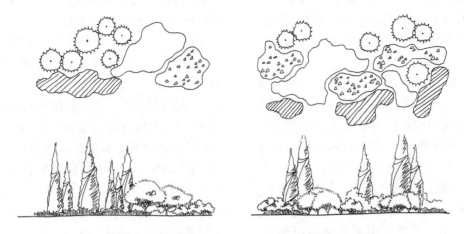

图5-59 植物配植中同种树种成组成团相互渗透穿插

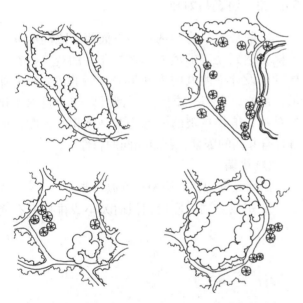

图5-60 林缘线曲折变化的处理产生多样化的空间

如图 5-60 所示，不同的林缘线处理方式形成了不同的空间感受。

5.4 园林种植设计的立面构图

园林种植设计成功与否，除了空间上安排合理、平面上布置精细外，还要求植物景观"立"起来以后的立面效果优美如画，使人产生美感。要做到立面构图优美如画，就应遵循一些美学原则。

5.4.1 立面构图的美学原则

5.4.1.1 统一与变化

园林种植设计立面构图中应用统一的原则是指种植设计中的植物，其树形、体量、色彩、线条、形式、质感、风格等，要求有一定程度的相似性或一致性，给人以统一的感觉。由于一致性的程度不同，引起统一感的强弱也不同。十分相似的一些植物组成的园林景观产生整齐、庄严、肃穆的感觉，但过分一致又觉呆板、郁闷、单调。所以园林中常要求统一中有变化，或是变化中有统一，这就是"多样统一"的原则。纪念公园、陵园、墓园、寺庙等场所，常在主干道两旁种植成列的松柏树，使人肃然起敬，产生一种庄严的统一感。如北京天坛东门入口甬道、卧佛寺山门外都是如此。至于其他性质的公共园林就不需要过多的形式统一，而要求变化中的统一。

种植设计可以通过以下方式来创造统一感。

①树木种类的统一 在种植设计之初就要决定采用何种树种作为基调树，是槐树，还是枫杨，或是两种树的结合，这样在整个大的种植区域中，树木形成统一的基调。

②树种观赏性的统一 选择树形相同或相近

的树种形成观赏立面；或者选择同属不同种类，甚至不同品种的材料种植成的树丛；花色相同的植物材料组成的观赏立面等都符合观赏性统一的范畴。

变化是统一的反面，在统一的基础上变化才不致零乱。变化程度过大就会失去统一。北京郊区永定河上著名的卢沟桥，石栏杆上刻有变化丰富的各种不同大小石狮子。它的材料统一、高矮统一、柱头上一个大狮子也是统一的，可以变化的范围是大狮子周围小狮子的数量、位置和姿态等，匠师们极尽智巧，使每个柱头上大小狮子的造型变化无穷，在坚持统一中求变化的原则下，创作出十分惊人的艺术品，受到中外人士的高度评价。种植设计中绝对的统一，一般是指选用同一树种进行配植（图5-61），所以前面所指的观赏性统一，很大程度上是相对而论。树形相同，可以种类不同，进而带来观赏性的差异，玉兰、望春玉兰同是木兰科木兰属的植物，树形很近似，但是花色不同而且花期有先后，花后叶片形状不同，用以上两种植物材料组成观赏树丛，就是一种有变化的统一。

园林中的变化是产生美感的重要途径，通过变化才使园林美具有协调、对比、韵律、节奏、联系、分隔、开朗、封闭……许许多多造型艺术的表现手法，都符合这些原则和方法，所以说"统一变化"的原则是其他原则的理论基础，在种植设计立面构图中，一定要让各要素在某些因素统一的前提下，进行一等程度的变化，这样才能组成丰富的植物立面效果。

种植设计时，园中的植物材料有几十种、上百种，以达到春花、夏叶、秋实、冬干的效果。各景区景观各异，丰富多彩，特色鲜明，变化多端，但它们都统一在园子的基调树种下。如颐和园各殿堂中植有海棠、玉兰、牡丹、'龙爪'槐、楸树、竹等，但都统一于松柏。紫竹院公园植物材料更为丰富，草坪、疏林、密林、树丛、树群变化多样，但还是统一在竹的特色树种上。

5.4.1.2 协调与对比

协调是指事物和现象各方面相互之间的联系与配合达到完美的境界和多样化中的统一。在园林种植设计中协调的表现是多方面的，如植物体量、色彩、姿态、质感等，都可以作为要求协调的对象。植物景观的相互协调必须相互关联，而且含有共同的因素，甚至相同的属性。

（1）协调

协调又分为相似协调和近似协调。

①相似协调　形状相似而大小或排列上有变

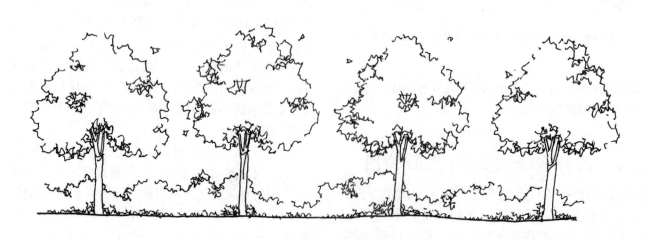

图5-61　由同一树种构成的统一

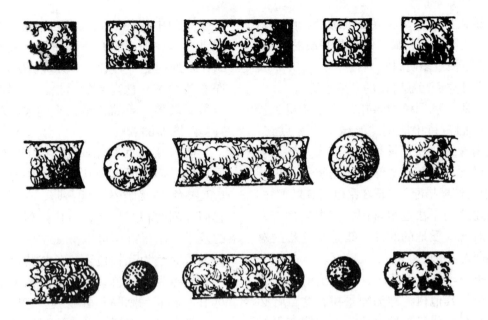

图5-62 相似协调（上：形状相似；中、下：形状不同，端头进行适当处理）

化称为相似协调。当一个园景的组成部分重复出现，如果在相似的基础上变化，即可以产生协调感。例如，一个大圆的花坛中排列一些小圆的花卉图案和圆形的水池等，即产生一种协调感。如每年天安门国庆中心花坛就有这种效果。两种体形不同而重复出现的结果，虽显得变化丰富而要形成协调就要进行适当的端头处理（图5-62）。

②近似协调　两种近似的体形重复出现，可以使变化更为丰富并有协调感。如方形与长方形的变化，圆形与椭圆形的变化都是近似协调。

以上两种比较起来，后者更为常用而且富于变化。自然式的园林中蕴藏着许多美景，如果细加分析，其中确有许许多多近似的协调，植物叶片之间大同小异，本身就是一个近似协调的整体，枝条的开张度和匀称的分布形成整个树冠的体形轮廓，它与附近的同种树木又形成近似的协调。一片松林、竹林为什么如此引人入胜，主要是存在着令人悦服的协调感。再加上小河蜿蜒，与它嵌合的小路迂回地伴随，也使人陷入协调的美感之中。

园林种植设计运用植物的色彩、姿态、质感、体量进行设计时，都可以用同一色相、类似色相、相似姿态或近似质感、体量来达到协调，体现简洁、大方、朴素的艺术效果。丁香专类园中，选择大量不同种类、品种的丁香属植物，尽管它们在叶形、株型、叶大小、株高矮等方面各有不同，但其素雅的花色、优美的花序、花形，达到了整体的相似和一致，这就是协调的极好体现。

(2) 对比

对比的形成是差异大的变化结果，由于差异大而失去了协调，走向了另一个极端而成对比。所以从协调到对比是不同程度的变化。

园林中可以从许多方面形成对比，如体形、体量、方向、开合、明暗、虚实、色彩、质感等，都能在园林设计者的笔下形成园景的对比，虽然如此，对比的手法却不能多用。

对比的作用一般是为了突出表现某一个景点或景观，使之鲜明、显著、引人注目。其他艺术理论中常提醒人们"对比手法用得频繁等于不用"，种植设计也不例外。对比引起的感觉是激动、强烈、浓重、兴奋、突然、崇高、仰慕等。园林树丛中的主景树，必须用对比的手法加以突出而明确主题，但如果同一视野范围内产生的对比太多，反而不能使游人感到激动、兴奋或惊奇，因为对比太多，使人无暇反应，最终结果是平淡的效果，所以对比手法不便过多使用。

① 种植设计立面形成对比的常用手法

烘托的手法 利用植物烘托植物容易得到较好的效果。中国古诗中所谓"万绿丛中一点红"的意境经常用常绿树作背景衬托花灌木，体形色彩均能产生对比，尤其以常绿树衬托常年红色叶植物（如圆柏与红枫搭配）或开红花植物效果很好。以植物烘托建筑的手法也很常用，其中包含着人工与自然的对比，质地的对比，线条、色彩的对比等，烘托的效果极好。

优势的手法 植物群落中，被突出的景物树种常称主景树，其他树种称为配景树，这二者必定有一方占有绝对优势，显著地突出才能获得对比的效果。但优势主体树不一定以面积和数量来表现，如果色彩鲜明或位置高耸也可能形成优势。作为配景树的一方，它的树形或色彩等内容要有最大限度的统一。内部协调，才能隽永地为主景树服务。例如，松、竹、梅岁寒三友的树丛配植，以梅花作为主景，松、竹为背景和配景，这两种植物皆为常绿树种，在冬季以绿色来衬托出梅花的美感。

② 树丛立面构成中构成对比的因素 在树丛立面构成中能够构成对比的因素有很多，常被使用的有：

姿态对比的手法 姿态对人的视觉影响很大，而不同的树种具有不同的姿态。一般而言，姿态有12种，大体可分为有方向性和无方向性两大类。有方向性的如圆锥形、圆柱形、伞形、垂枝形；无方向性的如圆球形、曲枝形等，由于姿态给人的视觉影响面比较大，可以利用不同姿态的组合，如通过钻天杨的竖向与合欢的横向对比，圆柏的尖塔形与沙地柏等水平展开的对比，从而可以达到突出主题或者改善视觉景观的目的（图5-63、图5-64）。

体量对比的手法 体量是一个物体在空间的大小和体积。植物的体量决定于植物的种类，乔木体量最大，而地被类则体量较小。由于体量在一个空间中往往给人以重要印象，因此，在种植设计中，往往把具有不同体量的植物以对比的方式来形成视觉中心。如一条婉蜒曲折的园路两旁，路右若种植一株高大的雪松，则邻近的左侧须植以数量较多，单株体量较小的成丛花灌木，以求均衡（图5-65）。

色彩对比的手法 色彩构图中红、黄、蓝三原色中任何一原色同其他两原色混合成的间色组成互补色，从而产生一明一暗、一冷一热的对比色。它们并列时相互排斥，对比强烈，呈现跳跃新鲜的效果。用得好，可以突出主题，烘托气氛。如红色与绿色为互补色，黄色与紫色为互补色，蓝色和橙色为互补色。我国造园艺术中常用"万绿丛中一点红"来进行强调就是一例。

质感对比的手法 质感是由植物枝条的粗细、叶的大小、生长的密度、干的光滑与粗糙等

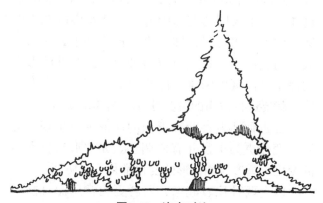

图5-63 姿态对比

图5-64 雪松圆锥形树冠与广玉兰卵圆形树冠对比

图5-65 体量对比形成视觉中心

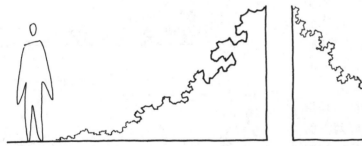 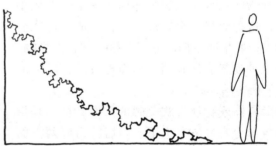

图5-66 质感对比产生不同的空间距离感（左：粗质感离人远产生拉近距离感；右：细质感种植远离人，可以产生增大距离感）

所给人的综合感受。植物有粗质、中质、细质之分，不同质地给人以不同的感觉。不同质感的植物搭配对空间的大小及主题的表达也有影响，合理运用质感间的对比和调和及渐变是设计中常用的手法。枝干纤细、叶片细小等植物所形成的质感是细腻、亲切，从而有一种拉近人的距离的感受；而叶片粗大、枝干粗壮的植物则给人以粗犷感、距离感（图5-66）。当具有不同质感的植物材料在设计中出现，如南方的八角金盘粗大叶片和小叶女贞的柔软、细小的质感配植在一起，能形成视感的冲击。

当然，以上所列手法经常混合使用，如常绿植物圆柏、黄杨、沙地柏等组成的树丛，同时具有形态尖塔形与圆球形、匍匐形的对比，同时又具有叶色的对比如翠绿与暗绿以及体量的对比（高大的乔木与灌木），使树丛立面效果达到协调、对比的高度统一。

5.4.1.3 动势与均衡

动势是一种物体自然或机械的动作或状态。

一幅构图通常是由几个焦点甚至以单个焦点组成，所有其他因素在视觉上都与这些焦点发生某些联系，使视觉点与所视焦点之间处于一种静态因素与动态因素之间的状态，这里似乎存在着一种"动"与"静"之间和谐的共处关系。动势的营造是调动游人视觉趣味的有效手段之一。

园林种植设计中植物的动势有两种情况。一种以具有柔软枝条的植物，如垂柳，当风吹过时，枝条舞动，产生动态美感；另一种在更多情况下，植物种植以后不会有明显的位置移动，但由于视觉心理的作用，在某种情况下，特定状态的植物也会产生某种动势，给人某种动的感觉，包括动势的方向感、力量感等，从而影响构图的形式美。比如水岸边所植树木，经过若干年的生长总会产生一定的向水性，其枝干自然而然向水面倾斜，从而形成了一种动势的感觉。

对于种植立面组合的多株植物而言，较小植物所处的位置，即是这组植物的动势指向，如果沿着这种指向在较小植物个体前再种植一株更小的植物，这种动势就会更加强烈，形成一边倒的动势形式；如果在指向的方向种植一株较大植物，则会使这种动势有所抵消，从而构成某种动势的均衡或平衡（图5-67）。

均衡是体现物体形式美感的重要特征，是指物体的各部分在左右、上下、前后等对应两方面的布局，其形状、距离、质量、大小、价值等诸要素的总和处于对应相等的状态。均衡就是平衡和稳定，在种植设计立面构成中影响均衡的主要因素有物体体量的大小、质感的粗与细、色彩的色相及其浓与淡等因素。均衡在园林的整体、局部空间中立面的构成上都存在。它有两种形式，一种是对称。对称在自然界中有两种形式，一是两侧对称，如植物的对生叶、羽状复叶等；二是辐射对称，如菊花头状花序上的轮生舌状花等。引起对称感的实体常为一对相同属性的物质，给人的感觉是具体的、严格的，甚至是生硬的，这种同属性物质造成的对称有时又称为平衡或均衡（图5-68）。如中国古典园林大门口立面布置一对狮子再对植槐树等。另一种是非对称的平衡（均衡），不是由于种类、大小、数量等严格对称而形成的平衡，它是通过人的心理，对不同物体的大小、形态、质感、多少等因素进行综合形成的平衡感，是一种感觉上的均衡（图5-69）。

形成均衡的要点：

① 必须有一个视点或视点连成的轴线，在这个点或线上欣赏才能感到对称均衡的美，这一条线可能是一条道路，或一个透视夹景，也可能是一条虚无的视线。

② 对称的景物两者必须保持一定的距离，恰在视点或轴线的左右。这两组景物的形象、色彩、质感分量，无论是集体或个体，要给人以基本相等的感觉才算是成功的对称均衡。

③ 相互对称的两组景物质感与量感完全相同

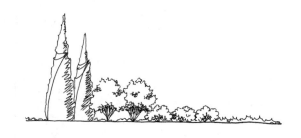

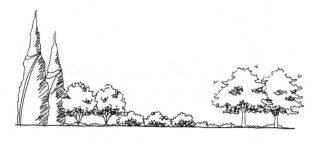

图5-67 动势与均衡（上：种植产生向低矮植物一侧的动势；下：由于右侧种植有较大植物，产生动势均衡）

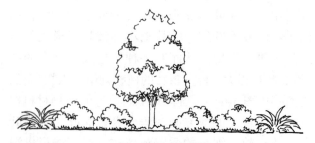

图5-68 对称平衡

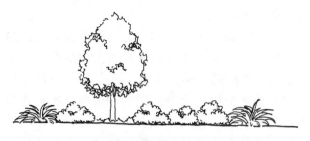
图5-69 非对称平衡

的情况称为"绝对对称",它给人以庄严、肃穆、稳定、整齐的感觉,但在植物材料上须要通过对同种植物的整形修剪来达到。另一种方式是两组景物的外表轮廓相似,而内容和实质并不相同,远望有平衡感,近看并不一样,在整体上用了虚实不同的手法达到平衡感的产生。如天安门广场上人民大会堂与历史博物馆就是属于"相对对称"的实例。种植设计立面中可以用同样姿态、体量的近似种或同种的不同品种,形成立面的相对对称。

④对于一个单体的景物给人孤赏,如一组假山、一个雕像、一组景墙等,也要讲求均衡,如果在视轴上欣赏,左右的成分相同,是近乎绝对对称引起的平衡感,又称为"对称平衡",效果虽庄严但可能呆板。另一种虽不对称但也给人以平衡感。这在雕塑艺术中是一个很高的要求,称为"不对称的均衡"。在整形式园林中大量出现对称均衡的立面构成,如西方的模纹花坛,文艺复兴时代曾风靡一时。在自然式园林中则讲求不对称均衡,又称"神秘的平衡"。以不同的景物给人以平衡的感觉,这种空间构图要求有较高的艺术性。

⑤综合形成平衡感的手法。这种均衡感的形成是包括姿态、质感、色彩、体量等多种性质综合形成的感受。一块顽石可以平衡一个树丛,体形上的差异虽然很大,但人的感知上却觉得平衡,这是因为人们经验上都熟悉石头很重,对石头有一种重量感;一丛树木枝叶扶疏给人以轻快感,本来石与树丛是不平衡的,但经过园林艺术家的权衡运筹之后,石头不多放,树木成丛种植,结果感觉上的分量均衡的。再如自然式园林中起伏的地形与山石树木组合在一起形成视觉上的平衡,这是不同景物相互间的平衡,需要设计师细心安排。这一类权衡轻重的复杂艺术常称为"综合均衡"。人们在不知不觉中感到眼前的图像有一种自然的均衡感,那就十分成功了。

对称是最容易形成平衡的方法,由两个因素组成(如两个狮子),它们之间必定保持着一定的距离,但两者之间仍保持着相互的引力和张力,关系上既密切又强烈,暗中结成一体,它们之间的空间也被吸引在一起。如果单独欣赏其中一半似乎是平静的,其实相互之间是紧张而活跃的,因为这一半要靠另一半才能形成对称,两者之间有一个统一的关系,缺一不可。为了便于加深认识对称的运用,需注意下面事项:

①自然式园林中只能应用不对称的平衡,这是难度比较大的布置艺术。人工美不能离开真实,模仿自然就必须采用自然物,将树木山石组合在一起。但由于质感与量感是错综复杂的,而且人们看自然界中的自然物并不处处去衡量,也很少注意眼前的景物是否左右平衡。不平衡是经常的现象,平衡是偶然的。所以人工布置一个理想的有对称平衡感的景物也不必过多,仅在必要的景点上和游人可能停留的地方加以推敲。一个景物的个体美(如一株古拙的松柏)不一定十分对称,需要配上其他的景物加以均衡,才形成一组景物的综合平衡。这种组合的线条与色彩也不能失去统一协调的原则。其中的画意就非笔墨所能阐述了。

②画家或风景艺术师们具有的鉴赏力,使他们很容易在对称景物的空间中捕捉到这种对称美。反之,一般游人很可能视而不见。所以帝王园林为了显示威严,将对称的景物总是安放在大门口、入口道路两旁、桥头等先入为主的地方。除此之外,设计师又想出一些方法,引导游人注意力去欣赏对称的序列。例如,用浓重的背景衬托对称的景物;用封闭或环抱而后豁然开朗的方法凸显对称景物;用列植树木形成夹景,将对称景物放在端头的方法等,这些都需要我们要以古为今用的精神取其精华。

③游人的欣赏能力十分复杂,设计者精心构思的一些景观,未必能引起游人注意。尤其自然式园林,只能各取所需,在较大的空间想要得到

局部的对称平衡十分困难。中国画论中"六法"的一法为"经营位置",指画面上的安排,这是静观情况下看画的评论标准。但园中游人对景物的欣赏有视点的远近、质感的强弱、色彩的浓淡等,每个人的感受不同。总而言之,自然景观的对称与平衡值得注意推敲,但质量与效果是难以满足每一个游人的审美需求的。

④一个信步游览的人,并没有要求视觉的平衡,园内也不可能到处都给人以平衡感,平衡只能是偶然的、局部的。所以自然式园林中不对称的设计应占绝大部分。这些不对称的景物可能更接近自然,因为这里摆脱了人为的、生硬的、机械的对称,到处都能发挥自然风景的特点,游览者十分自由,视线可以到处"扫描",不受对称或平衡的约束,远远胜过定点定线去欣赏那些呆板的对称。

据国外的调查资料,许多闻名世界的大教堂广场就不对称,如威尼斯的圣马可广场。中国的圆明园被西方造园学家认为是举世无双的不对称的典型。总而言之,对称与平衡无疑是一种园林艺术的造型原则,但应用上只能在建筑物附近,为了显示严整、肃穆、雄伟、豪华而少量点缀一下是可以的,有时也是不可少的。目前世界上的趋势是,对称与平衡在园林中应用已经不太受到重视。

5.4.1.4 节奏与韵律

自然界和人类生活中普遍存在着节奏,人类有着自觉和天生的对节奏的审美需求和审美能力。例如,诗词要有韵律,音乐要有节奏,"节奏""韵律"在原来的希腊文都是一个字即rhythmos,西方文字也都差不多是同一个字。它的原意是指艺术作品中的可比成分连续不断交替出现而产生的美感。节奏产生有两个基本条件:一是对比或对立因素的存在;二是这种对比有规律的重复。节奏有快速、慢速及明快、沉稳之分。当序列中的节奏产生变化,且有一定规律,又符合审美规律时,便产生了韵律。韵律是节奏的较高级形态,是不同的节奏和序列的巧妙结合。节奏与韵律是多样统一这个原则的引申,除诗和音乐之外,已广泛应用在建筑、雕塑、园林等造型艺术方面。

至于园林艺术的韵律,更具有十分复杂的内容,设计者要从许多方面来探索韵律的产生,从而引起人们的韵律感。所谓"韵律感",有些是可见的,如2个树种交替使用的行道树;还有些是不可见的,在可比成分比较多,互相交替并不十分规则的情况下,其中的韵律感像一组管弦乐合奏的交响乐那样难以捉摸。如山水花草树木组成的风景就是如此,其中复杂的韵律感是十分含蓄的(图5-70)。

植物景观是获得植物有机体组成的立体画面,恰当地运用植物材料进行合理的配植,可形成丰富而含蓄的韵律感,使人产生愉悦的审美感觉(图5-71)。"杭州西湖六吊桥,一枝杨柳一枝桃"就是讲每当阳春三月,苏堤上红绿相间的垂柳和桃花排列产生出活泼跳动的"交替规律"。把植物按高低错落作不规则重复,花期按季节而此起彼落,让人们全年欣赏,而高低、色彩、季相都在交错变化之中,就如同演奏一曲交响乐,韵律无穷;在大面积树丛、树林的种植中,其本身在平面上有进有退的林缘线,再加上富有变化的林冠线,这样才更能突出表现起伏曲折的韵律美。园林景物中连续重复的部分,作规则形的逐级增减变化还会形成"渐变韵律",如植物群落布置逐渐由密变疏、由高变低,色彩由浓变淡可获得调和的韵律感。

还需注意在种植立面中,韵律节奏不能有过多、过快的变化,变化过多必然产生杂乱,这一点又服从于统一变化的美学原则。

一种树等距离排列称为"简单韵律",此排列比较单调且装饰效果不大;两种树木相间排列称为"交替韵律",此排列略显活泼,尤其是一种乔木及一种花灌木的相间排列(图5-72)。如果3种植物或更多一些植物交替排列,会获得更丰富的韵律感。人工修剪的绿篱可以剪成各种形式,如方形起伏的城垛状、弧形起伏的波浪状、平直加上尖塔形半圆或球形等,如同绿色的墙壁,形成一种"形状韵律"。在杭州用倒卵叶石楠作绿篱,春秋两季嫩梢变红,这种随季节发生色彩的韵律

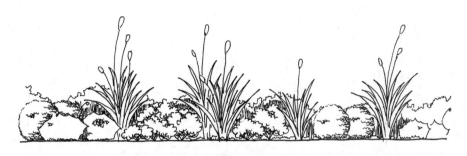

图5-70　花草自然种植产生的韵律感

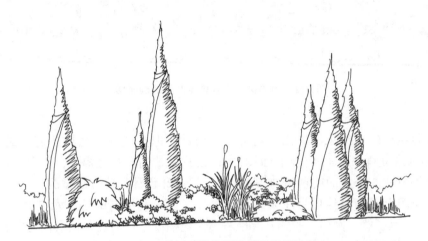

图5-71　不同树形植物配植产生的韵律感

变化，称为"季相韵律"。

另外，花坛的形状变化，其中还有植物内容的变化、色彩及排列纹样的变化，结合起来是花园内最富有韵律感的布置。欧洲文艺复兴时期大面积使用图案式花坛，给人以强烈的韵律感。另外一种称为"花境"，植物的种类不多，按高矮错落作不规则的重复，花期按季节而此起彼落，全年景观不绝，其中高矮、色彩、季相都在交叉变化之中，如同一曲交响乐，韵律感十分丰富。还有一种灌木花境，是用比较大型的、以灌木为主的丛植法构成的"灌木花境"，其中有各种不同的灌木，互相衔接密植，但有高矮错落，如同材料丰富的"花境"一样，其中可以点缀少数小乔木。依视线的方向，矮灌木在前、高灌木在后，小乔木在最后作背景，形成层次。其特点是突出以群体美为主的成片灌木，这种集中栽植往往沿着道路或墙垣延长下去。地面不留空隙，给人以一种局部有节奏、韵律又成整体的感觉。

水岸边种植木芙蓉、夹竹桃、杜鹃花等，倒影成双，一虚一实形成韵律。一片林木，树冠形成起伏的林冠线，与青天白云相映，风起树摇，林冠线随风流动也是一种韵律。植物体叶片、花瓣、枝条的重复出现也是一种协调的韵律，园林植物产生的丰富韵律取之不尽。

5.4.2　园林种植设计立面构图的方法与要点

5.4.2.1　立面构图的方法

(1) 立面衬托法

树丛的设计，纳尔逊 (W. R. Nelson) 提出"立面衬托法"。此方法主要是先画出一定比例尺的平面设计，然后在资料中查明每个树种成长后的高度和冠幅，以同一个比例画出方块状立面图，按排列的次序前后遮掩的实际情况表示出层次来。

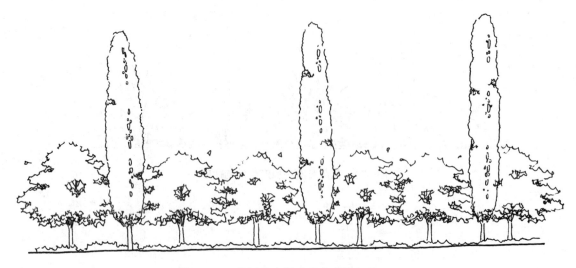

图5-72 两种树种交替种植产生的韵律感

所取得的立面是对着主要的视线来源方面；也可以将两侧及反面都画成立面图，再结合平面图，这个树丛的效果就可以从5个方面的图纸来观察调整。在立面的方块图上用简单的代号注明植物的质感和颜色，可以一目了然。例如，质感（指叶片构成的整体外观）的代表符号：C—粗糙的，F—细致的，M—中等的，凭视觉的评价，如果有中间型的用MF、MC等表示。

叶的颜色（指各种程度的绿色）：种类较多，如EG—艳绿色，YG—黄绿色，GG—灰绿色，BG—墨绿色，RG—红绿色，BlG—蓝绿色。以上各种绿色如果有光泽前面加L（light），如LYG即代表亮黄绿色。如果颜色发暗，前面加D字，如DBG即表示暗墨绿色。不光不暗的中间型即加M。以上的质感与颜色均写在方块的上方如MF／DEG，即表示该树的质感为中等细致，颜色为暗艳绿色。这样的表示方法，全部称为"立面衬托法"（图5-73）。该方法的优点：①比较简单；②人的视觉对立体或立面的感觉非常敏感，从一般的平面图上不容易发现问题，有了这个方法便于考核设计的效果；③利用这种图解法立即可以看出，在主要视点上能否达到树木不多，但有层次感、互不遮掩、高矮有序的要求；④从简单的代表字母可以知道色彩及质感，也便于评价这个树丛的

设计。但是这种方法要备有大量资料，提供成年后树木的高矮及冠幅等，否则这张图难以制成。

(2) 设计具体方法举例

要求利用新疆杨、元宝枫、山楂、平枝栒子、沙地柏设计一个观春秋景色为主的树丛。

①根据立意或主题选择主景树　首先分析树种的姿态、体量、色彩、质感等观赏特性。这些树种中以乔木元宝枫最能表现春秋的季相变化，同时树体比较高大，所以用它作为树丛的主景树。

②对其他树种进行安排　主景树已经确定，要按照平面布置中所提到的原则进行布置。新疆杨树形圆柱形，可以用它打破元宝枫浑圆的树形，达到变化效果，可作为背景树或配景树适当布置在主景树的后方及侧后方。山楂为观春花秋实的小乔木，树形与元宝枫近似，作为配景树布置在元宝枫前面，丰富圆球树形的大小及枝叶的质感、色彩变化。最后安排平枝栒子、沙地柏。这两种低矮的木本地被植物适当密植并成片穿插在不同树种之间，起到联系的作用，使整个树丛整体感更强，同时也增加景物的层次（图5-74）。

总之，乔灌木混交时以少数突出的乔木为主，灌木在附近烘托。动笔设计时，要先考虑乔木的树种和位置，后考虑灌木。乔灌木混交的结果，

不仅体形、高矮、色彩、线条、质感等富于变化，而且花期、果期错开更具有较长的观赏期，但种类不能太多，多则零乱难以协调。

树丛给人以丰富的美感，但往往因为不掌握树木成长后的体形大小，以致初期不免过密，后期形成拥挤，生长竞争的结果会失去应有的体形。再则不注意树木的生态习性与生长的快慢，配好以后觉得十分合乎艺术要求，但是过几年快慢相争，喜阴喜光相争，乃致人工无法控制，树形紊乱；失去章法如同一堆杂木林，这些问题的发生，设计者确应负有主要的责任。

5.4.2.2 立面设计要点

(1) 林冠线设计

林冠线是指树林或树丛空间立面构图的轮廓线。不同高度的乔灌木所组合成的林冠线，决定着游人的视野，影响着游人的空间感觉。高于人眼的林冠线可以形成封闭、围合或者阻挡的作用；低于人眼的林冠线则会形成开阔的空间感。

林冠线的形成决定于树种的构成以及地形的变化。同一高度的树种形成等高的林冠线，一般而言林冠线往往是树木在立面上的天际线，人们处于一定距离之外才能感受到。在这种情况下，如果树形差异不大往往会形成一种同质感受，同等高度的林冠线平直而单调，简洁而壮观；如果由特殊树形的树种构成可以形成特殊的形态美，如垂柳的柔和与雪松的挺拔以及棕榈的异域风情。不同高度的树种构成的林冠线则高低起伏多变，如果地形平坦，可通过变化的林冠线和色彩来增加环境的观赏性；如果地形起伏，则可通过同种高度或不同高度的树种构成的林冠线来表现、加强或减弱地形特征（图 5-75）。

(2) 层次设计

在种植设计中，平面上乔木、灌木以及地被的搭配在立面上表现为种植的层次，应该说林冠线是在立面层次中最高处树冠形成的轮廓线。一个层次丰富的种植群落包括地被、花卉、灌木、小乔木和大乔木（图 5-76）。一般而言，种植设计的层次是根据设计意图而决定的。如需要形成通

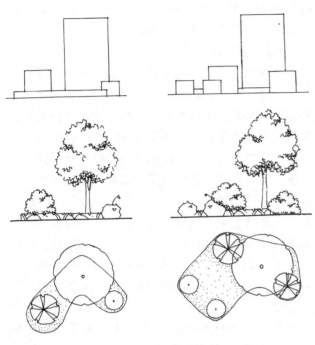

图5-73　立面衬托法

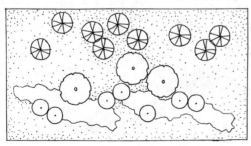

图5-74　树丛设计——观春秋景色的树丛

透的空间，则种植层次要少，可仅为乔木层；如为了形成动态连续的具有远观效果的植物景观，则需要多层的植物种植，从色彩上、树形上以及立面层次上进行对比和变化，从而创造优美的植物景观（图5-77）。丰富的层次不仅在视觉上可以形成良好的效果，还可以在游人的心理上形成较为厚重的植物种植感受，这点可以在园林围墙边缘地方加以使用，从而使游人感受不到实体边界的存在。

(3) 突出主景

精心设计的园林植物空间，一般都有主景，这种主景主要是在立面上由于其本身所具有的特殊性而成为主景。种植设计就是通过树种的搭配，突出具有特殊观赏价值的树木花草形成主景。一般而言，主景是通过对比的手法形成的。如在林冠线起伏不大的树丛中，突出一株特高的孤立树，就像"鹤立鸡群"，从而形成空间的主景（图5-78）；再如空旷的草地上几株高大的乔木往往可以构成视觉主景。这种主景可以是树的体量与其环境对比反差大，还可以是其色彩突出。主景既可以是特色乔木，也可以是灌木。灌木往往通过成片成丛种植，其特殊的花色或枝干色彩与周围环境的对比而成为主景。主景也可以是特殊形态的植物，体量不一定大，但由于其形态特异性同样可以成为主景，如旅人蕉。

(4) 注意构图

立面构图首先要建立秩序。秩序是一个设计的整体框架，是设计暗含的视觉结构，产生秩序就是要遵循动势均衡的原则，保证立面构图在视觉上的平衡。同时要保证立面构图的统一性，也就是不同树种的配置所组合的立面形成一体的感觉。这种一体感，需要具有主体或主景，需要一定的重复。主体就是一个元素或一组元素从其他元素中突出出来，这样就会形成视觉的焦点，而不会使视觉在不同构成元素上游走；重复由于具有共同之处，而可以产生强烈的视觉统一感。因此，统一与变化、协调与对比以及节奏和韵律的原则应灵活应用，以达到实现统一的目的。统一是既具有变化，又不纷乱繁杂。如杭州灵隐古寺的飞来峰下有一个约 $8000m^2$ 的草坪空间，周边为七叶树、沙朴、银杏等组成的杂木林；草坪中部地势略高，并栽有2株枫香，这2株枫香突出于周边的林冠线形成视觉的主体，起着统领周边环境的作用。从立面上看，整个林冠线构成一个动态平衡的视觉形象，整个形象

图5-75　同一树种由于地形高低变化而具有丰富变化的林冠线

图5-76　由乔、灌、花卉等组成的具有丰富层次的群落

图5-77　不同植物形成的具有层次、动态连续的植物景观

图5-78　与环境的对比产生空间主景

图5-79 立面构图要保持立面形象统一和均衡

既统一，又有变化（图5-79）。

复习思考题

1. 植物的色彩、芳香、姿态、质感、体量在种植设计中起什么作用？在色彩调色及姿态、质感组合时应注意哪些问题？
2. 空间及空间组合有几种类型？请参考本地著名公园或街道小游园的种植平面图，分析其空间类型及其给游人的心理感受。
3. 2株、3株、4株、5株树以及树丛、树群在选择树种进行搭配及种植平面布置时需要注意哪些问题？
4. 立面构图有哪些原则？

推荐阅读书目

中国园林植物景观艺术.朱钧珍.中国建筑工业出版社，2003.

建筑空间组合论（第二版）.彭一刚.中国建筑工业出版社，2007.

园林美与园林艺术.余树勋.科学出版社，1987.

风景园林设计要素.〔美〕诺曼·K布恩著，曹礼昆等.中国林业出版社，1989.

植物景观设计.〔美〕南希·A莱斯辛斯基著，卓丽环译.中国林业出版社，2004.

植物景观设计元素.〔美〕理查德·L奥斯汀著，罗爱军译.中国建筑工业出版社，2005.

第6章 其他造园要素植物种植

园林种植设计是在园林中布置、安排各种种植类型,形成美丽的植物景观。很多场合植物以孤植、丛植、群植、花境、花丛等形式体现自身的个体、群体之美感,但在更多的时候,在城市各类绿地中植物又与建筑、山水地形、道路、小品等这些造园要素相配,使这些无生命的要素"得草木而华",使建筑更壮丽、地形更生动、道路更含蓄、小品更鲜活。

6.1 建筑的植物种植

6.1.1 植物与建筑的景观关系

建筑是人类社会不可缺少的组成部分,优秀的建筑作品,犹如一曲凝固的音乐,给人带来艺术般的享受。完美的建筑景观离不开与周围自然环境的相互协调,尤其是与植物。园林植物与建筑的组合是自然美和人工美的结合,若配置得当,能产生丰富的景观,二者间相得益彰。一方面,植物因其本身丰富的自然色彩、柔和多变的线条和轮廓、优美的姿态及风韵,为建筑增添了美感,同时植物的季相美为建筑带来生动活泼而具有季节变化的感染力,使之与环境更为协调。当然,植物对建筑的防风、庇荫的功能更是其他非生物材料所难以代替的。另一方面,各类建筑又为植物的应用提供了背景和场所。

6.1.1.1 植物对建筑的影响

(1) 强调建筑主题

一般建筑都有自己独特的风格,植物的种植往往在绿化装饰的形式上力求与建筑风格一致,从色彩、线条、纹理、配植方式等方面围绕建筑本身及其空间的含义,通过植物使建筑的主题更加突出,且使建筑和植物间达到相得益彰的效果。例如,园林中不少景观都是以植物命题,又以建筑为标志。如"西湖十景"之首的"苏堤春晓",在近3km长的湖堤上栽植垂柳、碧桃等观赏树木以及大量花草,早春桃花开放,杨柳依依,点出主题,映衬着该景点的碑亭主景,植物与建筑间相得益彰。又如苏州留园的"古木交柯"景点,立意上在开放性的廊轩内空地处栽植古柏、女贞交柯连理,使原本平淡的廊轩充满韵味,建筑主题鲜明。

(2) 协调建筑与周围的环境

建筑常常因为体量、色彩、质感等与周围的环境产生不和谐感,而植物的软性特质可以减弱这种冲突,形成一种过渡空间,使建筑的硬质景观融于植物形成的绿色空间中,达到和谐共生的氛围。如苏州拙政园体量较大的旱船香洲、澂观楼,以及留园体形较大的曲谿楼,都是借助斜探于湖面上的古树陪衬,隐蔽了庞大的楼体,使景观构图更显生动。

园林中某些公共性的建筑,如果位置设置不当会对景观造成一定程度的破坏,因此可以根据建筑的不同使用功能，在合适的地点种植植物来改变建筑与周围环境的关系。如厕所的位置，应该隐蔽而易找，通常应借助浓密的树篱，适当进行视线遮挡，减少对景观的不良影响又满足正常的实用功能。

(3) 丰富建筑立面构图

建筑物的线条以平直为主，缺乏变化，而植物的枝干则多弯曲，柔和多姿，二者相配可以使建筑的艺术构图更加丰富，尤其是立面上与植物的组合，动静相配产生一种张力，达到动态平衡的效果，丰富了层次，使空间更生动。同时，植物的绿色令人感到舒适、放松，可以调和建筑物的各种色彩，尤其是建筑群之间，通过连续的植物种植达到和谐统一。此外，植物还可以局部影响建筑给人的色彩感受，通过色彩的对比和衬托烘托出建筑的造型。

如香山饭店的四季庭东面墙前种植的一株古朴的油松（图6-1），植物的绿色与背景的白墙形成强烈的对比，同时随光照的变化产生随时变化的投影，丰富了白墙的色彩，油松的动姿又加入了一种动态的美，与建筑形成完美的结合。

(4) 赋予建筑时空感

植物随着季节、年龄无时无刻不在发生着变化，呈现出不同色彩、姿态，相对而言，建筑物的位置和形态则是不变的。植物种植于建筑四周，其生长发育和四季变化，使建筑及其周围环境也随之而产生春、夏、秋、冬的不同景观，凝固的建筑被赋予时空的元素而具有生动活泼、变化多样的季相感。

(5) 完善建筑功能

某些园林建筑本身并不吸引人，甚至施工时非常粗糙，可是结合植物组成一景后，建筑的不足之处常被忽略。同时，植物还具有隔音防噪、遮阳庇荫等功能，为建筑提供一个更宜人的环境。如建筑的入口，通过植物种植可以得到强化，而一些休憩设施比如座椅，需要有大树来庇荫；建筑庭院的安静小环境，也多借密集的树丛、树篱，起到隔离的作用。如图6-2所示，左边为一聚集性的小广场，右边紧挨着建筑入口，之间用植物进行软性隔离，合理地营造出不同的建筑空间。

6.1.1.2 建筑对植物的作用

(1) 为植物生长创造一定的小气候

由于建筑物的朝向、围合程度，以及与风、光照等自然因子的互相影响而形成不同的建筑小环境，为植物提供不同的生长条件。如北方地区

图6-1 植物丰富建筑的艺术构图

图6-2 完善建筑物的功能——小型绿地空间分割两侧建筑空间

可以在建筑的东南面围合的环境中，种植一些不耐寒、喜光的南方植物，丰富当地的植物种类和植物景观。而建筑的内部空间更是为植物应用提供了与外部截然不同的环境。相反，建筑的背阴面或廊架下则为耐阴植物提供生长环境。

(2) 为植物景观提供一定的背景

建筑物的立面本身具有一定的色彩、体量、质感、肌理等硬质景观要素，这与植物的软质曲线特点差别很大，同时，建筑物的墙面一般都为淡色，更能衬托各种乔灌木的花色、叶色、干色，这些都为植物的种植提供了良好的背景，可以更好地表现其特点，营造植物景观。

6.1.2 建筑入口、门区、窗边的植物种植

6.1.2.1 建筑的入口种植

建筑的入口作为划分内、外空间的关键点，是人们进出建筑的必经之路。通过入口的绿化，可以给初来此处的人留下深刻的印象。充分利用入口的造型，以入口为框，通过植物配植，与路面、墙体等进行精细的艺术构图，不但可以入画，而且可以扩大视野，延伸视线。因此，入口的植物种植可谓"画龙点睛"。

在入口种植植物，首先要满足入口功能的要求，不能影响车辆与行人正常的通行，也不能阻挡人们行进的视线。此外，入口的植物种植要能反映建筑的特点。如纪念堂、纪念馆等纪念性建筑的入口，常规则地种植常绿的松柏来表现庄重、肃穆的氛围；而旅馆门前的绿化则可用花坛及散植的树木来表达轻松和愉快感，营造宾至如归的氛围。

入口植物的种植可以采用诱导、引导和对比的手法。诱导法即是在入口处种植具有某种特征的植物，让人们在较远的地方就能判断此处是入口，如在入口种植高大的乔木或配植色彩缤纷的花坛等；引导法是在道路的两旁种植植物，使人们在行进的过程中视觉得到引导和强化；对比则是在入口处通过不同的树种、变化的颜色、特殊的姿态使人们的视线受到连续的刺激，从而引导人们的注意力。

在入口处种植植物，应该结合建筑入口的形式和建筑整体的风格，既可与其形成对比也可在和谐中共生；既可采用规则式种植也可以采用自然式种植。入口处的植物如果呈规则式种植会显得整齐大方（图6-3），而自然式种植则比较活泼，富有生气（图6-4）。入口前植物种类的选择要考虑总体环境效果。一般是在入口处草坪上栽植若

图6-3 建筑入口的对称式种植

图6-4 建筑入口处的自然式种植

图6-5 古典园林中庭院门区点缀的芭蕉

干树木，并在重要位置，如视线引导的交点或转折处点缀花坛，显得更加丰富。此外还可以种植单一类型的植物，如只设草坪或只栽植树木。

6.1.2.2　建筑的门区种植

门是入口的终点，进入室内或另一个空间的必经之处，与墙连在一起，起到分隔空间的作用。充分利用门的造型，以门为框，通过植物配植，满足其便于识别、引导视线、提供阴凉等功能，形成门区空间，带给人特定的空间归属感，满足人们在心理上的某种需要。同时，可适当结合道路、山石进行精细的艺术构图，不仅可以入画，而且还可以扩大视野，延伸视线（图6-5）。

6.1.2.3　建筑的窗边种植

窗是室内室外的一个连接点，既可以作为框景的材料，安坐室内，透过窗框看室外的植物景观；也可以作为建筑立面上的装饰部件，从室外欣赏（图6-6）。窗的设计应符合建筑立面的整体风格，植物的种植也应该与之搭配。

窗旁植物种植应该考虑窗的功能。首先是采光的问题，窗旁栽树，大乔木与墙基的距离最好不小于5m，以保证能满足室内采光的要求；也不一定成行成排，可以前后穿插、高低错落，留出采光的空隙，景观上也比较自由活泼（图6-7）。其次还有安全性问题。沿窗户设植篱或自然式的基础种植，高度在窗户之下，用以防止外人接近窗口，同时又不影响室内正常采光，是较常见的种植形式。对于私密性较强的室内空间，窗外可栽植较高的树丛起遮挡的作用，还可以在墙面上利用藤蔓植物进行遮挡，使窗口隐藏于浓郁的绿色之中，自然生态气氛浓厚，削弱对窗口的注意力（图6-8）。

图6-6　建筑立面的装饰部件（1）

图6-7　建筑立面的装饰部件（2）

图6-8　墙面利用藤蔓植物遮挡，使窗口隐藏于绿色之中

植物材料应该根据窗的位置、朝向等选择或喜光或耐阴的植物。在中国传统园林中，窗景是十分重要的园林景观。墙上开窗，窗外布置植物景观，形成活的画面，已成为中国园林的一大特色。

6.1.3 建筑基础、角隅、墙面的植物种植

6.1.3.1 建筑的基础种植

建筑基础是指紧靠建筑立面与地面的交接处，此处的植物种植，称为基础种植。建筑物外轮廓一般为规则式的直线，所以基础种植常用规则式种植，易与墙面线条取得一致。植物材料的选择上，一般用低矮的灌木或花卉进行低于窗台高度的配植，在高大建筑天窗的地方也可栽植林木。

建筑基础是建筑与自然环境的过渡地带，其配植的好坏在很大程度上影响着建筑与自然环境的协调和统一。建筑基础的植物种植是美化、强化建筑及其环境地域性、文化性、功能性的重要手段。而且适宜的栽植还能减少建筑和地面所受烈日暴晒而产生辐射热，避免地面扬尘。在临街建筑面进行基础种植还可以与道路有所隔离，免受窗外行人、车辆以及儿童喧闹的干扰。

建筑的基础种植应注意以下几点：

①基础种植是依附于建筑的一种以装饰性为主的绿化手段，建筑仍然是主体，因此基础种植不可过高过多，挡住建筑立面表现的完整性。

②采光问题上，基础种植不可离建筑太近，除攀缘植物外，灌木通常保持在1.5m以下，窗前乔木在5m以下。同时还应充分了解植物的生长速度，掌握其体量及其与建筑的比例，以免影响室内采光，并满足植物生长所需空间，保证其正常生长。

③建筑的高度决定着基础绿化植物种类的选择，也决定了配植方式及绿化效果。建筑物一般有多个立面，并与环境有不同程度的交接，应进行合理的基础种植，其中主立面的种植设计应更多地考虑美化功能，同时对于临街建筑面的隔音防噪功能也不可忽视。

④因建筑物高度、平面布局等因素的影响，不同朝向的建筑基础会形成不同类型的小气候，所以应根据建筑形成的不同环境合理选择植物种类。

⑤不同的建筑物有不同的风格，因此，植物种植的形式、手法要与其相一致，最大限度地运用植物色彩、质感、姿态进行合理配置，或显或隐，使二者形成统一，不可喧宾夺主。

建筑基础种植常采用的方式有花境、花台、花坛、树丛、绿篱等。

花境一般较为低矮，且色彩丰富，多为多年生花卉，季相变化明显，故适合种植于低矮建筑的主要立面基础处；花台可以适应多高差变化的建筑，随地形而建构阶梯式花台，不同高度的花台选择不同高度的植物，结合植物的花色、叶色，创造出丰富的建筑立面景观；花坛则多应用于商展性建筑入口立面处的基础种植，多以模纹花坛为主，以表达喜庆、繁荣的景象；树丛则多种植于高大建筑物的基础处，或者在临街建筑周围形成树屏，与道路隔离，且能有效防止噪声（图6-9）。

6.1.3.2 建筑的角隅种植

建筑的角隅线条较为生硬，可以利用植物柔和、多变化的特点，遮挡尖角，从而缓和这种冲突。植物选择上，多用观果、观叶、观花、观干等类型成丛配植，也可略作地形，或结合小体量山石，将视线吸引至植物为主形成的优美景观，减弱角

图6-9 建筑前的基础种植

图6-10 建筑的角隅结合水生花卉的布置软化建筑生硬的线条

隅的不利因素。角隅可用自然式种植，还可与水景相结合，布置水生花卉来软化建筑生硬的线条（图6-10）。

6.1.3.3 建筑的墙面种植

墙面绿化泛指用攀缘植物或其他植物装饰建筑物墙面或各种围墙的一种立体式绿化。墙面绿化不仅仅是装饰建筑的艺术，还能阻挡日晒，降低气温，吸附灰尘，增加绿地率，改善环境质量，遮挡景观不佳的建筑。墙面绿化用较少的占地创造较大的绿化面积，是提高城市生态效益的有效手段。建筑的外墙、各类围墙、挡土墙以及其他的垂直地面的构筑物的墙体，均可以通过种植植物来提高绿化率。

墙面绿化所选择的植物，必须具有吸附、缠绕、卷须、钩刺等攀缘的特性，使其依附在各类垂直墙面、斜坡面及构架上快速生长。一般的墙面都是用藤本植物或经过整形修剪及绑扎的观花、观果的灌木来进行绿化。常用作墙面种植的植物种类有紫藤、木香、蔓性月季、地锦、五叶地锦、猕猴桃、葡萄、山荞麦、铁线莲属、美国凌霄、白玉棠、凌霄、金银花、盘叶忍冬、中华五味子、五味子、素方花、钻地风、常春油麻藤、鸡血藤、舌雀花、绿萝、崖角藤、南蛇藤、洋常春藤、常春藤、蔓长春花等。在墙基可以种植花灌木、各种球根、宿根的花卉作基础种植，适当

种植乔木如银杏、广玉兰等进行搭配。同时还要考虑墙体绿化与建筑物色彩、尺度以及周围环境色彩的协调性。如图 6-11 所示，沿墙而上的绿色植物与窗形成独特的景观。

墙面绿化应根据不同的墙面类型选择适当的攀缘植物。建筑常见的墙面材料根据其材料及施工工艺可以分为清水墙面、涂料类、抹灰类、贴面砖类、卷材类以及幕墙等。其中，清水墙面只进行勾缝或模纹处理，墙面不加其他覆盖性饰面层，因此是墙面绿化最理想的"基质"。如清华大学图书馆已有70多年的历史，墙面上种植的爬山虎至今仍生长旺盛。不仅如此，墙面的红砖没有破损，墙面光亮棱角规整，植物对墙体起到了很好的保护作用。而其他类型的墙面有些面材易脱落，有些面材表现光滑，不适于种植植物。实践证明，墙面结构越粗糙越有利攀缘植物的蔓延与生长。因此，对于光滑的墙面，可以通过在墙面设置各种格栅，再辅助以人工牵引

图6-11 绿化墙面

等方法实现墙面绿化。

我国南方园林中的白粉墙常起到画纸的作用，通过配植观赏植物，用其自然的姿态与色彩作画。常用的植物有红枫、山茶、木香、杜鹃花、枸骨、南天竹等，红色的叶、花、果则跃然墙上。或选取姿态优美的一丛芭蕉或数枝修竹；为加深景深，可在围墙前作小地形，将高低错落的植物植于其上，使墙面若隐若现，产生远近层次延伸的视觉。

墙面绿化还应考虑墙面朝向的问题。不同的朝向，光照、湿度条件都有差异，植物选择也不同。如喜光植物不适宜配植在光照时间短的北向或庇荫面，只能在南向或东南向墙体前种植。还可以利用建筑的南墙面背风、小气候较好的特点引种栽培一些美丽但耐寒较差的植物。

我国位于北半球，建筑的北面往往留下一片阴影，阴影的长短与所在城市纬度、季节及建筑高度有关。据邵海荣用图解法研究、计算结果，以北京为例，夏至时建筑北面的阴影为建筑高的0.3倍，春分、秋分时阴影为建筑高的0.8倍，冬至时阴影为建筑高的3倍。这就是说，在建筑北侧建筑高的0.3倍距离内几乎全年得不到直射光而仅有散射光，只能栽植耐阴性极强的植物，在建筑高0.3~0.8倍范围内也由于大半年多的阴影，也须栽植有较强耐阴性的植物；在建筑高0.8~3倍范围内一年中遮阴时日不多，而且散射光充足，可以栽植喜光稍耐阴的植物。

此外，攀缘植物季相变化非常明显，因此应选择多样的绿化方式，合理搭配不同植物，同时注意墙体前植物的种植，宜选择与墙面攀缘植物不同季相的植物，以弥补景观不佳的状况。

6.1.4 室内、屋顶的植物种植

6.1.4.1 室内种植设计

室内种植主要是指在建筑大厅、中庭、走廊、展览温室等室内环境中栽植于种植池内的相对稳定的植物景观。随着生活质量的提高，人们将绿色进一步引入生活起居空间，于居室、客厅、书房、办公室等自用建筑空间及超级市场、宾馆、咖啡馆、室内游泳池等公共的共享建筑空间中，以盆栽、桶栽植物摆放的形式组成植物景观。

(1) 室内生态环境特点

室内生态环境与室外条件差异很大，经常因光照不足，土壤水分变化大，空气湿度低，空气流通不畅，温度恒定，而不利于植物生长。同时不同的房间或每个房间的不同位置其生境条件也会出现很大差异。影响室内植物生长的生态因子主要有以下几个：

①光照　是限制室内植物生长的最主要生态因子，室内光照主要来源于窗户。但是受到纬度、季节及天气状况的影响，室内的光强度及受光面也因窗户玻璃质量、朝向等变化不一。一般屋顶及顶窗采光最佳，光强及面积均大，光照分布均匀，植物生长匀称。而侧窗采光光强较低，面积较小，且导致植物侧向生长。侧窗的朝向不同，室内的光照强度亦不同。总之，通过窗户玻璃透射到室内的光强度减少很多，较难满足一些植物正常生长所需的光强度。当室内自然光照不足以维持植物生长时，需设置人工光照来补充。常见的有白炽灯和荧光灯。此外，还有水银灯常用于高屋顶的商业环境，但成本很高。

②温度　不同类型的建筑其室内温度变化情况是不同的。现代化的大型商场、宾馆及办公大楼内，夏季有空调降温，冬季有取暖设施，一般适于大部分植物生长。我国北方地区居民住房冬季集中供暖，室内温度一般不低于15℃，适于多数植物越冬，而长江以南的部分地区，由于大多没有取暖设备，室内温度受室外温度影响较大，导致有时最低温度会低于0℃，对一些喜温植物的安全越冬不利。在进行室内绿化时要根据具体条件选择不同种类的植物。

③土壤水分　由于室内植物大部分栽于种植池或容器内，造成土壤水分管理困难。水量过多时，由于水分不能从底部排出，使植物根系处于水分过饱和状态，水分排斥了土壤空隙中的空气，使根系缺氧，呼吸受到阻碍，严重时还会使根系窒息而腐烂、死亡；水量过少，根系吸不到水分，植物萎蔫，生长停止、枯萎，严重时也造成死亡。

种植池内的土壤水分时干时湿,较难控制。国外目前有仪器能自动测量土壤水分含量,并发出警报,但国内仅凭经验浇水。

④空气湿度 室内空气相对湿度过低不利于植物生长,但过高会使人感到不舒服。尤其在我国北方,干燥多风的春季和用暖气供热的冬季,以及南方夏季的梅雨季节,都会使室内空气过干或过湿,对植物生长产生不利影响。因此,室内湿度一般应控制在40%~60%,如降至25%以下时,植物会生长不良,因此要预防冬季供暖所造成的空气湿度过低的弊病。

⑤通气 室内空气流通差,常导致植物生长不良,甚至发生叶枯、叶腐、病虫滋生等,故要通过窗户的开启来进行调节。此外,设置空调系统及冷、热风口也要求可以调节。

(2) 室内种植植物的选择

由于室内生态环境与室外条件差异很大,因此室内种植在选择植物时首先要选能适应室内生态环境的植物,即选用耐阴、对土壤水分及空气湿度适应性强,能耐干耐湿的种类为佳,常用植物有竹类、榕属、棕榈科、天南星科、蕨类及多数观叶植物等。

近数十年,室内绿化发展迅速,不仅体现在植物种类增多,同时配植的艺术性及养护的水平也越来越高。选择室内绿化植物,除了考虑生态因素外,还需选择观赏价值高的种类,经过合理的配置,达到既经济又美观的效果。

图6-12 北京凯宾斯基饭店室内出入口绿化

在选择室内绿化植物时,首先,应与室内整体的风格和气氛相统一。不同的植物形态、色泽、造型等都表现出不同的风格、情调和气氛,应和室内要求的气氛达到一致。其次,应根据空间的大小和特点,合理选择植物的尺度、形态及色彩。植物的大小应和室内空间尺度以及家具获得良好的比例关系;植物形态不同,在空间内的配置方式也不同;植物色彩的选择应和整个室内色彩取得协调。由于现今可选用的植物多种多样,应对多种不同的叶形、色彩、大小予以组织,避免过多的对比使室内显得凌乱。

面向室外花园的开敞空间,选择的植物应与室外植物取得协调。植物的容器、室内地面材料应与室外取得协调,使室内空间有扩大感和室内外空间的整体感。

(3) 大型室内公共空间的种植

大型室内公共空间是指宾馆、酒店、办公楼、购物中心、游乐场等处的公共活动空间,绿化地段主要包括出入口、中厅、楼梯、走廊4部分。

①出入口的种植 大型公共建筑的出入口主要作为人流集散、室内外空间过渡的场所,因此植物配植要满足这一功能。一般植物景观应具有简洁鲜明的欢迎气氛,入口门外的台阶上布置醒目的植物,如高大对称、姿态挺拔的观叶植物或盛花花坛等,体量与入口相称,并在突出的门廊上可沿柱种植若干藤本观花植物,突出出入口的位置(图6-12)。室内空间一般光线较暗,场地较窄,宜选用色彩明快、暖色调的植物,既起到室内外自然过渡的作用,又营造出室内热烈的氛围。

②室内中厅的种植 中厅是人们交流、购物、休息的共享空间,可供人们长时间停留,因此应该是人贴近自然、回归自然的最佳场合,植物的种植形式应体现出一种自然空间的再创造。从其绿化形式上讲,可以有自然式和规则式。中厅往往有较大的种植面积,有时布置水池、雕塑、假山等,围绕这些设施进行植物景观设计,创造风格各异、功能突出、近观远瞩的各类优美空间环境。

③楼梯的种植 室内空间中的楼梯常形成阴暗的死角。配植植物既可遮住死角,又可起到美

化的作用。楼梯处的植物配置也灵活多样。较宽的楼梯，每隔数级置一盆花或观叶植物，高低错落有致，形成韵律之美；在宽阔的转角平台上，可种植一些较大型的植物，如橡皮树、龟背竹、龙血树、棕竹等。扶手的栏杆可用蔓性的常春藤、薜荔、喜林芋、菱叶白粉藤等，任其缠绕，使周围环境的自然气氛倍增（图6-13）。

④走廊的种植　走廊是联系室内各个建筑单元的公用空间，主要起交通上的功能。因此植物的种植应以不阻碍通行为前提，且保持通风顺畅。应根据走廊宽度的不同安排不同的种植形式，如走廊较宽或空间较大的地方，可以摆设体量稍大的植物，而较窄的通道或不安放或用小型观叶植物作点缀。一般走廊的尽端放置耐阴性强的大型观叶植物，拐角处可放主干较高的木本植物（图6-14）。

6.1.4.2　屋顶种植设计

屋顶种植是指在建筑物、构筑物的顶部、天

图6-14　长城饭店室内走廊绿化——过廊

图6-15　王府停车楼屋顶花园

台、楼台之上所进行的绿化装饰及造园活动的总称，是根据屋顶的结构特点及屋顶上的生境条件，选择生态习性与之相适应的植物材料，通过一定的技术艺法，从而达到丰富园林景观的一种形式，一般也称屋顶花园（图6-15）。

(1) 屋顶生态环境特点

①土壤　由于受建筑结构的制约，一般屋顶花园的荷载能力有一定的限制，屋顶花园的土层厚度不能超出荷载标准，而较薄的种植土层极易干燥，对植物造成水分胁迫。

②温度　由于建筑材料的热容量小，白天因太阳辐射迅速升温，晚上受气温变化的影响又迅速降温，导致屋顶上最高温度高于地面最高温度，最低温度又低于地面最低温度，且日温差和年温差都比地面变化大。

③光照　屋顶接收太阳的辐射较多，光照强，

图6-13　北京饭店室内中庭楼梯旁的绿化

为植物的光合作用提供了良好的条件，适于阳性植物的生长发育。同时，高层建筑的屋顶上紫外线较多，且日照长度较长，利于某些特定的植物，如沙生植物的生长。

④空气湿度　屋顶上空气湿度受各种因素的影响，如建筑的高度、气流的大小等。一般低层建筑上的空气湿度与地面差别不大，而高层建筑上的空气湿度受气流影响较地面低一些，也会对植物的生长带来不利的影响。

⑤风　屋顶上气流通畅，易产生较强的风，但屋顶花园一般土层较薄，因此应注意选择低矮、抗风力强的植物，减弱风带来的不利影响。

(2) 屋顶花园种植设计原则

屋顶花园的种植设计原则除与地面花园设计原则相同外，由于其位于屋顶的特殊性，还应注意以下问题。

①建造的安全性　由于将花园建造在建筑的顶上，建筑必须能够安全承受建造花园所增加的荷重，同时对植物的浇灌不会影响屋顶的防水处理，不能引起屋顶漏水。除此之外，花园四周必须有一定高度、结实的防护措施，防止因植物、花园的其他构件如种植槽、种植器下落而带来的危害，同时保障人们在屋顶上的安全活动。

②满足绿化功能　通过建造屋顶花园可以改善城市环境，为人们提供更美好的工作、休息、生活空间。屋顶花园根据不同的使用要求会采用不同的形式，但是在不同的形式下，绿化功能是屋顶花园的首要目的。因此，屋顶花园的绿化覆盖率必须达到50%~70%，这样屋顶花园才能发挥其生态效益。

③布局的合理性　应根据场地的实际情况，选择合适的布局方式及观景、布景点，组织好与道路的关系，营造多样而又统一的景观效果。

④利用周围景观　屋顶花园较平地有高差，具有开阔的视野，因此要合理利用周围的景观。良好的景物可设置观景视线及场所，予以借景；对于不良的景观，可利用植物等进行遮掩，达到美化的效果。

(3) 屋顶花园植物材料选择

屋顶花园由于其特殊的结构和环境条件的特点，在进行植物选择时必须慎重考虑。以屋顶花园的功能为基本出发点，综合考虑光照、水分、风力、排水、土壤，以及建筑屋顶的结构和构造特点，考虑植物本身的生长特性，如体量、生长速度、根系的生长状况等。概言之，屋顶花园所选择的植物材料应该具有以下一些特性。

①以抗寒、抗旱性强的矮灌木和草本植物为主　由于屋顶花园夏季气温高、风大、土层保湿性差，冬季则保温性差，因而应选择耐干旱、抗寒性强的植物。同时，考虑到屋顶的特殊地理环境和承重的要求，应多选择矮小的灌木和草本植物，以利于植物的运输、栽种和管理。原则上不用大型乔木，有条件时可少量种植耐旱小型乔木。

②应选择喜欢阳光充足、耐土壤瘠薄的浅根性植物　屋顶花园大部分地区为全日照直射，光照强度大，应尽量选用喜光植物，但考虑具体的小环境，如屋顶的花架、墙基下等处有不同程度遮阴的地方宜选择对光照需求不同的种类，以丰富花园的植物品种。屋顶种植基质薄，为了防止根系对屋顶结构的侵蚀，应尽量选择浅根性、须根发达的植物。不宜选用根系穿刺性较强的植物，防止植物根系穿透建筑防水层。

③抗风、不易倒伏、耐积水的植物　屋顶上一般风力大，但栽培基质薄，因此植物宜选择须根发达、固着能力强的种类，能适应浅薄的土壤并抵抗较大的风力。屋顶花园虽然灌溉困难，蒸发强烈，但雨季时则会短时积水，因此植物种类最好能耐短时积水。

④以耐粗放管理的乡土植物为主　屋顶花园不仅生态条件差，而且植物的养护管理较地面难度大，农药的喷洒也更容易对大气造成污染，不易进行病虫害防治。而一般乡土植物均有较强的抗病虫害的能力，应作为屋顶花园的主体植物材料。在小气候较好的区域适当运用引进的新、优绿化材料，以提高景观效果。

⑤容易移植成活、耐修剪，生长较慢的植物品种　屋顶绿化施工和养护管理中，苗木的运输、

更换等方面均不同于地面绿化，有特殊的要求，因此应该选择移植容易成活、生长缓慢且耐修剪的植物。

⑥能够抵抗空气污染并能吸收污染的植物品种　从城市绿化发挥的生态作用角度出发，屋顶花园中应选择抗污性强，可耐受、吸收、滞留有害气体或污染物质的植物。

(4) 屋顶花园的种植形式

屋顶花园的大小以及荷载及防水、排水等特点都决定了屋顶花园植物配植上难以随心所欲。通常根据屋顶花园的类型和功能决定植物种植的方式。如不上人屋顶花园可以采用地毯式种植方式，铺植草坪或地被植物。面积较小又具备一定休息功能的屋顶花园则以盆栽植物花台、花坛等种植形式为主。只有在面积较大的屋顶花园，才可以适当构筑地形，结合道路及其他造园要素，进行多种形式的植物配植，如孤植、丛植、群植以及花坛、花带、花台甚至花境等，还可以结合休息设施布置花架、花廊等垂直绿化设施，或者结合水池布置水生植物，从而获得丰富的园林景观。

根据屋顶的结构和形式，屋顶花园常选用不同的植物类型，采用不同的设计形式，一般分为以下几类：

①片状种植

地毯式　在整个屋顶的绝大部分，以地被、草坪或其他低矮的草本植物及花灌木为主进行种植的一种方式。由于上述各类植物对于种植土厚度的生长要求较低，一般 10~20cm 即可，因此这种种植形式一般适用于承载力较小的屋顶。

自由式　以东方园林自由、变化、曲折为特点的一种种植方式。采用有微地形变化的自由种植区，种植地被、花卉及灌木，在很小的空间内形成层次丰富、色彩斑斓的植物景观效果。自由式种植一般适用于面积较大的屋顶，植物种类选择范围较大，从草坪到乔木，凡需种植土层的厚度在 10~100cm 内的植物均可，屋顶的承载力范围要求较地毯式大。

苗圃式　种植形式以农业生产通用的排行式为主，在我国南方常见。一般作为屋顶生产基地，种植果树、中草药、蔬菜和花木，主要以获得经济收益为主，绿化效果为辅。因此这种形式要注意的是在有限的空间内最大限度地种植植物，除必要的操作小路外，其余空间均应为规整的种植池，同时充分考虑屋顶的荷载能力和排水系统的好坏。

②分散和周边式　主要用各种可移动式的种植形式如容器栽植与花池相结合，分散布置于建筑屋顶的周边。这种点线式的布局形式可以根据屋顶空间的使用要求和尺度布置，较为灵活，适应性强且构造简单。同时其周边式的布局，留出了中部空间，满足其他功能的需要，具有更强的实用性。

③庭院式　模拟露地庭院小花园的种植形式，除了一些较大的乔木、假山等外，花灌木、浅水池、置石、园林小品等均可以在屋顶上建造。庭院式种植适用于面积较大、承载力大的屋顶，能形成极佳的景观效果。

6.2　山体的植物种植

6.2.1　园林植物与山体的景观关系

山体从广义上讲是指与平地有一定高差的土石地貌。按地学的定义是指陆地表面高度较大，坡度较陡的隆起地貌。从景观角度来说，山体是构成景观画卷的最基本的骨骼，是构图的基础。

山体可以分为自然山体和人工山体两种。

园林中的山体大多是由人工堆叠起来的山体，也称为假山。在市区，一般难以借到自然的山水，而造园者挖池堆山，遵循自然造山运动，仿山峰、山坳、山脊之形，浓缩自然景观，因而产生"一拳代山""一勺代水""小中见大"的山水园。人工的山体作为中国自然山水园组成部分，对于形成中国园林的民族传统风格有重要作用。

按照构成的主要材料来分，人工山体可分为土山、石山、土石山 3 类。

宋代山水画家郭熙在《林泉高致·山水训》中曾说过："风景以山石为骨架，以水为血脉，以草木为毛发,以烟云为神采。故山得水而活,得草木而华,得烟云而秀媚。"清代画家恽南田也曾指出:"山有四时之色,春山艳冶而如笑,夏山苍翠而如滴,秋山明净而如妆,冬山惨淡而如睡"。山的四时之色实为植物的四季色相。这都说明了山因有了植物才秀美,才有四季不同的景色,植物赋予了山体生命和活力。

(1) 植物能改善山体的环境

①改善温度条件,提高空气湿度,自然净化空气 山体中的植物生长茂盛,树冠遮挡阳光,减少了阳光的辐射热,降低了小气候的温度,提高了小环境湿度。山林中大量的二氧化碳被树木吸收,放出氧气,具有积极恢复并维持生态自然循环和自然净化的能力。

②涵养水源,防止水土流失 树冠的截流,地被植物的截流,以及枯枝落叶的吸收和土壤的渗透作用,减少与缓和山体的地表径流和流速,起到水土保持的作用。山体上种植根系深广,侧根多的植物还能够加强固土固石作用。

(2) 植物能美化山体景观

①与山体多样的地形共同构成各种不同的园林空间 园林植物种类繁多,每一种都有特定的外貌形态,可以充分利用植物的不同形态,与不同的地形组合出丰富多彩的园林空间,如封闭空间、开敞空间、半开敞空间、垂直空间等,从而展示出来比平原更丰富的植物景观。

②植物不同的外形、色彩、质感构成了山体四时景观 丰富多样的植物外形,植物的花、果、叶、枝、树皮的四季色彩,树皮的光滑与粗糙,树叶质感粗糙和细腻等,构成了山地绚丽多彩的园林景观。

(3) 山体为植物景观提供丰富的地形条件

山体地形具有阴坡、阳坡、山谷、山峰、山脊等多样性环境,所以为各类植物。如喜光树,喜阴植物,快生树,慢生树提供了适宜的生态条件;同时空间上变化多端的坡谷峰脊也使覆盖于其上的植物景观产生丰富的空间变化。通过山体地形也可以创造园林活动项目,组织景观空间,形成优美园林景观。

6.2.2 各类园林山体的植物种植

6.2.2.1 土山

"用以土代石之法,既减人工,又省物力,且有天然委曲之妙,混假山于真山之中,使人不能辨者,其法莫妙于此。"(李渔《闲情偶寄》),堆土山用土多使用原地表熟土,并在深度、质量和施工程序上要求严格,土壤须肥沃,渗透性和排水性良好,利于植物生长,才能形成郁郁葱葱富有野趣的自然山林的景象。因此土山上宜种植茂密高大、姿态优美的植物,创造森林般的景观,最好选择适应当地气候的乡土树种。

6.2.2.2 石山

石山在园林中相当常见,庭院中缀景,建筑角落,桥头驳岸及护坡挡土处都可见到石山的运用。石山创作与中国传统的山水画一脉相承,是真山的精练概括,遵循"有真为假,做假成真"的原则,虽假犹真,耐人寻味,石山能够减少人工雕琢的痕迹,增添自然生趣,使之有"片山有致,寸石生情"的魅力。小山用石,可以充分发挥叠石的技巧,使它变化多端,山势嶙峋。石山上的植物宜矮小匍匐,比例上避免与山石悬殊过大,以体现山石之美,植物仅点缀一二,不作大量种植。

6.2.2.3 土石山

园林中土与石结合在一起,使山脉石根隐于土中,泯然无迹,而且还便于植树,树石浑然一体,山林之趣顿出。土石山介于土山与石山两者之间,土多处可植大树,土少处宜配小一些的植物,植物与山石相配,要表现起伏峥嵘,野趣横生的自然景色,一般选用乔灌木错综搭配,树种可以多一些,树木姿态要好一些,能同时欣赏山石和花木的姿态之美。

土石山分为带土石山和带石土山两类。带土石山又称石包土,此类假山先以叠石为山的骨架,然后再覆土,土上再植树种草。其结构:一类是于主要观赏面堆叠石壁洞壑,山顶和山后覆土,如苏州艺圃和怡园的假山;另一类是四周及山顶全部用石，或用石较多，只留树木的种植穴，而在主要观赏面无洞，形成整个石包土格局，如苏州留园中部的池北假山。该类山体的植物种植宜少而精，精心选择姿态奇特之树形，与山石搭配，相互衬托，相得益彰。

带石土山又称土包石，此类假山以堆土为主，只在山脚或山的局部适当用石，以固定土壤，并形成优美的山体轮廓，如沧浪亭的中部假山，山脚叠以黄石，蹬道盘纡其中。其因土多石少，可形成林木蔚然而深秀的山林景象。

园林中为造景所需，模仿自然，挖湖的土方往往堆山，山体多为低矮的土山或土石山，山体量小，配以植物，形成或幽深或秀丽的山体植物景观。园林中山体的植物配植一般有两种方法：其一用乔木形成幽深的山林；其二用各色花木造成秀丽的山体。不管哪种方法，因山体的生态条件所限，都应选择耐干旱的乡土植物作为主体，组成各类植物栽培群落。

(1) 林木森森呈幽深

园林设计师常设计主山于园的西部或西北部，这可能与我国整体地形及很多城市西高东低的地貌相吻合；另外，尤其在北方，西部、西北部的主山阻挡了西北风的侵入，可以形成较好的小气候环境，有利于园中植物的生长。因此，这类山体的植物种植，多以高大的乔木形成山林主体，林下铺以灌木及地被，自远处眺望，整个山林苍苍莽莽，青翠欲滴，幽深不可测，进入山林内部，枝叶相连，浓荫蔽日，如若置身于真山中（图6-16）。

乔木种类宜用乡土树种，选2~3种大量栽植，形成山林的基调，为增加季相变化，可根据各地的气候特征选用若干秋色叶树种，如乌桕、无患子、枫香、元宝枫、火炬树、黄连木、白桦等，形成优美的风景林；也可选择具经济价值的种类，如柿树、山楂、枇杷、杨梅、荔枝、杜仲、银杏等，园林结合生产。林中灌木层不宜栽植需精心管理的栽培种，以富有野趣、适应性强的种类为宜，如荆条、胡枝子、白刺花、花木蓝、锦鸡儿、大花溲疏等；如再种些忍冬属、荚蒾属、悬钩子属、小檗属、枸子属等植物，秋季硕果累累，引来小鸟啄食，可得"蝉噪林愈静，鸟鸣山更幽"的意境（图6-17）。林下地被也宜选用野生种类，如二月蓝、紫花地丁、早开堇菜、苦荬菜、毛地黄、大叶铁线莲、

图6-16 高大的乔木形成山林苍莽的景象

图6-17 富有野趣的乔灌配植

图6-18 乔、灌、草复层结构尽显植物形态之美

崂峪苔草等，不宜栽种那些需人工修剪、管理费工的草坪、地被。当然并非所有区域均为乔灌草三层，可将乔灌、乔草或灌草等不同结构的群落交错栽植，组成变化的立面构图（图6-18）。为发挥山林的自然风趣，除病枯枝外，树木不作过于人工化的修剪，任其自然生长，以免显露人工雕凿之态。

(2) 花木峥嵘显秀丽

园中除较高大的主山外，为分隔空间，设计师往往堆积小土山，形成峰回路转的自然景观，这类小山接近游人，沿山谷小径引进野芳幽香，满眼的娟秀妩媚，宛若置身于深山幽谷之中。

植物种植以少量乔木树点缀、遮荫，灌木层是此处的主体，可根据不同主题、不同方位选择各色花木群植，或以同类植物组成似专类园式的景观，如杜鹃谷、桃花峪、海棠峡、枫林坡、竹林、花径等，或以不同植物组成色彩园、芳香园、彩叶植物园、春华秋实园等，山坡地面一定不能裸露，形成一组组花木峥嵘的秀丽景观。在配植以一季观赏为主的专类园时，要注意其他季节的观赏效果，如桃花峪，春天桃花妖冶，云蒸霞蔚，如火如荼，不失为春日佳景，但秋冬的景色萧条，因此，在峪中栽植适量常绿树及观秋色叶、秋色果的植物，以弥补秋冬的不足，但种类及数量要适度，以免喧宾夺主。

6.3 水体的植物种植

6.3.1 园林植物与水体的景观关系

水，具有多种多样的姿态，是园林景观中不可或缺的、最富魅力的园林要素之一。正如宋朝的郭熙、郭思在《林泉高致·山水训》中的描写："水，活物也，其形欲深静、欲柔滑、欲汪洋、欲回环、欲肥腻、欲喷薄、欲激射、欲多泉、欲远流、欲瀑布插天、欲溅扑入池、欲渔钓怡怡、欲草木欣欣、欲挟烟而秀媚、欲照溪谷而光辉，此水之活体也。"

中国传统园林的基本形式就是山水园，因此可谓"无园不水"。在《园冶·相地》就有对于园林中水体的处理方法："卜筑贵从水面，立基先究源头，疏源之去由，察水之来历。"说明在中国传统园林中，水体有着举足轻重的作用。不论是北方皇家的苑囿，还是南方的私家庭园，从北京的颐和园、北海、圆明园到苏州的拙政园、网师园等，或大面积集中用水，或分散用水，水都体现着其在园林中的独特魅力（图6-19~图6-21）。在西方古典园林中同样重视水体。凡尔赛园林中令人叹为观止的运河、水镜面以及无数喷泉就是一例。碧水映着蓝天，也起到使视线无限延伸的作用，在感觉上扩大了空间。

园林之水，可听泉，可观瀑，可赏景，可濯足，可流觞、可泛舟。中西方园林都十分重视水景的创造和水生植物的应用，中国园林中常用水生植物创造富于想象的空间，营造氛围和意境；西方园林多以展现水生植物自身的形体美为主，注重水生植物生态功能的发挥。对园林水体而言，一般均包括植物、动物以及其他的微生物，这样才能形成健康的生态系统，才能达到功能和形式的要求。园林水体的重要功能之一就是为水生植物、湿生、沼生植物的栽植提供载体。同时，人们对水生植物观赏的需求也是构筑水景的重要原因之一。

在我国古典园林中，水生植物是园林水景的重要造景素材。人们常用荷花、睡莲、香蒲、荇

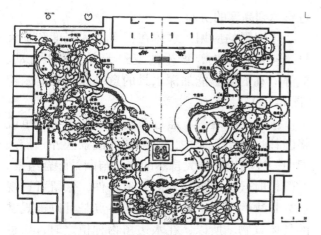

图6-19 香山饭店后庭院平面图

图6-20 颐和园昆明湖景观

图6-21 北京植物园樱桃沟人造溪流景观

菜、芦苇及藻类等水生植物造景。岸边常种植柳、竹、石榴、桃、槐、木芙蓉等植物。古人运用不同的造景手法，表现各种水生植物的美丽，反映园林的风貌。在著名的承德避暑山庄七十二景中，以水生植物命名或以水生植物为主景的有很多处，如"曲水荷香""观莲所""采菱渡"等，颐和园中的"荇桥"与"水木自亲"等。

在西方，水景与植物结合而成的水景园是非常重要的专类园形式之一。水景园中的水体向人们提供安宁和轻快的风景，在那里有不同色彩的芳香植物，还有瀑布、溪流的声响。池中及沿岸配植各种水生植物、沼泽植物和耐湿的乔灌木，而组成有背景和前景的园林，无不表现出水生植物特有的艺术魅力。

总之，各类水体，不管是静态水景，或是动态水景，都离不开植物来创造空间意境。在园林规划设计中，重视对水体的造景作用，处理好园林植物与水体的景观关系，水景中配植适宜的植物群落，才可营造出引人入胜的水景景观。

6.3.2 园林水体植物种植设计原则

园林水景中，在满足植物良好生长的同时又要体现植物的个体美和群体美，兼顾生态性和艺术性。而在我国的园林中，常常借助于文学、艺术的相关原理，在考虑环境生态条件的基础上，充分利用植物色彩、形态、质感等来综合创造景观。

(1) 园林水体植物种植设计的科学性原则

水体的植物种植设计的目的是为了建立人工水边及水中植物群落。在种植设计过程中，要充分了解植物的生态需求，再根据园林水体的类型和立地条件选择适宜的植物种类并进行合理的配置。

(2) 园林水体植物种植设计的艺术性原则

除了要遵循园林植物配植的一般艺术原则，园林水体植物种植设计中还应考虑植物与水面配植所产生的特殊的艺术效果。

①线条构图 平静的水面与竖线条、水平线条、点状、块状等不同姿态的植物搭配，可创造出不同的景观效果。与竖线条植物（如水杉、水松等）搭配，则视觉冲击力强；与水平线条的植物（如睡莲）

搭配，则祥和宁静（图6-22）。

②色彩构图　水体的色彩是园林景观的色彩背景，水色的变幻可以与植物、建筑、天空等的色彩达到高度的协调。

③倒影的应用　水体在提高空间亮度和扩大景观空间的同时，产生的变幻无穷、静中有动、似静似动的倒影能加深水景的意境和赏景的乐趣（图6-23）。

④借景与透景　通过疏密有致的植物配植或将园林远景借入园中，或将园外或景区外景借入园中，或利用四季大自然的变化与园景配合组景。在配植时候，根据场地的立地条件，保留可透视远方景物的空间，远方空间的终点是可以被观赏的具体景物。所以，在水边植物种植之时，切忌封闭水体，应根据景点的组织佳则收之，俗则摒之。

⑤增加水景的层次　空旷的水面往往过于单调。通过水面植物景观、水边植物景观以及水面小品等的搭配，打破水面的平直感，使水面景观富有层次和变化。

6.3.3　植物材料的选择

水体的植物种植设计是水生植物群落及其周围的湿生植物，甚至一定范围内的陆地植物景观的综合设计，在种植设计时应合理选择搭配种类，在了解水生植物群落演替规律的基础上，创造出较为稳定的群落类型，达到在较长时间内能维持预期的景观效果。

在园林水体植物景观设计中所涉及的水生植物主要分为5类：挺水植物、浮水植物、漂浮植物、沉水植物、水际或沼生植物，另外还有作水边栽植的岸边植物（图6-24、图6-25）。

挺水植物　根或根状茎生于水底泥中，植株茎叶高挺出水面，如荷花、水葱、千屈菜。

浮水植物　根或根状茎生于泥中，叶片通常浮于水面，如睡莲、王莲、芡实、菱。

漂浮植物　根悬浮在水中，植物体漂浮于水面，可随水流四处漂流，如凤眼莲、浮萍。

沉水植物　根或根状茎扎生或不扎生水底泥中，植物体沉没于水中，不露出水面，如黑藻。

水际或沼生植物　能适应湿土至浅水环境的植物，如黄花鸢尾等。

水边栽植，由于生态条件的限制，必须选择耐

图6-22　杭州植物园水池
——竖线条植物与平静水面的对比

图6-23　水中配置切忌拥塞，留出足够空旷的水面来展示倒影

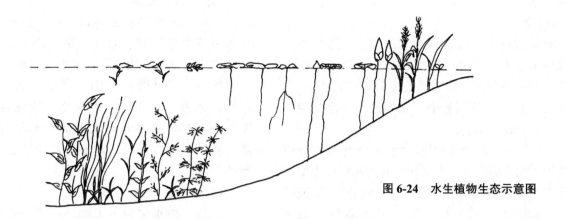

图6-24 水生植物生态示意图

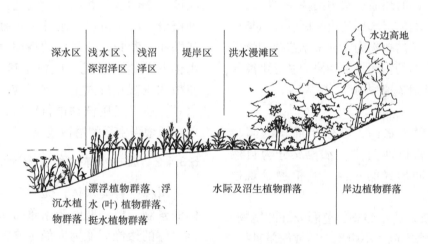

图6-25 水生植物与水体关系

水湿的乡土植物,尤其水位较高的湖畔、池沼或自然式缓坡驳岸旁的植物更是如此。当然,如果驳岸作隔水层处理,可选择植物种类的范围则更大。

水边植树 讲究树木的形体、姿态。纵观南北水边栽植,乔木树种的姿态大体有3类。"湖上新春柳,摇摇欲唤人""柳更需临水植之,柔条拂水,弄绿搓黄,大有逸志"。这柔条万千的柳树自古即是水边栽植的首选;与柳的柔软枝条相反,华东、华南地区的水边还栽植着水杉、池杉、落羽杉、水松,它们树姿峭立,潇洒秀丽,与水面一竖一横对比强烈,也收到极好的效果;此外,姿态浑圆、高大挺拔的樟树、大叶柳、洋白蜡、枫杨等也是组成水边景观的常用树种;而在华南,水边栽植棕榈科植物更是常见。当然,灌木可供选择的种类则更多。

在水体植物种植设计时,需要根据场地条件,结合植物的生物学特性,合理地选择植物种类,进行设计,创造出富有生命力的植物景观。

6.3.4 园林各水体类型的植物种植

6.3.4.1 园林水体的类型及其景观特点

园林水体按照其形式可分为湖、河、溪涧、瀑布、喷泉、水池、泉、潭等;或根据水体流动情况分为静水和动水;或按照水体的大小分为大型水面和小型水面等。下文简述不同水体植物选择的要点。

(1) 湖

湖是园林中比较常见的水体形式，是大型的静水景观。杭州西湖、武汉东湖、南京玄武湖、北京颐和园昆明湖、圆明园的福海等都闻名遐迩。在较大面积的公共园林中，水景可以设计成湖的形式，变化较为丰富。

一般说来，湖的面积比较大，湖边的植物种植可以体现四季的变化，在植物材料的选择上也要注意其姿态与体量。春天可以"邻水观花"，秋天可以"近水赏色"，而冬天，可以"沿湖品姿"。通过搭配种植不同花期、不同色彩的植物，向人们展示丰富的季相变化，同时还通过植物倒映在水中的色彩、姿态来丰富空间的层次。湖边也可以种植某一种植物或以某一色调的植物为主，来创造植物景观的韵律感，营造宁静的空间氛围。但切忌等距离同体量大小的植物沿湖栽植一周。

(2) 池

池是小型的静水水面，在较小面积的园林中，水体的形式常以池为主。水池又分为自然式与规则式。不同形式的水池，其植物景观也各具特色。

池边植物配植常选用姿态、色彩较好的植物，精心搭配，使得整个空间"小中见大"；或简单种植，通过水中的倒影增加水面层次。水面较小的水池周边及水中的植物更须选择色彩及大小、体量相宜的种类。既可以种植某一专类植物如荷花、睡莲，也可以搭配种植不同的水生、湿生植物，局部再现水生植物的群落景观。

(3) 河

在园林中，由于场地的限制，直接运用河的形式不常见。其植物景观的营造重点在于两岸。在较宽的河道边，可种植向水性比较强的乔木，植物的姿态与平直的水面形成优美的对比；在较窄的河边种植较为高大的乔木，分隔的效果尤为显著；临水处多植耐水湿植物；在两岸的种植上，注重常绿树和落叶树的搭配，散植一些乡土树种，搭配中下层小乔木、灌木以及地被，形成自然的河道景观。

(4) 溪涧、瀑布

溪涧的水流动态最能体现山林野趣。自然界这种景观非常丰富，因此借鉴自然，人们也在园林中创造了富于自然气息的溪涧与瀑布。

溪涧中流水潺潺，山石高低形成不同落差，并冲出深浅、大小各异的池潭，造成各种水声。溪涧石隙旁长着各种耐水湿的草本花卉及灌木，成自然的丛植或散植，与水体共同构成自然而生动的景观。

(5) 喷泉、叠水

喷泉、叠水多为人工动态水景，喷突跳跃的动态水体是欣赏的重点。其周围的植物种植设计应该与水的动势相结合，创造出优美的水景。在种植设计时，可以在水柱和水幕后用多层的植物绿壁作为背景，凸显水的透明度和动态，亦可在水体两侧进行衬托。或根据喷泉、叠水的外形，使植物景观在形式上与其对应。对于较长的动态水景，还可运用植物进行饰边，可以丰富水景的色彩，增强主景的透视效果。

6.3.4.2 园林水体的种植设计手法

园林中各类水体，无一不借助植物来丰富水体的景观。植物能够为水景带来生命与生机，柔化水体的边缘，能为人们带来四季的丰富色彩和不同的意境，也能将水景与整个园林景观充分融合。植物的色彩景观和季相变化、植物的姿态、倒影、天际线等，都为水景添加了色彩，增强了水体的美感。

园林水体种植的主要区域为水面、水边、驳岸以及堤、岛。不同区域在种植设计的手法和原则上也有不同。

(1) 水面植物种植设计

水面主要通过配植浮水植物、漂浮植物以及适宜的挺水植物，形成优美的水面景观，分割水面空间，增加景深。

水面植物配置要与水边景观相呼应，注意植物与水面面积的比例以及所选植物在形态、质感上的和谐。水边景观加上水中倒影，正是入画美景，所以至少需留出2/3的水面面积供欣赏倒影。同时在对水面植物种植定位时,应当细心考虑岸边景物的倒影,以便将最美的景色现于水中。

(2) 水边植物种植设计

水边植树最忌等树种、等大小、等距离绕水一周,形成单调呆板的景观,而应结合水边道路、地形进行灵活栽植。水边道路有时临水,有时离水较远,湖边留出一块空地作树丛栽植,乔灌木的栽植也应疏密结合,使游人在水边行走,忽而临水,忽而转入树丛,视线也时而开朗,时而郁闭,在疏与密、明与暗的强烈对比中使湖景多变,增加游人游湖的情趣(图6-26)。

水边植物配置的重点在于线条构图上,其景观主要是由湿生的乔灌木和挺水植物组成,不同的植物以其形态和线条打破了平直的水面。作为丰富天际线栽植的乔木,必须选用体形巨大、轮廓分明、色彩与周围的绿树有差别的树种,如榭树、大叶白蜡、楝树、重阳木、悬铃木、榕树、蒲葵等。湖边的树丛应有起伏变化的林冠线,从对岸观望才能产生雄伟、浑厚的表现力,也有借助湖边小山的树群丰富岸边林冠的变化。在植物种植上切忌等距种植及整形修剪。要注意应用植物的枝、干,增加水面层次,形成框景、透景等景观效果。利用乔木的天际线与平直的水面形成对比,或者在配植中与岸边建筑相互呼应。我国园林中水边多植以垂柳,柔条拂水,动感的竖向线条打破水面的水平线条,给整个水景注入动感。挺水植物以大小不等群丛与石矶、小桥、栈道搭配,别具情趣(图6-27)。

(3) 驳岸植物种植设计

水体的驳岸是水陆交错的过渡地带,在自然状态下往往是物种丰富、生产力高的区域。岸边植物的配植与水体驳岸的结合非常重要,它能够使岸与水融为一体,扩展水面的空间。

①结构性驳岸的植物种植 结构性的驳岸整齐而且坚固,游人在岸边活动能够比较随意,在

图6-26 水边道路与水岸关系的变化,忽明忽暗疏密相间

图6-27 苏州网师园岸边植物与水生植物的结合

园林水景中应用较为广泛。但是,结构性的驳岸的线条却显得有些生硬,尤其是规则的驳岸。因此,通过岸边种植合适的植物,柔化其线条而弥补其不足就显得尤为重要。如常见的垂柳、南迎春、夹竹桃、迎春等种植在水边,其下垂或拱形的枝条可以遮盖石岸,同时配以鸢尾、黄菖蒲、燕子花等增加活泼气氛。而对于较大的水面,可以在驳岸上种植攀缘植物如地锦、薜荔等加以改善。

②非结构性驳岸的植物种植 应结合地形、

道路、岸线布局进行设计。非结构性驳岸一般自然蜿蜒，线条优美，因此植物配植应以自然种植为宜，忌等距栽植，忌修剪整形，以自然姿态为主。结合地形和环境，配植应该有近有远，有疏有密，有断有续，有高有低，使沿岸景致自然有趣。

(4) 堤、岛、桥植物种植设计

水体中设置堤、岛是划分水面空间的主要手段，堤常与桥相连。而堤、岛的植物配置，不仅增添了水面空间的层次，而且丰富了水面空间的色彩，倒影成为主要景观。

①堤　在园林中虽不多见，但杭州的苏堤、白堤，北京颐和园的西堤，广州流花湖公园及南宁南湖公园都有长短不同的堤。堤常与桥相连，故也是重要的游览路线之一。堤起着划分水面的作用，堤上的植物则是水面空间或联系或分割的关键。堤上植物的种植设计应该遵循总体设计的意图，疏密有致，以其丰富的四季季相变化来丰富水面空间景观。

"沿堤插柳"是古典园林水边湖岸常用的植物配置手法。北京颐和园西堤以杨、柳为主，以柳树为主基调，是桃红柳绿的传统配植手法，颂咏春景。西堤沿途以那些百年历史的古柳群落与色彩丰富的树林为背景，增加了湖面的景深。丰富的林冠线，将昆明湖划分为有收有放的南北两大层次。

②岛　是水体景观的重要元素之一。岛的类型众多，大小各异。有可游的半岛及湖中岛，也有仅供远眺、观赏的湖心岛。前者在植物配植时还要考虑导游路线，不能有碍交通，后者不考虑内部游览，植物配植密度较大，要求四面皆有景可赏。在进行植物种植设计时，选择适宜的乔木，疏密有致，高低有序，增加了湖岛的层次、景深和丰富了林冠线层次。对于岛上有塔或雕塑等主景时，在种植设计时应当注重对主景的烘托。通过岛与水面虚实对比，交替变化的园林空间在巧妙的植物配植下，表现得淋漓尽致。

③桥　桥既能连接水两边的陆地又能划分水面的空间，在园林水体中起着联系风景点、组织交通的作用。园林中常见的桥有拱桥、平桥、亭桥、廊桥等形式，而根据其材质则有木桥、砖石桥、钢筋混凝土桥等。不同材质、不同造型的桥其旁边的植物配植也不尽相同。如拱桥旁边多种植姿态摇曳的小乔木、花灌木等，而折线形平桥多低临水面，其两旁多种植水生植物，如荷花、睡莲等，使人感到亲切、自然。如果桥的体量较小，则适宜搭配秀美的植物；如果体量较大，适宜密植乔木，形成一定的规模。

6.4　道路的植物种植

6.4.1　园林植物与道路的景观关系

道路既具有重要的交通功能，也是典型的开放空间，道路景观能反映城市形象，也能展示城市的个性，通过道路绿化能够达到更好地反映城市形象和特色的目标。在我国，道路绿化具有悠久的历史，2000多年前的周秦时代就已沿道路种植行道树。《汉书》中就记载："秦为驰道（驰道指的是城市与城市之间的道路，即现在的公路）于天下，东穷燕齐，南极吴楚，江湖之上，滨海之观毕至。道广五十步，三丈而树，原筑其外，隐以金椎，树以青松。"说明2000多年前我国已用松树作为行道树。唐代京都长安用榆、槐做行道树。北宋东京街道旁种植了桃、李、杏、梨。国外不少国家自古也重视行道树栽植，据文献记载，公元前10世纪，在连接印度加尔各答和阿富汗的干道中央与左右，种植了3行树木，称做大路树（ground trunk），此为世界上最古老的行道树。西欧各国常用欧洲山毛榉、欧洲七叶树、椴、榆、桦木、意大利丝柏、巨杉、欧洲紫杉等作行道树。现代社会人口急剧膨胀，环境污染加剧，人们对周边环境的要求也越来越高，对道路及其绿化建设也日趋重视。道路绿地是城市绿地系统的网络骨架，它不仅可使城市的绿色空间延续，还能有效地改善生态环境。道路绿地除了增添城市景观外，绿地布置可以使一些相似或近似的街道由于绿地的不同而区分开来，从而增加了空间的可识别性。道路绿化具有美化环境、丰富城市景观、组织交通和改善生态环境等功能，特别是在现代交通的发展给环境带来很大的冲击、环境污染严重的情况下，道路绿地中的植物在丰富城市景观、改善城市环境、净化空气、增加空气湿度、降低噪声、调节气候、防风固沙等方面的功能就显得尤为重要。

道路绿化中的植物除了在美化城市、改善生态环境等方面的功能外，另一重要功能就是为行人遮阴、降温。四季的变化使植物的外观形态随着发生变化，尤其是落叶植物，炎炎夏日浓郁的绿荫能为行人提供凉爽的交通空间，有利于交通安全，寒冷冬天阳光也能透过枝条带来温暖。不同的植物也带给人们不同的视觉、嗅觉的感受以及植物与文化的结合产生的精神上的感受。随着现代城市建设的发展，城市道路类型增加，功能各异，也形成了各种绿带，有些发达城市将居住区绿地、公共系统绿地和城市道路绿地结合起来形成了丰富的城市植物景观，有一些地区将行道树、林荫道与防护林带共同连成绿色走廊。城市道路的绿化影响着城市整体景观，用于道路绿化的植物甚至成为城市景观区域性特色的重要因素。

6.4.2 城市道路的种植设计

城市道路作为城市的骨架，是人们感受城市的一个窗口。城市道路景观直接形成城市的面貌、道路空间的性质、市民的生活交往环境，成为城市居民审美观赏和生活体验的客体，从某种程度上成为城市文化的重要组成部分。道路绿化、道路铺装、道路上的栏杆、广告牌等共同构成了道路景观，而道路绿化是城市道路景观的重要组成部分，它为原来硬质的城市道路添加了软质的景观，并对城市道路的特性进行补充和强化。道路两侧的植物通过其不同的姿态、不同的色彩、不同的质感、不同的叶花果以及不同的种植形式和组合方式，增添道路的视觉效果。

6.4.2.1 城市道路绿化的功能

植物是道路绿化的根本，道路绿化在充分考虑当地的气候条件、地方特色、道路性质和交通功能以及道路周围的环境和建筑要求的基础上来选择植物及其种植方式，道路绿化的功能主要有：

(1) 保护生态环境

城市道路绿地是城市绿化系统的重要组成部分，道路绿地中的植物可以大量吸收城市中排放的废气，调节空气温度，增加空气湿度，净化空气，防风固沙，涵养水源，降低辐射，缓解城市热岛效应，在城市道路两旁栽植植物可以减低行车的噪声，在人行道绿带按照一定的方式种植乔木与灌木还可以降低噪声对路边建筑的影响。据调查显示，种植一行树冠浓密的行道树，沿道路2~3层楼可以降低12dB的噪声。乔木和灌草的搭配还可以起到很好的防尘效果，有利于空气的净化。

(2) 美化城市环境

城市道路绿化通过运用不同植物以及各种植物种植形式营造出不同的景观，道路绿化不仅可以美化街景，当城市道路的两侧有不雅或与道路特色不相符合的景观时，可以通过种植植物将人们视线的某些方向加以遮蔽，对好的景观特征加以突出利用，有助于形成有特色的道路景观。

(3) 改善交通状况

利用道路绿地的绿化带，可以将道路分为车行道、人行道等，尤其在道路交叉路口、立交桥、广场及停车场等地的植物绿化都可以起到组织交通，改善交通状况，保障交通安全的作用。此外，当道路上的机动车处于快速行驶的状态时，驾驶员必须注意力高度集中，但汽车的反光镜、沿街建筑物的玻璃所产生的眩光会对驾驶员产生影响。通过道路绿化可以减弱眩光，增强行车的安全性。

(4) 其他功能

道路绿化还可以防火或者在满足绿化的景观效果后，利用某些植物特殊的食用或药用价值，结合生产，创造一定的经济价值。

6.4.2.2 道路绿地的植物种植设计

绿地是道路空间构成道路景观的重要元素，道路绿地是指道路及广场用地范围内的可进行绿化的用地。道路绿地又分为道路绿带、交通岛绿地、广场绿地和停车场绿地。下面分别对这几种不同绿地形式的植物种植进行介绍。

(1) 道路绿带的植物种植设计

道路绿带是指道路红线范围内的带状绿地。道路绿带根据其布设位置又分为分车绿带、行道树绿带和路侧绿带。

①分车绿带　是指车行道之间可以绿化的分隔带，位于上下行机动车道之间的为中间分车绿带；位于机动车道与非机动车道之间或同方向机动车道之间的为两侧分车绿带。绿带的宽度国内外都很不一致，可以根据道路的宽度进行适当的调整。在分隔绿带上的植物种植首先要满足交通安全的要求，不能妨碍司机及行人的视线，其次还要考虑到与道路其他景观的协调性，增添街景。

按照道路的断面布置形式，目前道路绿化在进行规划设计时常采用的模式有一板二带式、二板三带式、三板四带式、四板五带式和其他的形式。

分车带绿化是道路景观的重要组成部分，其宽度从 1.5~6m 宽度不等。分车带的植物种植一定注意保持通透性，不能妨碍司机的视线，尤其是在道路交叉口、人行道等地段，在分车带被断开，其端部的植物绿化一定要采用通透式栽植，以免遮挡司机视线。对于较窄的绿化带一般只种植低矮的灌木、草皮、花卉或种植乔木，较宽的分车带则可考虑采用乔灌草结合的植物应用形式，将不同的植物搭配在一起，形成既有丰富的层次和季相变化又体现不同植物质感、色彩、线条的优美的道路景观。对中间分车绿带还要注意功能性与景观性的统一，中间分车绿带一个重要功能是要抵挡夜间开车车辆间的眩光，通常在距相邻机动车道路面高度 0.6~1.5m 的范围内种植绿篱或者枝叶茂密的常绿树，可将绿篱进行适当的整形修剪，增加道路景观的美观性，若道路过长，可采用不同的植物、不同的修剪方式或者种植方式来防止道路景观的单调乏味。对于两侧分车绿带，宽度较窄时，可只种植乔木，宽度大于 2.5m 时，可以考虑采用乔灌草结合的复层结构模式以形成更加优美的景观。

②行道树绿带　是指车行道与人行道之间种植行道树的绿带。其功能主要是为行人提供荫凉，同时美化街景。我国大部分地区夏季天气炎热，因此行道树多采用冠大荫浓的树种，如悬铃木、栾树、榕树、槐树、凤凰木等。我国北方大部分地区最好选择落叶乔木，这样可以夏季遮阴冬季又不遮挡阳光。行道树反映了一个区域或一个城市的气候特点及文化内涵，植物的生长又与周围环境条件有着密切的联系，因此选择行道树时一定要适地适树。一些城市行道树的选择既能代表地区特色，植物又能适应当地的气候条件，很好地发挥了行道树体现地方特色和绿化的功能。比如北京的槐树、海南的椰树、南京的雪松、成都的银杏、长沙的香樟、武汉的水杉、合肥的广玉兰以及桂林的桂花等。

行道树的立地环境较差，在行道树的选择上要遵循树种抗性强、寿命长、适地适树、冠大荫浓等原则，常见的种植设计形式有：

树带式　行道树绿带宽度在 1.5~2.5m 时通常种植一行乔木，如果宽度适宜可视情况栽植乔木、灌木等，树下可铺设草皮，同时注意在适当的位置为汽车进站和人行预留铺装过道。

树池式　树池式行道树通常用于交通量较大，行人多而人行道窄的路段。树池的形式多为正方形、长方形或圆形。规格为正方形以边长 1.5m 较合适，长方形长、宽分别以 2m、1.5m 为宜，圆形树池以直径不小于 1.5m 为好。

目前树池边缘高度也分为 3 种情况。树池边缘高出人行道路 8~10cm，这种形式可减少行人踩踏，土壤不会板结，但容易积水，也不利于卫生清洁，可在池内铺一层鹅卵石或者树皮。树池边缘与人行道等高，这种形式方便行人行走，但土壤经行人踩踏易板结，也不利于植物灌溉，对植物生长造成一定影响。树池边缘低于人行道，通常在树池上加池箅子并使之与路面平行，这样利于行人通行，也不会使土壤板结，但造价较高。

行道树种植时还要注意株距，株距除考虑人流交通、消防等因素外，主要根据植物的生长特性来确定，通常胸径选择 5cm 以上树苗，株距在 4~6m。快长树如杨树，种植胸径 5cm 的苗子时，株距在 4~6m 较为适宜。悬铃木等生长速度较快，树冠较大，种植时可适当加大株距，以 6~8m 较为适宜。槐树为中慢生树种，株距以 5m 为宜。行道树选用快长树种时经过30~50年就要更新，对于中慢生树种，通常寿命较长，经过一定年限后可隔株移走一棵行道树，避免植物生长空间拥挤。

在道路交叉口，行道树的种植要注意树冠不能进入视距三角形范围内，以免遮挡司机视线，影响交通安全。

③路侧绿带　是指车行道边缘至建筑红线之间的绿化带，包括行道树绿带、步行道绿带及建筑基础绿带。此绿带既起到与嘈杂的车行道的分隔作用，也能为行人提供安静、优美、蔽荫的环境。根据绿带的不同宽度，植物种植的形式各异。建筑基础绿带国内常见用地锦、扶芳藤等藤本植物作墙面垂直绿化，用直立的圆柏、珊瑚树、大叶冬青或女贞等植于墙前作为分隔。如果绿带较宽，则以基础绿带作为背景，前面配植花灌木、宿根花卉及草坪，但在外缘常用绿篱进行分隔，以防行人践踏破坏。另外基础绿带种植中要注意植物与建筑物间要保持一定距离，以防影响室内的采光和通风。

④道路交叉口　为保证行车的安全，在进入道路交叉口时，必须在路转角留出距离，使司机有充分的时间刹车、停车而不至于发生撞车，这个距离即"安全视距"。由两交叉道路的最短安全视距，可以在交叉口处形成一个三角形，即"视距三角形"。根据行车的安全，在此三角形内不能有建筑物、构筑物、树木等遮挡司机的视线。因此，在其内种植植物时，植物的高度不能超过0.65~0.70m，不能形成过于复杂的图样，以免影响司机的注意力。

(2) 交通岛绿地

交通岛俗称转盘，一般设在车流量较大的主干道或交叉路口中央，我国大中城市的交通岛直径约40~60m，小城镇的交通岛也不能小于20m。城市道路中的交通岛，其主要功能是组织环形交通，通常或种植嵌花草坪、花坛，或以低矮的花灌木组成简单的图样，不适宜种植大灌木、乔木，以免影响视线。

(3) 广场绿地

广场是指由建筑及构筑物、道路、植物等围合或限定而形成的公共空间。广场不仅是城市中不可缺少的有机组成部分，也是一个城市、一个区域标志性的主要公共空间载体。城市广场是提供人们交流、集会、活动、休憩等的空间，是人们进行日常生活和社会活动不可缺少的场所。

不同类型的广场在植物种植设计上的要求不尽相同。如交通广场以满足交通功能为主；而文化休闲广场则可以通过植物创造各种类型的空间，如半封闭的、开敞的、封闭的，以满足不同游人的要求。在确定广场功能的前提下，应结合当地的地形、所处的环境等综合考虑植物的种植设计。

集会广场的种植要求严整、雄伟，种植方式多采用对称式。植物宜选择树形端庄、树体开阔的，植物的色彩应该比较统一，当然可以在局部适当进行对比处理。

文化休闲广场应该满足不同人的不同要求，植物的种植较为灵活，既可以采用规则式，也可以自然种植，既要有对比和谐，也要有节奏韵律，在变化中贯穿统一，在统一中体现变化。植物的色彩可以比较丰富，可以有强烈的对比等。

交通广场总体要创造开敞、明快的感觉，植物不能影响交通，尤其在车道的两侧种植的植物不能影响车流、人流的安全通行。

纪念性广场植物的种植应该努力创造庄严、肃穆的氛围，如常选用松、柏、木棉、玉兰、竹、菊等具有一定象征意义的植物，多采用规则的配植方式，如列植、对植、片植等。

城市广场在很多情况下是城市的象征，在我国很多城市的建设中，城市广场越来越多地受到重视，必须切实结合我国的实际情况并争取有所创新，在尊重我国的传统文化和城市特有的空间形态、结构特征的基础上来创造具有中国文化特色的城市广场。

(4) 停车场绿地

随着人民生活水平的不断提高，机动车辆越来越多，一般在大型的公共建筑（剧院、商场、饭店、体育馆）、商业楼、居民区都设有停车场，根据停车场的形式，其绿化也可分为多层的、地下的、地面的等多种形式。目前我国地面停车场较多，对于较小的停车场可以采用周边式植物种植设计，采用草坪砖铺装场地，周围种植乔木、花灌木、绿篱或加以围栏。较大的停车场则采用成行成列种植乔木的树阵式种植方式给车辆遮阴，另外在建筑前，停车场绿化常和基础绿化结合，一般种植乔木和花灌木、绿篱等，使种植既能衬托建筑又能为车辆遮阴。

(5) 步行街

城市商业步行街作为一座城市的"窗口"和"名片"，它不仅是城市的缩影，更是城市人性化的表现，正以其巨大的商业价值和对城市振兴发展的推动作用而成为中国未来商业形态的重要模式。

城市商业步行街的绿化，在为顾客提供良好的购物休闲环境的同时也改善了商业区及其周围的环境。另外步行街也为市民多提供了一块休闲娱乐的空间。为创造深受好评的商业步行街必须以顾客为出发点，在结合当地的环境条件、文化等的基础上，进行合理的规划设计。

在商业步行街的植物种植设计中，首先要种植一定数量的高大乔木为顾客提供庇荫环境。考虑到商业因素，乔木可以适当地加大株行距，避免因过密遮挡沿街的店铺。由于商业步行街人流量较大，宜选择分枝点较高的植物，再结合街道的其他景观要素综合考虑植物种植形式。通常可以种植植物作为雕塑的背景，也可以通过乔灌草的搭配形成优美的群落景观。如果街道的宽度允许，可以在中间建较大的种植池，种植观花的灌木、草花等。由于街道的硬质铺装面积较大，植物多种植在种植池内，种植池的面积必须考虑植物远期的需要，不能过小。

6.4.3 园路的植物种植

在园林中，园路及铺装广场一般占总面积的12%~20%，它既是组织交通的要道，又构成一定的景观供人欣赏。通过园路来组织整个游览的路线，园路本身也是景观，它的形式多样，或笔直规则，或弯曲自然，路旁的植物景观也随之变化。园路的布局一般自然、灵活，又有变化，常用乔木、灌木、地被植物等多层次结合，以构成具有一定情趣的景观路。园路除了集散、组织交通外，还主要起到导游作用。园路的宽窄、线路乃至高低起伏都是根据园景中地形以及各景区相互联系的要求来设计的。

6.4.3.1 不同类型园路的种植设计

(1) 主路的种植设计

园林主路是沟通各活动区的主要道路，由于

图6-28　沈阳世博园一级园路

其人流量较大，同时还要满足一定的车辆通行，因此主路往往设计成环路，其宽度3~5m。主路的植物种植要注意树种的选择，使之符合园路的功能要求，包括交通和景观，同时还要特别考虑景观的要求，以求给人们留下美好的第一印象。主路旁的植物一般选择主干优美，树冠浓密，高度适宜的树种，如合欢、银杏、元宝枫、香樟、乌桕、无患子等。

对于平坦笔直的主路，其路旁的植物种植常用规则式，宜列植观花乔木为佳，并种植花灌木作下木，丰富园内色彩。对于蜿蜒曲折的主路，植物以自然式配植为宜，且高低错落，疏密有致（图6-28）。主路旁若有微地形变化或园路本身有高低起伏，最宜采用自然式配植。而主路的前方有雄伟的建筑作对景时，路两旁植物可适当密植，使道路成为一条绿色的甬道，以突出建筑主景。在景观入口处的主路也常常采用规则式配植，可以强调入口的气氛。

主路的植物可以用同一种或以同一种为主，以表现某种风格或体现某季节的特色。如中山公园的侧柏路，树体高大，一年四季郁郁葱葱，让人倍感庄严肃穆（图6-29）。再如沈阳世博园的一条园路，以油松为主要种植树种，两旁配植凤仙花，营造出既幽静深邃，又不失活泼的景观效果。如果线路过长，旁边多是自然的景物，则不必完全对称统一，可以以某一乔木、灌木搭配种植为主，结合路旁的山石、水体等，适当点植其他植物，采用其他的种植形式，以创造变化的统一。

但是在某些自然式的园路旁，树种往往因为单调而不容易形成丰富多彩的景观效果，在这种情况下，可以种植多种植物来创造较为适合环境的路景。树种的多少可以根据园路的性质、作用、长度而定。一般在一段不长的路旁树种不宜超过3种，而且最好有一个主树种。对于较长的园路，可以在不同的路段采用不同的植物，使道路植物景观既有变化，又不会产生零乱之感。

(2) 次路和小路的种植设计

次路是园中各景区内的主要道路，一般宽2~3m，小路则是供少量游人漫步在安静的休息区中，一般宽仅1~1.5m。次路和小路一般较窄，多随地形蜿蜒曲折，因此路旁的种植形式灵活多样（图6-30）。有的只需在路的一旁种植乔木或简单地搭配乔木和灌木，还有的仅通过灌丛来进行绿化，就可达到既遮阴又赏花的效果。植物种类可从各景区的主题植物中选择，杭州植物园内一条次路，是山水园与槭树杜鹃园的分界，于邻槭树杜鹃园的路侧选用秀丽槭为主树，自然式栽植，路另一侧点缀数株作呼应，树下不规则地植以杜鹃花、毛白杜鹃，或成丛或成片，铺以草坪，组成自然灵活的园路景观。

主路上栽植的园路树为全园确定了路树的基

图6-29　北京中山公园一级园路

图6-30　沈阳世博园二级园路

调，这类基调树在次路及小路上也应有所体现，从而使全园的园路用基调树得以统一，使园路景观在变化中有一种和谐的美感。

6.4.3.2 不同情趣的路径的种植设计

在园林中，除主路、次路外，常常结合地形地势，利用各种各样的植物，创造不同情趣的小径。

(1) 野趣之路

在人流较少较安静的路段，可以通过自然的种植，再结合古朴的建筑、嶙峋的山石、蜿蜒曲折的水体，创造回归自然的意境。为创造这种意境，路旁多选择姿态优美自然、体形高大的植物，不宜选用经过整形修剪的植物。植物应用自然式的种植方式。如在杭州柳浪闻莺的大草坪上，在自然种植的树丛下面有一段嵌草的石板小路，一侧种植枫杨和香樟，另一侧为紫叶李，高大的树荫下散置着几块石头，坐在石头上，有如置身于亲切的大自然中。

(2) 山道

在园林的山地中，植物丛生、蜿蜒崎岖的山路是极具山野情趣的道路形式。它吸引人们沿路而上，一边欣赏途中的景致，一边体会攀爬的乐趣。山道的宽度依不同的环境而不同，或仅能容一人通行，或宽达4~5m，但其旁的植物种植多为自然式，或仅种植几丛灌木，让人们能够远眺山景，或种植高大的乔木，为攀爬的人们提供荫凉，当然也可以乔灌草结合，创造具有层次感的景致。如重庆鹅岭公园的登山小径，两侧乔、灌、草多层次配植，野趣盎然。

在园林中，也有很多平地改造后形成山林之趣。如杭州花港观鱼的密林区，经过地形改造、降低路面、提高路旁的坡度，使高差达2m，同时还通过山坡的曲折来遮挡视线。坡地上种植高大、浓密的乔木，如枫香、麻栎、沙朴、刺槐等，株行距从0.5~4m不等，一般树与路边线的距离不等，从而形成了密林中的小山道。

无论自然山道或人工山道，要使之具有山林之趣，一般山路旁的树木要有一定的高度，以产生高耸感，当路宽与树高的比例在1∶6~1∶10时，

效果比较明显。或者，道路浓荫覆盖，具有一定的郁闭度，光线适当地暗一些，加上周围厚度适当的树木，以强化"身临山林"之感。

(3) 竹径

竹径自古以来都是中国园林中经常应用的造景手法。正所谓"绿竹入幽径，青萝拂行衣"，竹子是园林中为创造曲折、幽静、深邃的园路环境的最佳素材。如杭州的云栖、三潭印月、西泠印社及植物园内部都有竹径。尤其是云栖的竹径，长达800m，两旁毛竹高达20m，竹林两旁宽厚望不到边，穿行在这曲折的竹径中，很自然地产生一种"曲径通幽处，禅房花木深"的幽深感。

(4) 花径

花径是园林中具有特殊情趣的路径。它在一定的道路空间内，通过花的姿态和色彩来创造一种浓郁的花园的氛围，给人们一种美的艺术享受，尤其在盛花时期，让人产生如入花园的感觉。如济南五龙潭公园的樱花径，位于武中奇书画馆之后，路宽1.5m，两旁以樱花为主，间植少量云杉。樱花的树冠覆盖了整个路面，每当樱花盛开之时，人们犹如在粉红的云霞之中畅游。而在各地的公园中，也常用桃花、桂花、玉兰、连翘等花木丛植来创造花径。一般花灌木要密植，最好有背景树。花径植物宜选择花型美丽、花期较长、花色鲜艳、开花繁茂的植物，有香味则更妙。如樱花、垂丝海棠、黄槐、紫薇、木本绣球、丁香、金银木、夹竹桃、扶桑、杜鹃花、金丝桃、郁金香、葡萄风信子、矮牵牛等。

(5) 步石

园林中步石是指设于浅水或草坪上由规划或不规则的砖石构筑的步道。设于水面的步石也称作汀步。汀步使人们可以点水而过，起到过小桥所不得的乐趣，因其置于浅水中，汀步旁可栽植些许挺水植物，如香蒲、千屈菜、水生鸢尾等，栽植时切忌左右对称，呆板僵硬，可以采用丛植的手法，左右点缀，形成极富自然野趣的水面景观。设于草坪上的步石，可以保护草坪免受践踏，同时又提供穿行的方便。由于步石不如道路那么醒目，可以保障草坪景观的整体性。设计优美的步石

本身也常自成一景。因此步石两旁可自然式配植植物，也可仅与草坪自然结合（图6-31）。

6.5 小品的植物种植

6.5.1 园林植物与小品的景观关系

园林小品多置于公园、居住区绿地、街道绿地、广场等人流量较大的地方，植物与小品搭配，主要是利用植物在造型、线条、色彩等方面的独特优势，可以遮挡小品的生硬线条，同时植物一年中随季节的变化而产生的季相变化也会使小品产生不同的景观效果，赋予小品以生命力。若植物与小品配置适宜，不仅可以丰富景观，使人工美与自然美巧妙结合，而且可以利用某些植物特殊的文化含义，使景观意境深远，给人以精神层次的感受，使人与园林的主题思想产生共鸣。植物可以为小品提供背景，突出小品的景观效果，又能使某些特殊形状的小品构图平衡，丰富小品的层次，同时小品周围种植某些有特定意义的植物时，植物所具有的精神内涵又能深化小品表达的思想。

6.5.2 园林小品及其类型

园林小品是借用文学"小品文"一词，是指在园林中应用的体量较小、功能简单、造型别致、富有情趣的小型公共艺术设施，可供游人休息、观赏、方便游览活动或为方便园林管理而设置。

园林小品既能美化环境，增加园林景观情趣，又有一定的实用功能，按功能分如服务性小品，既能作为一定的景观，又有实用的价值，包括各种造型的靠背园椅、凳、桌和遮阳的伞、罩等，或结合环境，用自然块石或用混凝土作成仿石、仿树墩的凳、桌；或利用花坛、花台边缘的矮墙和地下通气孔道来作椅、凳等；或围绕大树

图6-31 沈阳世博园草坪上的步石小道

图6-32 功能性小品——棚架

基部设椅、凳，既可休息，又能纳凉。功能性小品中还包括一些结合照明的小品如园灯的基座、灯柱、灯头、灯具，为游人服务的饮水泉、洗手池、公用电话亭、时钟塔等，为保护园林设施的栏杆、格子垣、花坛绿地的边缘装饰等，为保持环境卫生的废物箱等（图6-32）。再如装饰性小品，各种固定的和可移动的花钵、饰瓶，可以经常更换花卉。装饰性的日晷、香炉、水缸，各种景墙（如九龙壁）、景窗等，在园林中起点缀作用（图

6-33)。还有展示性小品像各种布告板、导游图板、指路标牌以及动物园、植物园和文物古建筑的说明牌、阅报栏、图片画廊等，都对游人有宣传、教育的作用。

园林小品虽体量较小，但在其特定的环境中却能发挥画龙点睛的效果，能使园林主题更加明确，小品与其环境中植物、道路、建筑等结合，更能为园林景观增加情趣，使园林空间更为美观、深入人心（图6-34~图6-36）。

6.5.3 园林小品植物种植设计的原则

(1) 植物的选择要与小品表达的思想相协调

园林小品如装饰性小品中的雕塑物、景墙、铺地，都具有特殊的文化含义，在不同的环境背景下表达了特殊的作用和意义。要通过选择合适的植物和配置方式来突出、衬托或者烘托小品本身的主旨和精神内涵。如在受人尊敬的教师雕像的周围，种植桃、李等植物可以让人体会到老师桃李满天下的寓意，其包含的意境就更加丰富。

(2) 植物的选择应完善而不是影响小品的功能要求

好的植物种植既可以丰富园林景观，又可以完善小品本身的功能。如在廊架上栽植攀缘类植物（如紫藤、葡萄、木香、凌霄等）既可以观花或观果又可以蔽荫，为游人提供乘凉休息的地方。另外，园林中还有些功能性的设施小品如垃圾桶、

图6-33 装饰性小品

图6-34 水景小品

图6-35 水景小品——韩国园雕塑喷泉

图6-36 其他——框景

厕所等,也可以运用植物来美化。

(3) 植物体量、色彩为小品创造的环境要与周围环境相协调

小品因造型、尺度、色彩等原因与周围绿地环境不相称时,可以用植物来缓和或者消除这种矛盾。如以照明功能为主的灯饰,由于分布较广、数量较多,在选择位置上如果不考虑与其他园林要素结合,那将会影响绿地的整体景观效果,这种情况下可将草坪灯、景观灯、庭院灯、射灯等设计在低矮的灌木丛中、高大的乔木下或者植物群落的边缘位置,既起到了隐蔽作用又不影响灯光的夜间照明。

6.5.4 常见园林小品的植物种植设计

服务性的小品如体量较大的休息亭、坐凳等的轮廓线都比较生硬、平直,植物则具有优美的线条和丰富的色彩可以软化小品的生硬线条,增添它的自然美,从而使整体环境和谐自然、动静结合,并且小品会随植物的变化产生四季不同的景观效果,特别是小品的角隅,通过植物进行缓和最为有效,宜选择观花、观果、观叶类的灌木和地被、草本植物成丛种植,使小品的边缘与环境不过分突兀。下面介绍一些园林中最常用的服务性小品的植物种植设计。

(1) 花架的种植设计

花架是为了支持植物生长设置的构筑物,一方面它具有建筑的功能,如提供休息、赏景、组织和划分空间的作用;另一方面,它为攀缘植物提供适合生长的支架,来展示植物的花、果、叶,丰富景观。花架的形式极为丰富,有亭架、棚架、廊架、门架等,花架是非常理想的立体绿化形式,使园林中人工美和自然美得到统一。

花架是园林中广泛应用的一种小品形式,既可以是数百米的绿色步廊,也可以是屋顶花园的小点缀,既可作框景将园中景色纳入画面,也可遮挡陋景。在植物种植时要考虑花架的大小、结构、立地的光照条件和土壤条件选择合适的植物。适合花架攀缘植物有上百种,常用的有紫藤、藤本月季、金银花、葡萄、凌霄、南蛇藤、木香等,

如在北京陶然亭公园中心岛的花架种植了紫藤,紫藤先花后叶,春季花序如紫色的瀑布,清香袭人;夏季则绿荫浓密,能为游人提供乘凉休闲的场所;冬季盘曲的枝干也能构成具有特色的园景。另外根据植物的不同生长习性,选用几种不同的植物混植效果也不错。较长的花架可以采用分段种植植物的方式以便植物尽快覆盖整个花架,如在花架的两头和中间的位置设置种植池,也可以采用悬挂盆栽植物的方式达到较好的景观效果,如采用一些喜光性、分枝多、花朵繁、花期长的植物材料如矮牵牛、天竺葵、垂盆草、洋常春藤、旱金莲等在架的顶部或者两侧悬挂,形成绚烂的花廊,但应注意层次分明、格调统一,同一个花架应用的种类不宜太多太杂。

此外,在植物选择上还要考虑花架的环境条件的限制,如园林中以植物为主景时,环境静谧,花架往往是园中的视觉中心,主要功能是划分空间和增加景深,植物在色彩和线条上就要和周围的植物形成鲜明的对比,如应用凌霄、藤本月季等植物材料,在其盛花期能形成热烈而奔放的景观效果。

(2) 座椅、坐凳的植物种植设计

座椅是园林中分布最广、数量最多的小品,其主要功能是为游人休息、赏景提供停歇处。从功能完善的角度来设计,座椅边的植物配置应该做到夏可庇荫、冬不蔽日。通常在冠大荫浓的树下设置坐凳、座椅,这样不仅可以纳凉,植物的树荫也可以带给游人舒服的视觉光线,使透视远景更加明快清晰,感觉空间更加开阔。在园路的一侧可用榆叶梅、连翘、丁香等花灌木作为座椅、坐凳的背景,花开时节既能给游人提供赏心悦目的景观,又能使游人身处静谧优美的环境中,近年来座椅围绕花坛、树池设置的形式也越来越多,在商业区设置的座椅通常与花钵组合在一起,花钵中植物通常用一、二年生花卉,游人在树下、花畔休息,令人心旷神怡。另外一些仿真树桩做成的座椅等,能与周围环境更自然融为一体,增加景观情趣。也有座椅设置在一个半开敞空间中,可用乔木作背景,树下再搭配矮篱,给人们提供

一个静谧的空间。

(3) 雕塑与植物的种植设计

雕塑小品的题材非常广泛，因其本身就具有观赏性，能给人强烈的艺术感受，同时雕塑小品还能强化园林的主题，往往是园林景观中的视觉中心。

雕塑可配置于规则式园林的广场、花坛、林荫道上，也可点缀在自然式园林的山坡、草地、池畔或水中（图6-37）。在园林中设置雕塑，其主题和形象均应与环境相协调，雕塑与所在空间的大小、尺度要有恰当的比例，并需要考虑雕塑本身的朝向、色彩以及与背景的关系，使雕塑与园林环境互为衬托，相得益彰。

植物在与雕塑小品搭配的种植设计中，往往作为烘托主题的背景，能起到更好的突出小品的作用，植物的色彩、文化意义也能使小品的主题更加明确。对于纪念性的小品宜采用规整的植物种植方式，以突出庄严肃穆的气氛；对于形式比较活泼的雕塑可采用比较自然的种植方式，来衬托周围的环境。

如北京植物园牡丹园的牡丹仙子的雕塑，以紫叶李、圆柏为背景，雕塑前植以牡丹，既突出主题又能增添美丽园景。另外，雕塑小品一般为淡色、灰色系列居多，而绿色的、色叶类的、带有各种花色和季相变化的植物和小品的结合，可以弥补它们单调的色彩，为小品的功能和内涵表现增添亮丽的一笔。

有些雕塑小品会在公园入口、拐角处、广场等人流量较大的地方设置，能引起人们的注意并组织交通路线，如沈阳世博园中在交叉路口设置的雕塑小品，在绿色植物的大背景下，采用孔雀草、矮牵牛等一、二年生草花，既烘托了小品，形成好的景观，又不会遮挡行人路线（图6-38）。

(4) 植物造型的种植设计

现代社会中常常能见到用植物造型的小品，为园林增添亮丽的风景。可以作植物造型的材料很多，以枝叶细密、枝杈多而柔软的乔灌木最佳。如果不需要长久的保留也可以选用一些枝叶细小、花期一致的草花来作造型的材料。常见植物材料有小叶红、小叶黑、法国冬青、大叶女贞、圆柏、锦鸡儿、红桑、金叶女贞、小叶女贞、七里香、'千头'柏、彩色草、紫叶小檗、小菊等。

图6-37　雕塑小品——盘古开天地

图6-38 雕塑小品——陶渊明

植物造型一般会放置在广场、入口等人流量大的地方，不需要在小品的周围种植高大乔木，不宜以绿色植物为背景，观赏造型小品的环境空间宜大尺度，通常以建筑物为背景或在其周围铺植草坪或摆放一、二年生草花烘托就能形成很好的景观效果，选用草花时要注意色彩和小品的搭配（图6-39）。

(5) 配石小品的种植设计

"园可无山，不可无石"，在园林中石是重要的造景素材。石既可作点缀、陪衬的小品，也可以是以石为主题构成园林中景观中心的小品。在实际运用中要根据具体石材，取其形，立其意，借状天然，再根据其色彩合理选用植物，才能创造出一个"寸石生情"的意境。

目前较多采用的石材有太湖石、锦川石、黄石、蜡石、英石、花岗石等。太湖石在园景中引用较早，它嵌空穿眼，讲求瘦、漏、透、皱。英石色泽微呈灰黑，多棱角。锦川石其形如笋，又称石笋或松皮石。黄石质坚色黄，石纹古拙。蜡石色黄，表面油润如蜡，外形浑圆，常用三两个大小不同、形状不同的

图6-39 植物雕塑小品

石料构成小景，或散置于草坪、池边或树丛中，可供游人休息又能观赏。花岗石是园林用石的普通石材，常用作石桥、石桌凳和石雕等构件和小品。此外，还有人工塑山石、木化石等。人工塑山石可以自由选择造型，节约资源，降低成本，但使用寿命很短，容易损坏。木化石则较为珍贵，资源较少。

"石配树而华，树配石而坚"，在配石小品中，松下配石是常用的一种手法。要根据不同的空间特点和配景要求，将石和树科学地艺术地组合起来，达到预期的观赏效果。

置石讲究构图，传统的配石有"聚三攒五"等说法，要求高低错落、主从分明，植物的种植就要配合石头的体量、高度。

如在中国科学院北京植物园一组配石小品，以杨树等大乔木为背景，周围配以油松、紫薇等小乔木，以矮牵牛、三色堇等色彩鲜艳的草花镶边，层次丰富、错落有致，形成了很好的景观效果。

对于景观石可以用乔木作背景或放置在草坪中，景观石的前方也可配置低矮的植物如铺地柏、沙地柏、观赏草或摆放色彩相协调的一、二年生花卉等。

植物的选择要满足配石小品的布局要求和特定功能需求。种植时把不同风格、不同形状、不同颜色、不同花形、不同栽培要求的花木与石材科学地艺术地组合起来，才能真正达到预期的观赏效果。

现代园林景观中，各种各样的园林小品被更加广泛的应用，除了小品的体量、形式、色彩、内涵与环境相协调以外，在选择植物时也要综合考虑植物的生物学特性、文化内涵及合理选择植物的种植形式，与其他园林要素结合，产生更具艺术感染力的小品景观，真正发挥小品在景观中的画龙点睛的作用。

复习思考题

1. 屋顶花园生态环境特点及种植设计的原则、形式有哪些？应如何选择适宜的屋顶花园植物材料？
2. 人工山体分为哪几类？种植设计时应注意哪些问题？
3. 园林水体的不同区域在种植设计中各自有哪些手法和原则？
4. 园路的植物种植有哪几类？各有何特点？

推荐阅读书目

植物造景. 苏雪痕. 中国林业出版社，1994.

中国园林植物景观艺术. 朱钧珍. 中国建筑工业出版社，2003.

园林植物景观设计与营造. 赵世伟，张佐双. 中国城市出版社，2001.

风景园林植物配置. （英）克劳斯顿（Clouston Brian）. 中国建筑工业出版社，1992.

道路广场园林绿地设计. 梁永基，王莲清. 中国林业出版社，2000.

第 7 章
园林种植设计程序

城市园林绿地类型广泛，有公园、花园、街头绿地、居住小区、工厂学校、城市街道等。这些绿地面积大小不同，内容繁简不一，但它们都有一个共同点，都把设计中的山水地形、建筑小品、道路广场等置于植物的环境之中。各项设计都要经过由浅入深、由粗到细、不断完善的过程，园林种植设计也不例外，设计者要从设计委托方处接受图纸、资料，熟悉场地环境，了解自然、人文、社会环境，踏查分析，然后做出合理的种植方案。再通过各种设计图纸及设计说明把它表达出来，使人们知道这块绿地将建成什么样，施工人员也可根据这些图纸和说明把它建造出来。这一系列规划设计工作的执行过程，即为园林种植设计程序。

园林种植设计是园林总体设计一个重要的不可或缺的组成部分，在较大园林绿地项目中，种植设计往往以单项设计呈现，和其他单项设计，如园林用地竖向设计、园林道路广场设计、园林建筑设计等相互配合，共同组成园林设计的全部，它们是一个整体，但各司其职。很久以来，有些设计师往往把种植设计放在从属的地位，他们把山水地形、建筑、道路、广场等都设计好，再请园林种植设计者配植物，这是不合适的，也易造成园林种植设计者无所适从。园林种植设计者应与总设计师一起参与、讨论总体设计方案，一起安排建筑、地形、道路、广场及植物种植类型，相互配合，相辅相成。讲义中为了讲述、作图方便，撷取园林种植设计单项，以小型绿地（面积 3~4hm^2，园内已设计完成山水地形、建筑、小品、道路、广场等）为例，叙述园林种植设计程序。

7.1 园林种植设计前的准备工作

园林种植设计前的准备工作包括设计者从设计委托方处接受设计任务书、踏查、读图三方面。

7.1.1 接任务书

设计者从设计委托方处接受图纸、各类资料，并充分了解委托方对设计的具体要求、愿望等，这是整个种植设计的前提。

(1) 图纸资料

由设计委托方提供设计地的地理位置图、现状图、总平面图、地下管线图等图纸资料。

(2) 气象、植被、水文资料

设计委托方提供或设计者自行搜集设计地区的纬度、温度、空气湿度、降水量、玫瑰风向、土壤、地下水位、水源、污染、植被与植物、古树名木（最好有当地的植物名录及苗木供应情况）、可保护小动物等。尤其那些影响植物生长发育的不利条件，如沿海城市的台风、北京早春的旱风、盐碱地区的土壤含盐量等情况，必须重点掌握。

(3) 社会、人文资料

县志、庙志、历史沿革、历史人物、典故、民间传说、名胜古迹；设计地周围环境、交通、人流集散方向、周围居民类型与社会结构，如工矿区、文教区、商业区等。

(4) 听取设计委托方要求、签订合同

设计者听取设计委托方的设计目的和要求、设计风格和形式、设计项目及付诸施工的可能性。设计者可以对技术性问题提出自己的意见。双方协议取得一致后，签订合同。

7.1.2 踏查

在熟读现状图的基础上，设计者进行现场踏查，一方面核对、补充现状图所标注的内容，如现状图很难标出每株树木的生长状况，而现场就能决定保留或去除的具体植株；总平面图中建筑仅有平面位置，通过踏查可知其高度、形式、色彩及底层窗户位置，这些都是种植设计前应掌握的。另一方面，设计者到现场，可以根据周围环境，进行艺术构思，并发现可借景的景物和不利或影响景观的物体，"俗则屏之，嘉则收之"，在规划方案过程中加以处理。如果有条件还应进行调查访问，了解周围人们对种植设计的要求，最后拍照留档。

7.1.3 读图

初学者主要读懂设计绿地总平面图（图7-1）上所标注的各种图例和内容（如方位、比例、边界等）。根据比例及边界范围即可计算设计绿地的总面积；还要读出绿地入口、广场、道路、竖向山水、建筑、小品等位置，最后绘出种植绿块（图7-2所示，画斜线处为种植绿块）。

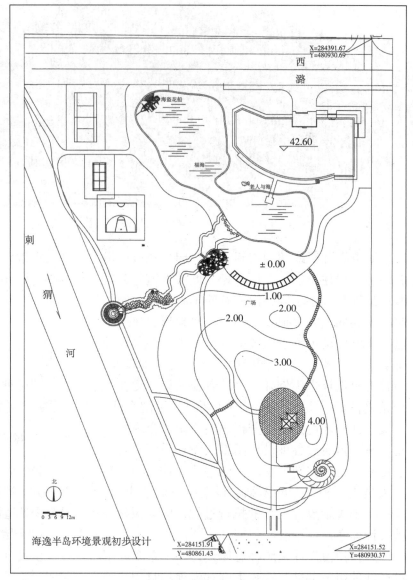

图7-1 设计绿地总平面图

7.2 绘制园林种植设计图

7.2.1 作图工具

纸：草图纸、硫酸纸。
笔：HB铅笔、彩色画笔、针管笔。
尺：直尺、比例尺、圆模板。

7.2.2 作图

园林种植设计应绘制三张图纸，包括园林种

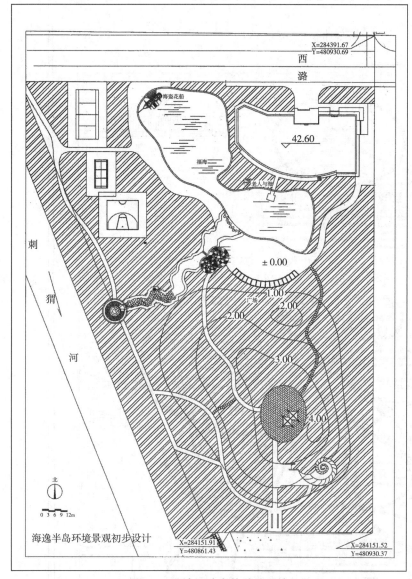

图7-2 设计绿地中的种植绿块

植方案图（种植规划图）、园林种植设计图（中期设计图）以及园林种植施工图。

7.2.2.1 园林种植方案图

设计者根据设计委托方提出的设计要求及绿地性质，进行种植构思，进而作出功能分区、景观分区、视线分析、组织空间、确定主要植物材料。园林种植方案图要反映园名、分区（景区）名、视线走向、空间组织及全园基调树、分区骨干植物（图7-3、图7-4）。下面把园林种植方案图分解进行说明。

(1) 种植构思

种植设计，方案构思极为重要，方案构思的优劣决定整个设计的质量。好的设计在构思立意上有独到和巧妙之处。"意在笔先"是创作之首。设计者在下笔作图前必定先对设计绿地进行构思，确定主题思想，即立意。立意不是凭空想象，也不要程式化，一提种植设计，就是春夏秋冬四季园或千篇一律的三季有花、四季常青，立意可根据总平面图提供的地形、小品或广场名称，或当地的典故、传说等展开丰富想象，进行文字加工，成为园名、景区名，又按园名、景区名安排空间、选择植物，完成种植方案。

兹举芳圃及涵韵园二例细述如下。

芳圃是北京市丰台区豪城嘉园的小区游园。设计者受古典名著启发，把游园规划成具浓厚文化气息的观赏游憩类园林。芳圃，群芳香草地也。知芳、怜芳、醉芳、叹芳、惜芳5个景区作为主要游览区，通过游园过程，人们在情思上经历一个感知到怜爱到沉醉到叹息再到思索的过程；让人们从花木观赏之中悟得：芳华易逝，红颜易老，人生苦短，我们应该从现在开始不再虚度时光（图7-3）。

涵韵园是北京市房山区海逸半岛景观区的居住区公园。设计者分析总平面图中海逸半岛、刺猬河、跌水、溪流、福海、海盗船、老人与海、海螺广场这一系列水体及雕塑、小品名字都与水有关；体会人的亲水性是与生俱来的，园中水景必定受到人们的青睐。因此确定小游园主题为"水"，游园取名"涵韵园"。"涵"为水，"涵韵"意为水之神韵（图7-4）。

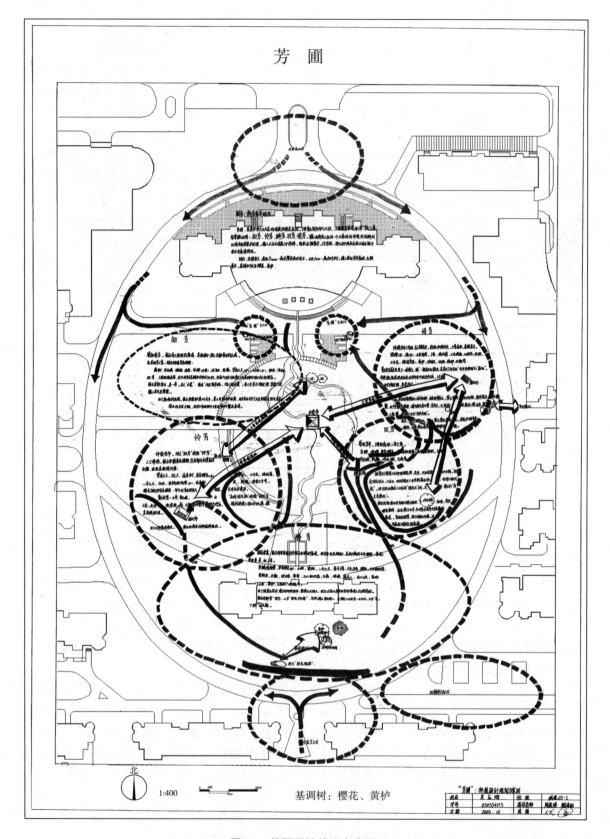

图7-3 芳圃园林种植方案图

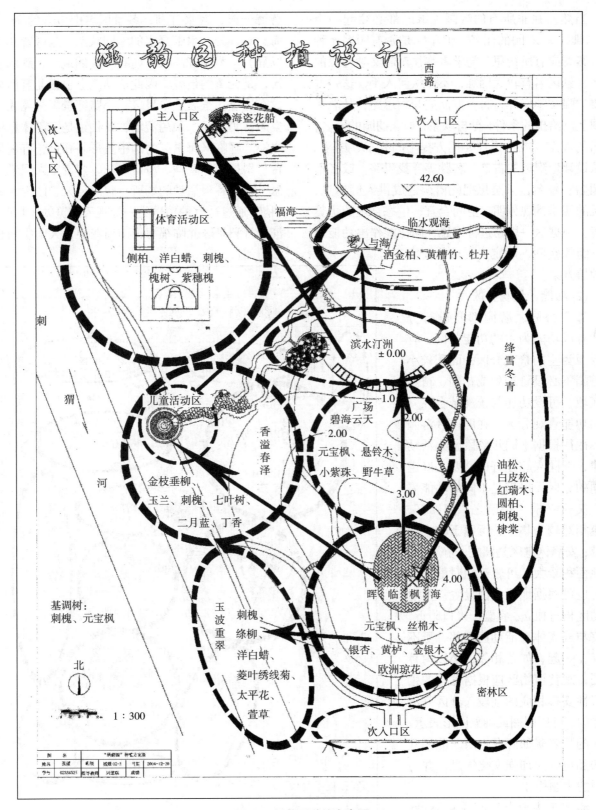

图7-4 涵韵园种植方案图

当然，并非所有的游园、绿地都必须起一个××圃、××园的园名，但不管是否有园名，种植方案总应有所构思。初学者往往对起文学性强的园名、景区名有较大困难，不知从何入手，这一方面要加强文学修养，另一方面应开阔思路，从总平面图上已给出的条件，分析联系，如涵韵园的园名、景名的设定，或从设计委托方提出的要求、愿望，或从设计地附近的古迹、名胜等寻找思路，或者不起园名、景名，只是想把此游园建成供人们休息、游玩的四季景观分明、空间合宜、生态合理的优美环境。根据这一思路进行构思，同样能作出功能分区，组织空间，确定主要植物而完成种植方案。

(2) 功能、景观分区

每个公园、游园都要进行分区，有以功能为主的功能分区，有以景观为主的景观分区，面积较小的游园不必设管理处或花圃、苗圃等区域，可设功能与景观结合在一起的功能景观分区。在居住区游园中，往往根据不同年龄段游人活动规律，不同兴趣爱好的需要，确定不同的分区，以满足不同的功能需要。文化娱乐区是园之"闹"区，人流相对较为集中，可置于较中心地带；安静休息区是园之"静"区，占地面积较大，可置于相对静远地带，也可根据地形分散设置；儿童活动区相对独立，宜置于入口附近，不宜与成人体育活动区相邻，更不能混在一起，如若相邻，必以树林分隔；观赏植物区应根据植物的生态习性安排相应的地段。分区是示意性的，可用圆圈或抽象图形表示。分区的景名犹如画龙点睛，能提升园的品位，应加强文化气息，并与全园的主题相扣。

涵韵园主要景区有香溢春泽、玉波重翠、晖临枫海、绛雪冬青、碧海云天、滨水汀洲，各景区名中包含的泽、波、海、雪、云、水都是水的不同状态，景区紧扣主题"涵韵"。香溢春泽景区内有平缓的地形、跌水、溪流，是儿童的最爱，因此从功能上也把儿童活动区放在这里。玉波重翠景区，小路把景区分隔成几个空间，刺猬河水湍湍流动，此处正是安静休息极佳之地。晖临枫海景区为园中地形制高点，有观景平台、斜拉膜休息亭、海螺广场，为老年人观景、休息、开展各项活动的场所。碧海云天景区为大面积斜坡，通过适宜种植也为一处观云阅览的休息胜地。滨水汀洲景区北临福海，南倚花架，大面积铺装为

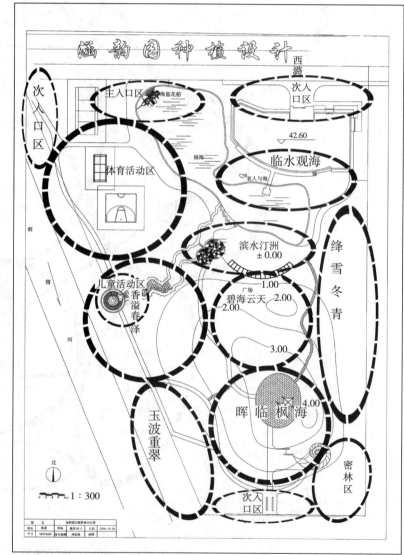

图7-5 涵韵园功能景观分区图

人们跳舞、练剑等活动创造条件，因此文化娱乐区就设在此处。总平面图西北部设有网球场、羽毛球场及篮球场，为体育活动区（图7-5）。

(3) 空间组织

植物在组织空间方面发挥着重要作用。利用树木的高度、密度围成边界，产生聚合感；游园西北方向如不是特殊景观所需，经常用密林围合成封闭空间，为全园阻挡西北风并形成小气候；在同一块大草坪中为了同时满足众多游人与个别游人的需要，也往往进行大小空间的划分；利用不同植物材料围合成不同的植物空间，能赋于空间不同的功能；种植方案图中不同分区运用不同的空间组合，分区之间往往用封闭密林加以分隔。

儿童活动区，几株大庭荫树的冠下空间为儿童提供游戏、活动；儿童的奔跑、嬉闹需要开阔场所，孩子要处于大人看护的视线范围内，因此常应用广场、草坪、缓坡组成开放性空间。老年活动区，老年人活动量较小，一般散步、聊天、跳舞、打拳、观景等，空间类型较多。跳舞、练剑的活动场所用开放性空间；聊天、下棋可用冠下空间；散步可在封闭空间；观景常采用半开放空间。安静休息区，要体现宁静的环境，因此常由风景林组成封闭空间，其间也设计小型开放空间的林中空地，林前设花架、休息亭榭远观美景的这种半开放空间更是常用的组景空间。

芳圃的空间组织规划得较到位，设计者于主入口知芳区与主出口惜芳区之间规划密林加以分隔（图7-6中粗细线条表示密林位置），不仅使入景区的人们看到不远处的出口；又在醉芳区与叹芳区间，叹芳区与惜芳区间也用密林分隔，阻挡视线，使景区内景观相对聚合，有利于游人游览观赏；即使在同一景区，为了加强空间的明与暗、封闭与开敞的对比，也于路旁植林，如叹芳景区有条小路，两旁用密林形成竖向空间，使游人从醉芳区进入叹芳区中处于封闭沉暗的境地，行走一段向前转折处忽然开朗，视线焦点处未觉亭收入眼帘。这种分区与分区之间、景区与景区之间以密林分隔形成隔景来分隔与联系空间，构成迂回曲折、自然有致的观赏路线，使空间小中见大，

园景深远莫测。小区南入口进入主干道向北望有一组密林作障景阻挡游人视线，不让园内景物直露展现，人们只有从知芳、怜芳、醉芳区一步步游来，坐卧石上观看花木、树丛，才能体会"花下醉""卧花枕香"之意境（图7-6）。

(4) 视线分析

利用植物材料能引导视线、遮挡视线，从而更好地展现美景、欣赏美景。于路两旁栽植高篱能引导视线向前注视；用枝叶茂盛的乔灌木形成障景就能阻挡视线。设计者在园中如何安排佳景，又如何将园外美景收入园中，使人们在园中游览的同时享受美好的视觉感受，这就需要在作种植方案时进行视线分析。

视线观望不外乎高处望低处的俯视，低处望高处的仰视及平行观望的平视。人们在园中制高点很容易向四面观望，在较低处的湖边水榭或滨水平台处也能向前方及左右观望，这条观望的视线即为观景线或透景线。如果被视的对方也为一处能向外观望的场所，即为对景，这条连线即为对景线。种植设计时，如所要观望的景物或互为对景的风景点在同一标高时，那么在观景线、对景线范围内不得种植高于视线的乔灌木，不得设置高于视线的地上物；如果双方高差很大，则须根据断面图来确定透景关系，在平面图的对景线范围内不需要全部留出空白。

初学者在作视线分析时往往从视点向外观望，画出直线、箭头，而视线终点即箭头处却不设置可观赏景物，这是不完全的，应该在方案中定下来，如看跌水就指向跌水，看置石就指向置石，看植物的焦点处就应安排一株高大园景树或3株组一小树丛。视线焦点是一个空间的标志性景物，是需要设计者精心安排的，它是关系到种植设计优劣的又一个关键。

为了获得清晰的景物形象，观景线的长短也是设计者要考虑的，不能无限制地延长观景线，一般情况，人的视力在250~270m内能清晰观望景物，而当观景线大于300m，观望园内焦点景物就产生模糊，因此在面积较大的公园往往设计多个观景点。大于500m可观望高大雄伟的建筑物，如

知愿台位置较高，不仅能对景未觉亭，同时向南观望香丘，再向南能观望叹芳区草坪中姿态优美的鸡爪槭；怜芳区广场视野开阔，不仅观水景、水亭，观湖对岸水杉倒影也是美景一处。

(5) 植物材料安排

园林种植设计成败与否的重要关键就是植物材料的安排及植物种植，在种植方案中先考虑植物材料的安排。

根据种植构思中的立意，考虑植物的苗木来源、规格和价格等因素，选择当地的乡土植物，以切实做到"适地适树"，并适当应用已经引种驯化的长势良好的外来及野生植物。

植物材料的安排主要是确定全园的基调树种及各景区的骨干植物。基调树的种类不宜多，根据游园、公园的面积，1~2种、2~3种即可，但每种树栽植的数量要多，以其数量来体现全园种植基调。骨干植物即是园中景区内栽植的主要植物种类，每个景区可规划5~6种、8~9种，各景区的骨干植物可以重复，而且应该体现全园的基调树。

涵韵园的主题是水，景区的景名中不仅包括了泽、波、海、雪、云、水等象征水的字，还包含了春、

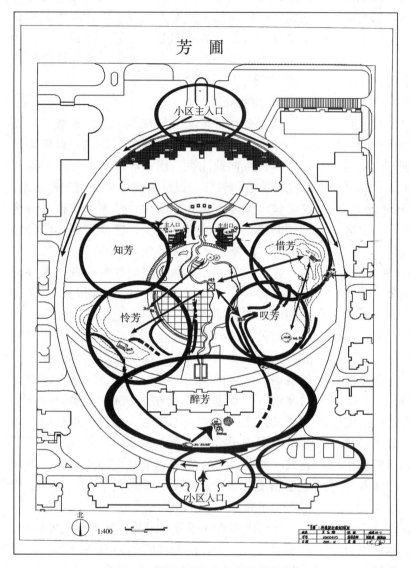

图7-6 芳圃空间组织、视线分析图

颐和园知春亭西望玉泉山静明塔，北京植物园月季园入口远望静明塔，这是极佳的借景手法。

芳圃的视线分析图（图7-6）中，未觉亭位于全园中心，临水而建，视野开阔，设计者把未觉亭作为全园的主观景点，从未觉亭向四面观望，与惜芳区的愿知台、怜芳区的逐风亭互为对景，又往东南方观叹芳区的樱花林美景，在前面空间组织中已提到的人们从叹芳区樱花林小道中走来，由折转处前望湖对岸未觉亭，也形成对景；

夏、秋、冬、香、玉、枫、青等字义。设计者综合考虑选择刺槐、元宝枫作为基调树。刺槐春末夏初白花串串、香气阵阵，元宝枫春色叶嫩红，秋色叶橙红、橙黄，这两种树木配合栽植，极好地体现香的波浪、色的海洋，紧扣主题立意。香溢春泽景区以春景为主，香荚蒾、玉兰、香茶藨子、丁香、刺槐的香气似溪水流淌，香溢整个景区；金枝垂柳、碧桃沿河栽植，形成桃红柳绿美景；儿童活动区设在区中，因此要选择无毒无刺、

色彩鲜艳、叶形奇特的植物材料。玉波重翠景区是夏景园，夏季树木郁郁葱葱，刺槐、洋白蜡、绦柳、流苏树形成一片绿海，微风吹来，流动的绿传递着水的神韵；园路旁菱叶绣线菊、太平花、银薇白花片片，似玉波舞动，以寓"涵韵"。晖临枫海景区以秋景为主，全园基调树元宝枫为景区骨干，点缀鸡爪槭、茶条槭，形成万山红遍的枫海景观，配植银杏，点点黄色更增添层林尽染的妩媚。绛雪冬青景区为冬景园，以常绿针叶树为主体，油松、白皮松、红皮云杉、矮紫杉，一片深绿海洋，雪花漫舞，飞雪压青松，何等的壮美；另外，刺槐苍劲有力的姿态及成片栽植的红瑞木、棣棠，以其鲜红、亮绿的枝条消除冬的萧条；春夏，太平花、红瑞木、小花溲疏繁花似雪，形成"雪地"景观，又一次点题。碧海云天景区为休息区，大草坪上自由地生长着黄花点点的苦荬菜，一派清新、安祥的情调；树冠开阔的悬铃木送来片片阴凉，在草坪上休息、仰望天空，开阔浩大、蓝天白云，"碧海云天"景名油然而生，云的流动，草的舞动，正应主题——水之神韵（图7-7）。

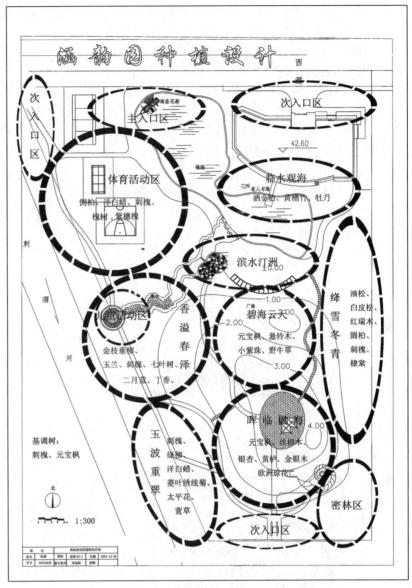

图7-7 涵韵园景区植物安排图

芳圃之芳为草木花卉，前面种植构思中已经知道设计者要让人们从游园过程中体会花时短暂，悟得珍惜时光的主题，因此大量应用蔷薇科花繁易逝的李属花木。李属花木花时繁茂娇艳，但花期较短，花后冷落萧条，为弥补此缺憾，园中又适量应用秋色叶树种，综合考虑，园中基调树定为樱花、黄栌。知芳景区，感知春芳；景区内大量种植早春花木，蜡梅、迎春、早樱、望春玉兰、山桃，配植绦柳、雪松，好一派春光明媚之美景。怜芳景区，怜爱芳华；因已"知芳"，故而"怜芳"，选择花期娇巧的春花及部分夏花，如山杏、樱花、重瓣粉海棠、刺槐、合欢、菱叶绣线菊、太平花，淡雅优美的花朵不禁使人产生怜爱之情！醉芳景区，顾名思义，这里所展现的是繁花似锦的景观，故采用繁花、香花植物，景观上兼顾春、夏、秋三季，如连翘、碧桃、猬实、黄刺玫、丰花月季、玫瑰、刺槐、黄栌、蛇目菊、翠菊、虞美人等。叹芳景区，感叹芳华；主要体现春、秋两季的景观，种植大片樱花形成樱花林，林中辟路，樱花花时艳丽，花期短暂，风吹花瓣易落，随风飞舞，部分花瓣落于水中随溪漂流，看着满天满水的花瓣，感叹之情顿发。惜芳景区，惜芳华早逝，悟珍惜时光；主景为春秋两季，并兼顾夏冬，梅、丁香、小果海棠、四照花、太平花、合欢、元宝枫、黄栌、油松、白皮松、鸢尾、桔梗等体现四季景观；愿知台旁两三株绦柳，柳条摆动，柳絮飘舞，愿人能知；香丘，花之极乐地，是叹芳景区立意之延伸，其旁多植香花植物，以寓骨化香尚留的铮铮花魂（图7-8）。

7.2.2.2 园林种植设计图

园林种植设计图是设计者根据园林种植方案图的各项要求设计此游园的各类植物景观，经过二三十年的生长所呈现中远期景观面貌（图7-9、图7-10）。

(1) 绘图前的准备

种植方案图完成后，即可着手绘制种植设计图，此设计图是种植方案中的规划构思的具体化。一般种植设计图以植物成年期景观为模式，因此设计者需要对设计地的植物种类，植物的观赏特性、生态习性十分了解，对乔、灌木成年期的冠幅有准确的把握，这是完成园林种植设计图最起码的要求。

在绘制种植设计图前，要熟读种植方案图，了解游园的种植构思、立意、景名含义、空间安排、视线走向、焦点景物、植物材料等，总之不能把种植方案图的规划内容丢在一旁而另画一气。在熟读种植方案景区骨干植物的基础上，按景区意图增加各景区内的植物种类，并设想所设计的各景点植物种植类型的平面、立面景观效果。

要准确绘制种植设计图，还需准备如下资料：园林植物花期花色记载表，园林树木树高冠幅记载表，按园林用途分类的园林植物一览表，植物图例，树木与地下管线及地面建筑物、构筑物外缘最小水平距离表。

(2) 植物冠幅的确定

园林种植设计图一般按1∶250~1∶500比例作图，乔灌木冠幅以成年树树冠的75%绘制。如16m冠幅的乔木，按75%计算为12m，按1∶300比例作图，应画直径4cm的圆。以此计算出不同规格

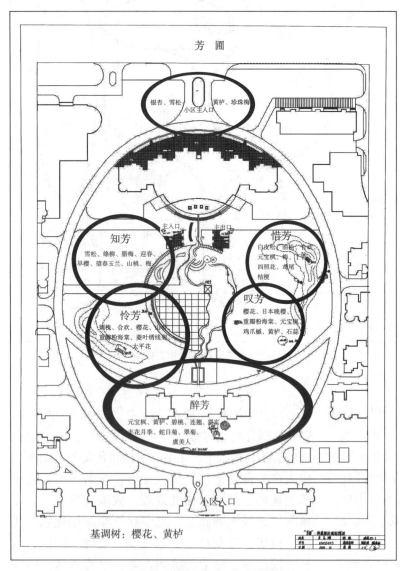

图7-8 芳圃景区植物安排图

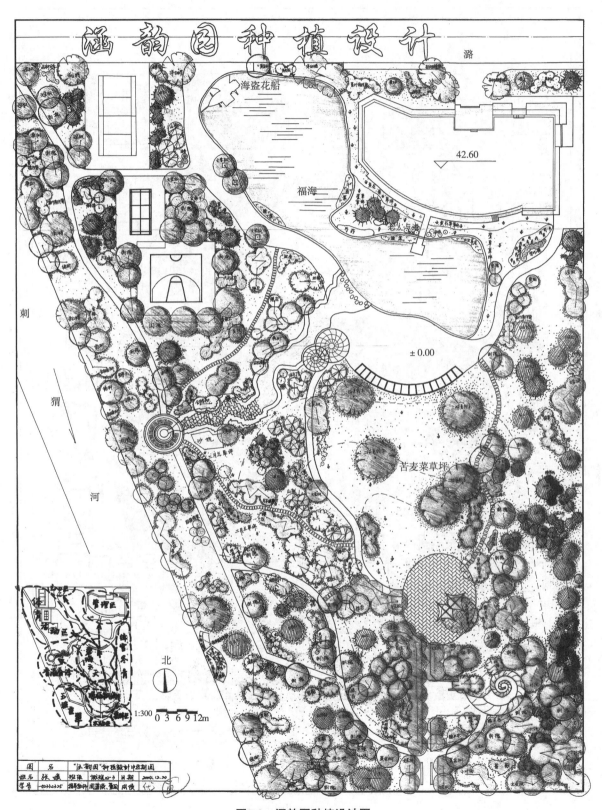

图7-9 涵韵园种植设计图

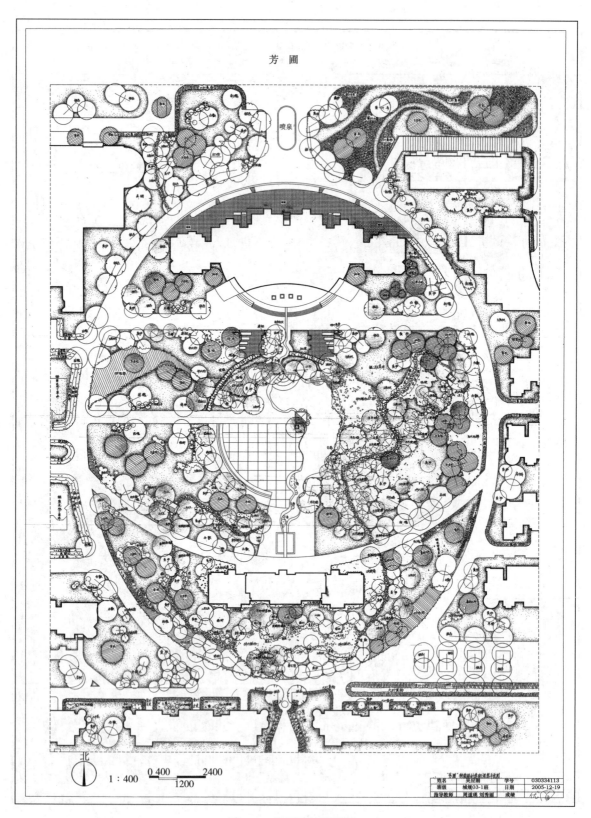

图7-10 芳圃种植设计图

的植物作图时所画的冠幅直径。初学者可以根据总平面图的比例，在草图纸旁用画圆模板画出一系列计算结果圆以表示不同规格的植物冠幅。具体作种植设计图草图时不必每株树木都用画圆模板，只要一看旁边的系列圆圈就能立即画出相应冠幅的树木，这也是锻炼初学者徒手绘制树木平面图的绘图能力。

绘制成年树冠幅（75%）一般可以分成如下几个规格：

乔木　大乔木10~12m，中乔木6~8m，小乔木4~5m；

灌木　大灌木3~4m，中灌木2~2.5m，小灌木1~1.5m。

初学者往往把握不准树木的冠幅，把雪松、油松的冠幅画得比大乔木还大，这是不恰当的，也常常混淆乔灌木冠幅的规格，因此要求设计者平时注意观察记载，熟练掌握乔灌木树种的冠幅大小，才能准确、合理地绘制种植设计图。有些设计师不顾乔木、灌木的种类，一律以乔木5m、灌木2.5m作图，这也是不科学的，这样的结果，必然造成植物后期缺乏生长空间而拥挤紊乱，最终达不到预期的设计效果。

(3) 整体着眼

任何设计都是统一的整体，统一整体中的各个局部都要烘托整体。种植设计也是如此，在作设计时必须根据种植构思、总体地形和各个景区的特点全盘考虑，合理布置，绝不能只顾局部景区而丢掉整体布局、风格，使设计陷于杂乱和生硬，这也是初学者易犯的通病，具体作图时应该做到整体着眼，局部着景。

种植设计中整体体现在布局的协调、基调树的安排、种植疏密布置、季相变化、植物比例等。

①布局的协调　总平面图上规划了整体布局安排，作为种植设计必须遵照其布局进行植物种植，一般在游园入口、广场、主干道两侧多采用规则式种植，选择相同或相似植物，对称或拟对称左右栽植，通过整齐规则的种植方式，使气氛更加强烈。而在自然山体、水体、园路、小品旁则多采用自然式种植，选择乔灌花草等同种、不同种植物，经合理搭配，组成相应的植物栽培群落，使景观变化多致，自成天然之趣。

②基调树的安排　基调树的大量种植反映全园的种植整体，基调树主要安排于路网、水系、边界及各景区内。入口广场是路网的起点，是游人必经之道，游人通过道路行走、观景，体会种植整体，因此园路旁种植基调树是正确的选择，根据游园面积及园路宽度，一般在入口广场及主园路两旁选用基调树作规则式种植，而宽度较小的主路或二级路则可交错地于一旁栽植，起到遮阴及组景效果，小路旁则选择道路转角或地形变化处点缀基调树，这样从主路、次路、小路组成的路网上都有基调树的栽植，形成路网的种植整体。如果有2~3种基调树，则可分段、分区地进行种植。图7-9中，涵韵园的主路、次路上分别以基调树刺槐、元宝枫作园路树，形成整体效果。

园中水体有时为单一的湖、池，有时由跌水、小溪、湖面组成水系，水旁植树除选择耐水湿的树种外，也应点缀些许基调树，满足水边景观及遮阴功能之需，尤其是水系较复杂、水面较大的游园，在确定基调树时，可以安排一种耐水湿的种类，这样在水系周围也能极好地体现园之基调。

边界树的种植形式较多，临城市干道的边界要有变化的小空间和各类种植类型，使园外人们也能欣赏园内景观，而在园西北角或与邻为界的边界，则于功能需要可以常绿、落叶结合，乔灌木结合组成相对密闭的空间，这里也是基调树种大量应用的场所。在各分区内，结合景区立意也数量不等地种植基调树，有时点缀数株，有时群植一片，形成优美景观。这样，基调树在路旁、水旁、边界、景区内随处可见，真正地体现园的种植整体与种植基调。

③种植疏密布置　设计图的种植疏密是极为重要的整体着眼点，展开图纸，第一眼看到的就是图面上植物的疏密布置。根据种植方案图的空间安排，已经规划了园中的疏密，在设计图中就要用植物种植来体现。全园的植物种植不能均匀布置，要有封闭密林，也要有空旷草坪，具体到各个分区中，也必须有植物围合的小空间。初学者往往把握不住种

植的疏密布置，认为种植设计就是在图上画圆，把该种的地块全部画满就算完成。这种画法和说法是不准确的，正确的做法应该借鉴画论所说："疏可行马，密不容针"。在平面上，"疏"则为空旷草坪、缀花草地、郁闭度极小的疏林，马可在其间自由地行走；而"密"则是由乔灌草组成的复层混交群落，立面上完全密闭，形容针也容不下身。因此，根据种植方案全园布置了面积较大的密林，又安排了相应的草坪；各景区也把握住疏密有序的种植，这样在功能上满足了不同分区对空间的要求，在景观上也产生疏密、明暗、开合的对比效果。图 7-9 涵韵园种植设计图中的疏密布置安排较为恰当，全园有中心大草坪，各景区中也安排疏密不等的植物景观。

④季相变化　园林植物是有生命的素材：春，山花烂漫；夏，绿荫如盖；秋，叶果绚丽；冬，银干琼枝，春夏秋冬各有风采与妙趣。这是植物的季相美感，一个游园的植物景观，总体给人的印象应是四时有景，但不能全园都是均匀的四季景观，各景区应自有特色，有的以鲜艳夺目的春景为主，有的以清凉舒畅的夏景见长，有的以色彩明净的秋景著称，有的以苍翠挺拔的冬景取胜，更有芬芳馥郁的芳香圃、万竿绿参天的竹景等。总之，把握住全园植物景观的季相变化，根据种植方案图要求布置各景区的季相景观，它们有各自特色，而不千篇雷同，就能呈现丰富多彩的种植效果。图 7-9 涵韵园的香溢春泽、玉波重翠、晖临枫海、绛雪冬青 4 景区，就是以不同植物的栽植，既体现景区的涵韵主题，又显示园中春夏秋冬的季相变化。

⑤植物比例　种植设计选择了多种植物材料，有常绿有落叶，有乔木也有灌木，在布置植物种植类型、统计各种植物数量时，要符合常绿树与落叶树比例及乔木与灌木比例。常绿树与落叶树比例是根据设计地的气候带及植被区域来决定。华北地区处于暖温带，植被区域为落叶阔叶林，种植设计以落叶植物为主体，为丰富漫长冬季景观，必须种植常绿树，主要是常绿针叶树，常绿树与落叶树比例按 1∶3~1∶4 为宜；长江中下游地区处于亚热带，植被区域为常绿阔叶林，种植设计以常绿植物为主，为丰富四季季相变化，园林中常绿树与落叶树比例常采用 1∶1~2∶1；华南地区为南亚热带及热带，植被区域为常绿阔叶林及雨林，种植设计以常绿植物为主，常绿树与落叶树比例为 3∶1~4∶1。

园林绿地中木本植物，尤其是乔木树种为主体，为骨架，担当起防护、美化、结合生产的重要作用，灌木、花卉以其色彩、芳香点缀其间，平面上成片栽植，立面上层次结构，组成丰富多彩的植物景观，因此在种植设计时，乔木与灌木的比例一般采用 1∶1~1∶2（1∶3）。花卉、地被的应用比例一般不做数量化规定，按立意、布局于园中布置花坛、花境、花丛、花带等，使园中景观更绚丽多彩。而草坪的面积一般不超过总栽种面积的 20%。

(4) 局部着景

在处理好种植的整体安排后，种植设计就可开始做局部布置、局部着景。种植设计的局部着景体现在各分区植物景观的营造、视线焦点景物的安排、步移景异的设置、景观间的过渡等。

①分区植物景观营造　按种植方案图的分区立意营造植物景观，使各分区的景观相互联系、相互过渡，进而烘托全园的主题。植物景观的类型多种多样，空旷草坪、缀花草地、孤植园景树、树丛、树群等布置于区内各个部位，体现景区的意图，这些种植类型在第 4 章"园林种植设计的基本形式"中都已论述，此外各类植物结合置石、雕塑、小品等组成小景也能达到极佳的效果。

芳圃知芳景区，景区内以丛植、群植等形式大量栽植早春花木，形成景区的"知芳"基调；水边未觉亭为全园的主观景点，亭旁植柳 2 株，借鉴古书"柳要迎风探水之态，以桃为侣，每在池边堤岸，近水有情"。在柳旁植桃 1 株，早春，柳条摇曳，桃花盛开，在蓝天衬托下格外灿烂，紧扣"知芳"立意（图 7-11）；景区入口处置立石于古油松下，上书"谁舍谁收"，松石后一架紫藤，春日淡紫色花串串下垂，芬芳雅致，又有古松、顽石，这一组松石藤萝景观古朴苍翠，问来人谁舍谁收？让人思索（图 7-12），一路走来，经怜芳、醉芳、叹芳景区，直到惜芳景区出口处又有一组木石小景，石上书写"吾舍吾收"，使人感悟园之主题；醉芳景区栽植大量繁花、香花植物以点醉芳主题，主景卧石置于海

图7-11 未觉亭景点

棠花树下，卧石与花树紧密相接，石上书写"卧花枕香"4个大字，人们可于石上或卧或坐，看天观云，花瓣迎面飘下，于花下沉醉，再次点题（图7-13）。这些小景在景区普遍栽植骨干植物基础上，技高一筹地营造更含韵味的植物景观，真正起到了画龙点睛的效果。

②视线焦点景物安排　种植方案图上作了视线分析，视线终点应安排景物，焦点景物是景区空间的标志性景物，需要精心安排。视线焦点景物可以是建筑、置石、小品、雕塑，也可以是一株高大的园景树、一丛精美的树丛或一组壮丽的树群。

芳圃的视线分析图（图7-6）中已知知芳景区的未觉亭与怜芳景区的逐风亭互为对景，人们站在逐风亭中可远眺未觉亭与桃柳组成的美景（图7-11），而从未觉亭中人们也能观望逐风亭与2株玉兰组成的幽雅佳景（图7-14）。这种互为对景的焦点景观最能组织视线导向，也是最好的焦点景观。怜芳景区中逐风亭位于一高地，从亭中不仅能远望未觉亭，也是观望景区内景观的好场所，人们通过亭外树木形成的夹景，观望远处草坪上栽植的雪松，另有一番韵味，这里视线不是很开阔，但却能引人入胜（图7-15）。醉芳景区也有一处视线焦点景观，这是由景区南的"卧花枕香"卧石往北望的小型树群，树群由乔松、杂种鹅掌楸、重瓣粉海棠、东京樱花、碧桃、佛手丁香、虞美人、锦葵组成，人们坐卧在巨石上，闻石旁花香，观远处花景，使人陶醉，使人联想（图7-16）。这些视线焦点景物的安排，有意识地组织人们的视线走向，使人们在园中有景可观，从而激发了人们的赏景情趣。

③步移景异　观赏园中美景，除了在观景点中观望外，主要是通过人们在园路中行进时向两旁观望。人们在园路中行进，产生了观景者与周围环境的动态关系，设计者应于路旁设计可停、可观、可赏的景物，以产生步移景异的效果，这些可观望的景物于路两旁间隔设置，尤其在路的转折点进行有效的设计，突出折点的景观作用。路旁景观多数利用植物材料组成疏密不同的小空间，有时密林一段，

图7-12 松石紫藤景观

图7-13 "卧花枕香"景点

图7-14　从未觉亭望逐风亭

图7-15　从逐风亭望雪松草坪

图7-16　从卧石望草坪树群

在郁闭的林中小径中穿行，有时两旁空旷草坪或半封闭空间引导视线向一方观景，有时又通过树干框景观望，这样时暗时明，时密时疏，时思索时观望，达到步移景异的效果。

路旁设计植物景观，不能都紧贴路边而没有观赏视距，应该有时紧靠路栽植，近观花朵的美姿，有时离路远些安排树丛、树群，视线穿越草坪地被观望植物的群体组合。王晓俊在《风景园林设计》中提到：为了获得清晰的景物形象和相对完整的静态构图，最佳视距与景物的高度、宽度的关系：

$$D_H=3.7(H-h)，D_W=1.2W；$$

式中：D_H——垂直视角下的视距，
　　　D_W——水平视角下的视距；
　　　H——景物高度；
　　　W——景物宽度；
　　　h——人的视高。

由于景物垂直方向的完整性对构图的影响较大，若 D_H 和 D_W 不同时，应在保持 D_H 的前提下适当调整以满足 D_W。

根据这组公式，在路旁绿地中设计树丛树群就能计算出留多大的空白栽植地被草坪作为观赏视距，反之也能计算相应视距下选择多高的植物栽植才是合适的。

初学者往往对如何设置步移景异的景观不甚理解，种植无从下手，常常于路旁均匀种植而不成景观，其实这不难解决，主要是确立几个观景视点，根据路的弯曲或起伏，在路的起点或转折处或路中某处设定几个观景视点，从视点处向左向右，时近时远，时疏时密，观树丛、观孤立树、观色彩、观姿态等，按意图即可布置。

芳圃叹芳景区、惜芳景区由一条花径连贯。花径起点2株重瓣粉海棠，树下置一石，上书"随花飞",径两旁密植日本晚樱,形成封闭空间;沿小径北行至转折点,从晚樱夹景中远眺对岸,粼粼波光映衬未觉亭刹是好看;右拐前行,一株蓝粉云杉映入眼帘,那挺拔的姿、粉蓝的色,让人眼前一亮;又前行一段,左边忽然开朗,通过石蒜地被、卵石铺地广场,观溪水、跌水、湖水景观,心潮起伏;沿小径向前,德国鸢尾花径旁二月蓝缀花草坪及桔梗地被以不同面积的开放空间感受空旷;右望愿知台在即而不可及,须沿小径右拐过油松林到达愿知台。这条全长120m左右的小径连接两个景区,以樱花花径的飘零花瓣使人感叹,以素雅的鸢尾、二月蓝、桔梗惜怀芳华,两段花径植物材料的选择极好地体现了景区景名的叹芳、惜芳之意境;小径又以封闭—小开朗—封闭—半封闭—开朗—封闭等不同空间的变化,其间安排不同景观,达到步移景异的极佳效果(图7-17)。

④景观间的过渡　各分区按种植构思、立意布置了各自的景观,景区中又组合有树丛、树群等,这些景观与景观之间,树丛与树群之间的过渡要自然,要有联系,以使景观相互交融,即常说的"你中有我,我中有你",绝不可千篇一律,造成生硬的感觉。一个树丛、树群由几种植物组成,必须使它们结合成一个有机的整体,切不可使每种植物自成一体。不同地段上各有不同树种为重点,但在交接处必须有所交错、渗透,使景观的变化不显突然。

初学者往往不知道如何过渡、交融,常常把景区内要栽植的植物"分堆"安排,堆与堆之间截然分开而无联系,缺乏美感。

紫竹院公园东南门内草坪边缘一树丛,由4种常绿树种组合,相互间交错、渗透,效果很好。在绦柳背景前布置圆柏7株、黄杨3株、白皮松2株、沙地柏10株,其中圆柏为主景树,7株圆柏既不成堆布置也不均匀安排,而是3+3+1栽植,其间布置白皮松及黄杨,又以沙地柏于3种植物间穿插联系,组合成一个有机的整体(图7-18)。

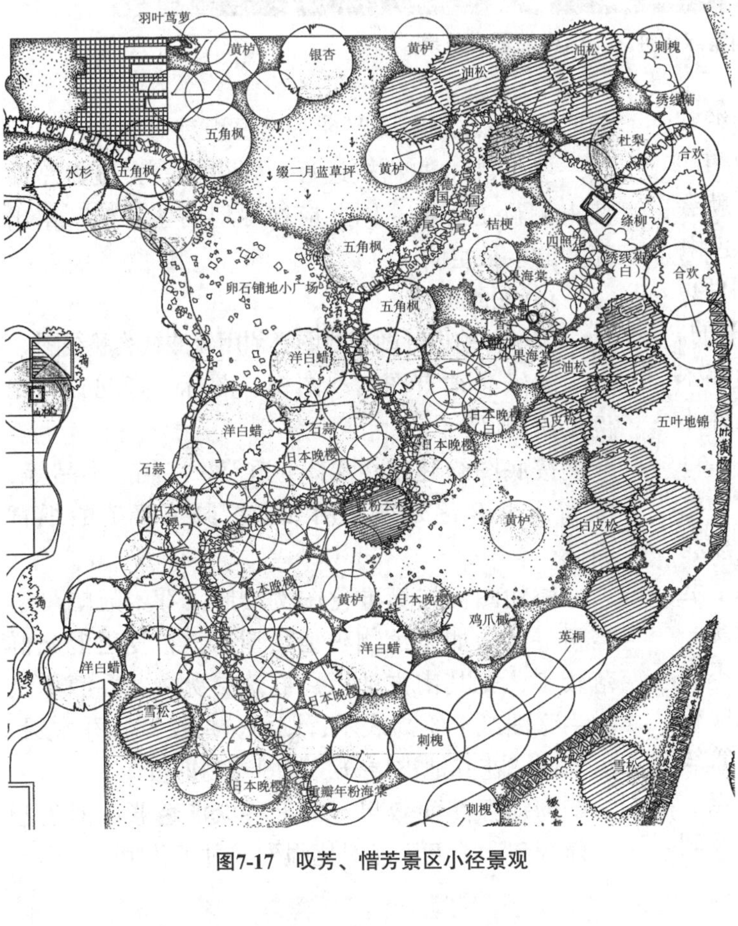

北京植物园的碧桃园与丁香园相邻而建,中间仅以小园路分隔,碧桃园内桃花盛开,景象万千,丁香园中串串紫花相继开放;在满眼桃花的小园路旁先出现一株高大的暴马丁香,似乎是丁香园的先遣,暴马丁香后仍是成丛的桃,以后又出现若干株紫丁香;园路两旁栽植碧桃形成花径,在丁香园一侧的碧桃外栽植多量的暴马丁香,在碧桃园一侧的碧桃外点缀几株,人们走在园路上,两旁是统一的碧桃花径,而外侧的暴马丁香数量让人感觉到丁香园在即,这种景区之间不显生硬痕迹、自然过渡的做法值得学习。

(5) 植物图例、定植点

绘制种植设计平面图时,要使用国家行业标准颁布的植物图例(附录一),常绿树在图例内打横线,使整张图纸能一目了然地显示常绿与落叶的比例。在同一张图纸中植物图例的表示方法不宜太多,以便图纸清洁、整齐。初学者往

图7-17　叹芳、惜芳景区小径景观

图7-18 不同常绿树种之间组合的景观效果

往一个树种画一种图例,有的电脑作图者也经常把图例画成各种各样,这在只有少量植物种类的图纸上尚能表达,但是如果植物种类增多,就会出现问题。第一,没有足够多的图例可供选择使用;第二,图例过多会使人眼花缭乱,反而达不到理想的效果,而且费时费力,因此这种做法是不可取的。植物名称可直接写于冠幅内,若冠幅较小的灌木可就近写于旁边,不宜用数字编号标注,这样不利于他人读图。

种植设计图应标明每株树木的准确位置,这种树木的位置,通常称为定植点。定植点常用树木平面圆圆心表示,同一树种若干株栽植在一起可用直线将定植点连接起来,于起点或终点统一标注植物名称,这些直线一般不相互交叉,不过园路、不过水面、不过建筑。定植点的确定应根据国家行业标准(附录二、附录三)视地下管线及地面建筑物、构筑物等而定,另外,定植点一般不点在等高线上,乔木定植点一般距路牙及湖面驳岸1m,灌木离路牙距离要视其冠幅大小,尤其一些大灌木如栽植过近,则很快就会覆盖路面使人们行走不便,因此应往绿地内些栽植,留出灌木的生长空间。

(6) 图纸要求

园林种植设计图正式图必须用硫酸纸绘墨线图。

图纸必须有图名、图框、图标、指北针、比例及比例尺。

按底图绘建筑、水体、道路、广场、小品等,等高线可淡化处理,用细虚线画或于硫酸纸背面画。

植物图例按标准化图例绘制,乔木冠幅可适当粗一些。如果植物种植类型丰富,复层混交群落较多,尤其南方地区,群落层次多,乔灌草绘在一张图纸上不易表示,则可分层绘制,乔木层、灌木层、花卉地被层分3张图绘制即可。

为加强图面效果,可上些淡淡色彩,但色彩必须调和,千万不能对比强烈或过于花哨。

有时总平面图形状不规则，图面与图框间会留下一些空白，可以在这些空白中绘制缩小的种植分区图，或写上种植构思、立意的诗词，或附写植物名录等。

总之，图面要整洁、工整，线条要流畅、优美，布局要饱满、匀整，内容要科学、合理，才不失为一份好的设计、美的图纸。

7.2.2.3 园林种植施工图

园林种植设计图完成后就要着手绘制园林种植施工图。园林种植设计图是植物，尤其是木本植物经过二三十年生长后所呈现的景观面貌，而园林种植施工图则是栽种时近期的植物景观，是施工人员施工时的用图，图中树木的冠幅是按苗圃出圃的苗木规格绘制（图7-19、图7-20）。

(1) 植物冠幅的确定

苗木出圃时枝条经过修剪，因此冠幅较小，施工图中绘制苗木冠幅如下：

乔木　大苗 3.0~4.0m，小苗：1.5~2.0m；

灌木　大苗 1.0~1.5m，小苗：0.5~1.0m；

针叶树　大苗 2.5~3.0m，小苗（包括窄圆锥形）1.5~2.5m。

(2) 绘制种植施工图

种植设计图完成后，种植施工图的绘制就比较简单了，主要包括两个步骤。

①用草图纸覆盖于种植设计图上绘植物，图中树木的位置，即定植点不能移动，树木的冠幅按苗木出圃时的冠幅绘制。设计图上所有植物都绘制完了就可撤走种植设计图。这时施工图上树木冠幅远比设计图上的小，图纸上的植物景观就显得稀疏，效果不佳，为了尽快地发挥近期的植物景观，就需增加植物数量，以数量的多来弥补冠幅的小，以达到近期理想的景观效果。

②填充树的安排：为了尽快发挥近期的植物景观效果，就需要在刚从设计图上绘下的缩小了冠幅的树木——称其为保留树，在保留树的左右、附近添加树木，这些添加的树木称为填充树。填充树可以与保留树同一种类，也可以不同种类，不管哪类树作填充树，养护管理人员在后期养护时要密切注意，若干年后树木株间枝条相互交叉重叠影响生长时，应及时把填充树移走，留下保留树，使其有足够的生长空间。尤其在珍贵慢长树种旁的填充树可应用快长树，利用快长树的快速生长尽快发挥近期效果，而且也能减低苗木经费，但切记后期及时移走快长树，以免种间竞争造成珍贵慢长树生长不良。

填充树的数量与保留树大致相等或略多一些，一般以 1∶1~1.2∶1 为宜。图7-21 所示为涵韵园设计图与施工图（局部）中远期与近期的效果以及保留树与填充树的关系。

(3) 注意事项

施工图中所添加的填充树与保留树组合所形成的植物景观也需遵守种植设计理论中所提到的原则、技法等知识，整体树种也应符合种植设计中所定的常绿树与落叶树比例、乔木与灌木比例；全园也需注意疏密有致，不能均匀布置。

为了方便施工，准确定位，木本植物应单株绘制，标出定植点。大面积的纯林可以画出林缘线，标明株行距，写上数量即可。冠幅较小的灌木可用云线绘制，写上数量。

为准确统计每种苗木数量，不能待图全绘完后再数，可以在种植时于草图纸旁每种5株写一"正"字累积计算。

图纸上填充树与保留树的绘制要加以区别，保留树的冠幅可以淡淡的绿色或蓝色着色，而填充树冠幅不着色，也可以填充树的定植点用"×"表示，但这种表示不甚明鲜，施工人员不易区分，因此效果较差。

安排好填充树种后，设计者应能预见由于树木生长，多少年后植株间的生长空间日趋缩小，甚至没有生长空间了，这时就该移植或砍伐填充树，以免影响保留树的正常生长，这些预见性的提示必须写入设计说明书中，尤其应让养护管理人员明了。原则上是若干年后移去填充树，但到时究竟移除哪一株，可以根据其生长势及形成的景观效果而加以适当调整。

(4) 图纸要求

园林种植施工图的图纸要求基本上与园林种

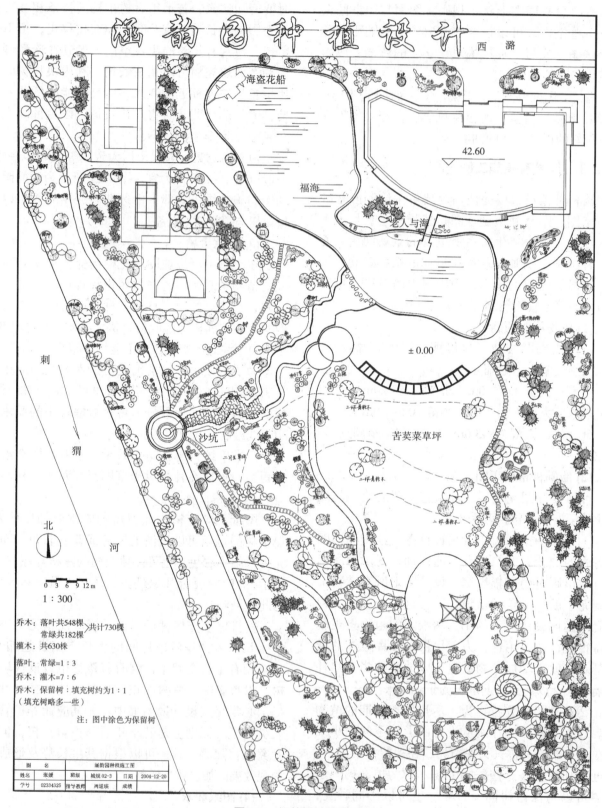

图7-19 涵韵园种植施工图

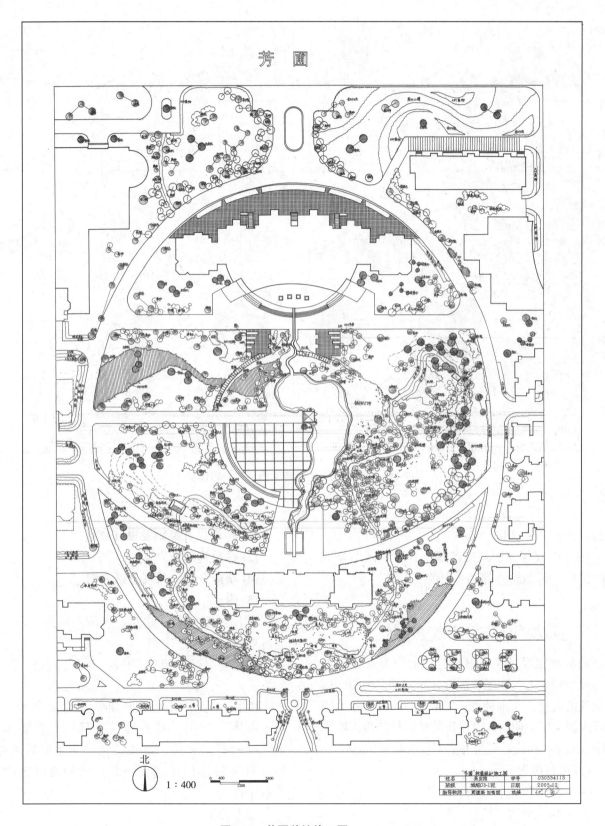

图7-20 芳圃种植施工图

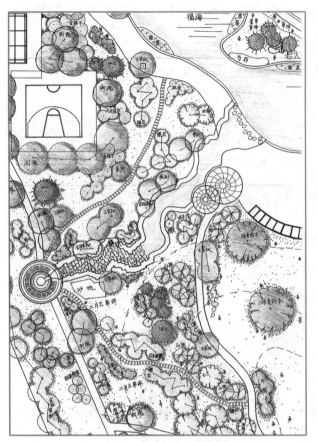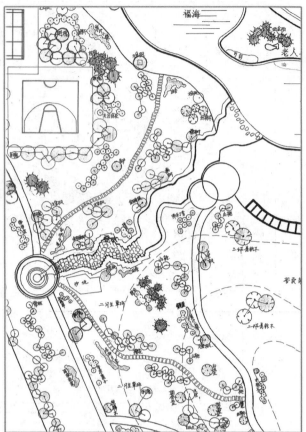

图7-21 设计图（左）与施工图（右）的比较

植设计图的要求相同。

图面上仅保留树可以淡淡上色，以示与填充树的区别，其他树种都不必上色。

7.3 园林种植设计说明书

园林种植设计说明书是为了使甲方及施工人员、养护管理人员明了种植设计的原则、构思，植物景观的安排，苗木种类、规格、数量等一系列问题所作的文字说明，从而保证种植设计能得以顺利实施。园林种植设计说明书主要包括如下几部分。

(1) 项目概况
——绿地位置、面积、现状；
——绿地周边环境；
——项目所在地自然条件。

(2) 种植设计原则及设计依据
(3) 种植构思及立意
(4) 功能分区、景观分区介绍
(5) 附录

①用地平衡表　建筑、水体、道路广场、绿地占规划总面积之比例。

②植物名录　编号、中名、学名、规格、数量、备注。

植物名录中植物排列顺序分别为乔木、灌木、藤木、竹类、花卉地被、草坪。乔灌木中先针叶树后阔叶树，每类植物中先常绿后落叶，同一科属的植物排列在一起，最好能以植物分类系统排列。

苗木规格：

针叶树：树高（m）×冠幅（m）

阔叶乔木：胸径（cm）
阔叶灌木：株高（m）
藤木：地径（cm）或苗龄
花卉地被：株数/m^2
草坪：面积（m^2）

同一树种若以2种规格应用，则应分别计算数量。如雪松：规格3m×2m，数量3株；规格1.5m×1m，数量12株。

一份完美的园林种植设计说明书犹如一篇优美的文章，不仅介绍项目概况、叙述设计构思等必要的内容，而且以流畅生动的语言、优美简洁的插图介绍游园立意及各功能分区、景观分区的植物景观，读来使人清新，感到有新意，并具极强的艺术感染力。

复习思考题

1. 园林种植设计程序包括哪些环节？
2. 绘制园林种植设计图应注意哪些问题？
3. 为什么园林种植施工图中要大量应用填充树？
4. 如何书写园林种植设计说明书？

推荐阅读书目

风景园林设计. 王晓俊. 江苏科学技术出版社，1993.
风景规划与设计. 刘福智. 机械工业出版社，1993.
北京园林优秀设计集锦. 北京市园林局. 中国建筑工业出版社，1996.

参考文献

北京北林地景园林规划设计院有限责任公司, 2002. 城市绿地分类标准 (CJJ/T85—2002) [S]. 北京: 中国建筑工业出版社.

北京园林局, 1992.中华人民共和国行业标准——公园设计规范 (CJJ48—1992) [S]. 北京: 中国建筑工业出版社.

卜复鸣, 2005. 园林假山系列——假山史略[J]. 园林(1).

蔡如, 韦松林, 2005. 植物景观设计[M]. 昆明: 云南科学技术出版社.

陈有民, 1990. 园林树木学[M]. 北京: 中国林业出版社.

陈月华, 王晓红, 2005. 植物景观设计[M]. 长沙: 国防科技大学出版社.

董丽, 2003. 园林花卉应用设计[M]. 北京: 中国林业出版社.

段大娟, 1999. 园林小品及其植物配置的探讨[J]. 河北林果研究(4).

段渊古, 2004. 园林小品与环境的关系[J]. 西北林学院学报(4).

冯建涛, 刘强, 王洪俊.2016.色彩在园林设计中的应用研究[J].中国园艺文摘,32(01):75-76, 139.

侯雨桐, 吴洁, 2019.色彩学原理对园林植物设计的指导作用[J].建筑与文化(01):119-120.

胡长龙, 2002. 园林规划设计[M]. 北京: 中国农业出版社.

黄东兵, 2003. 园林规划设计[M]. 北京: 中国科学技术出版社.

焦会玲, 2005. 浅谈植物配置在园林造景中的艺术效果[J]. 河北林业科技(2):29.

金嬿, 2004. 西方园林常用植物配植技法及其借鉴[D]. 北京: 北京林业大学硕士论文.

雷淑惠, 2004. 浅谈城市园林绿化中园林植物的选择与搭配[J]. 科技情报开发与经济(2):120.

李文涛, 2018.色彩在园林植物配置中的应用[J].科技视界(07):240-241.

李兰珍, 梁华伟, 2004. 园林中观赏树木的应用[J]. 广东园林,增刊: 42-43.

李文, 2003. 园林植物在景观设计中的应用[J]. 林业科技(7):54-56.

梁永基, 王莲清, 2000. 道路广场园林绿地设计[M]. 北京: 中国林业出版社.

刘滨谊, 周江, 2004. 论景观水系整治中的护岸规划设计[J]. 中国园林(3).

刘少宗, 2003. 景观设计纵论[M]. 天津: 天津大学出版社.

刘廷玮, 2004. 浅谈园林植物造景[J]. 山西科技(2):120.

刘卫斌, 2003. 园林工程[M]. 北京: 科学出版社.

鲁敏, 李美杰, 2005. 园林景观设计[M]. 北京: 科学出版社.

罗华, 1988. 风景园林植物布置艺术[D]. 北京: 北京林业大学硕士论文.

马军山, 2001. 杭州花港观鱼公园种植设计研究[J]. 华中建筑(4).

孟兆祯, 1995. 园林工程[M]. 北京: 中国林业出版社.

诺曼·K. 布思, 詹姆斯·E. 希斯, 2003. 独立式住宅环境景观设计[M]. 彭晓烈, 译. 沈阳: 辽宁科学技术出版社.

庞志冲, 李文佐, 1980. 网师园的布局、绿化与景观分析[J]. 建筑学报(3).

钱达, 2004. 室外空间园林小品设计探析[J]. 南京林业大学学报(4).

区伟耕, 2003. 园林雕塑小品[M]. 乌鲁木齐: 新疆科技卫生出版社.

舒迎澜, 1993. 古代花卉[M]. 北京: 农业出版社.

宋希强, 2002. 风景园林绿化规划设计与施工新技术实用手册[M]. 北京: 中国环境科学出版社.

苏雪痕, 李雷, 苏晓黎, 2004. 城镇园林植物规划的方法及应用(1)——植物材料的调查与规划[J]. 中国园林(6): 61-65.

苏雪痕, 1994. 植物造景[M]. 北京: 中国林业出版社.

孙明, 2006. 芳香植物园林应用初探[G]. 2006年全国博士生学术论坛论文集.

孙筱祥, 1981. 园林艺术及园林设计讲义.北京: 北京林学院城市园林系.内部印刷.

同济大学建筑城市规划学院, 1995. 中华人民共和国行业标准——风景园林图例图示标准 (CJJ67—1995) [S]. 北京: 中国建筑工业出版社.

王淑芬, 1992.园林植物的观赏特性在植物景观设计中应用的研究[D].北京:北京林业大学.

王浩, 2003. 城市生态园林与绿地系统规划[M]. 北京: 中国林业出版社.

王晓俊, 2000. 风景园林设计[M]. 南京: 江苏科学技术出版社.

王毅娟, 郭燕萍, 2004. 城市道路植物造景设计与生态环境[J]. 北京建筑工程学院学报(4).

王祖祥, 2005. 浅谈园林景观中的脉络——园路[J]. 安徽林业(6).

吴涤新, 何乃深, 2004. 园林植物景观[M]. 北京: 中国建筑工业出版社.

吴钰萍, 1999. 中国古典园林植物景观研究[D]. 北京: 北京林业大学硕士论文.

徐燕, 薛立, 陈锡沐, 2005.园林植物与造景[J]. 广东园林(4):20-22.

杨永胜, 金涛, 2002. 现代城市景观设计与营造技术[M]. 北京: 中国城市出版社.

杨云亭, 2005. 浅谈园林植物造景[J]. 山西林业(4):19-20.

尹衍峰, 彭春生, 2003. 百花山野生花卉资源的开发利用[J]. 中国园林(8).

张吉祥, 2001. 园林植物种植设计[M]. 北京: 中国建筑工业出版社.

张声平, 刘纯青, 2004. 浅谈我国现代园林植物配置的趋势[J]. 江西农业大学学报(12): 131-133.

赵世伟, 张佐双, 2001. 园林植物景观设计与营造[M]. 北京: 中国城市出版社.

中国城市规划设计研究院, 1985. 中国新园林[M]. 北京: 中国林业出版社.

中国城市规划设计研究院, 1998. 城市道路绿化规划与设计规范（CJJ75—1997）[S]. 北京: 中国建筑工业出版社.

周丽娜, 2017. 园林植物配置的色彩研究[D].天津；天津大学.

周武忠, 1999. 园林植物配置[M]. 北京: 中国农业出版社.

朱钧珍, 2003. 中国园林植物景观艺术[M]. 北京: 中国建筑工业出版社.

朱仁元, 金涛, 2003. 城市道路·广场植物造景[M]. 沈阳: 辽宁科学技术出版社.

朱炜, 高瞻, 2005. 浅谈园林植物的艺术配置手法[J]. 四川林业科技.

(美)理查德. L. 奥斯汀, 2005. 植物景观设计元素[M]. 罗爱军, 译.北京: 中国建筑工业出版社.

(美)诺曼·K. 布思(Norman K. Booth), 1989. 风景园林设计要素[M]. 北京: 中国建筑工业出版社.

(英)克劳斯顿 (Clouston, Brian), 1992. 风景园林植物配置[M]. 北京: 中国建筑工业出版社.

[美]南希·A. 莱斯辛斯基, 2004.植物景观设计[M]. 卓丽环, 译. 北京: 中国林业出版社.

[日]小形研三, 高原荣重, 1984. 环境绿地Ⅲ, 园林设计——造园意匠论[M]. 索靖之, 任震方, 王恩庆, 译. 北京: 中国建筑工业出版社.

EDWARD C. MARTIN, JR., FASLA PETE MELBY, ASLA, 1994. Home Landscapes Planting Design and Management[M]. Timber Press. Portland, Oregon.

FLORENCE BELL ROBINSON, 1940. Planting Design[M]. The Garrard Press. Champaign, Illinois.

Gang Chen, 2007. Planting Design illustrated[M]. outskirts Press, Inc. Denver, Colorado.

Nick Robinson, 2002. The Planting Design Handbook[M].Burlington:Ashgate Publishing Company.

WILLIAM R. NELSON, 1979. Planting Design: A Manual of Theory and Practice[M]. Stipes Publishing Company, 10-12 Chester Street, Champaign, Illinois 61820.

附录

附录一　常用植物平面图图例

序号	名称	图例	说明
3.6.1	落叶阔叶乔木		
3.6.2	常绿阔叶乔木		3.6.1～3.6.14中落叶乔、灌木均不填斜线；常绿乔、灌木加画45°细斜线。阔叶树的外围线用弧裂形或圆形线；针叶树的外围线用锯齿形或斜刺形线。乔木外形成圆形；灌木外形成不规则形；乔木图例中粗线小圆表示现有乔木、细线小十字表示设计乔木。灌木图例中黑点表示种植位置。凡大片树林可省略图例中的小圆、小十字及黑点
3.6.3	落叶针叶乔木		
3.6.4	常绿针叶乔木		
3.6.5	落叶灌木		
3.6.6	常绿灌木		
3.6.7	阔叶乔木疏林		
3.6.8	针叶乔木疏林		常绿林或落叶林根据图面表现的需要加或不加45°细斜线
3.6.9	阔叶乔木密林		
3.6.10	针叶乔木密林		
3.6.11	落叶灌木疏林		
3.6.12	落叶花灌木疏林		
3.6.13	常绿灌木密林		

(续)

序号	名称	图例	说明
3.6.14	常绿花灌木密林	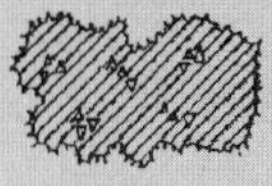	
3.6.15	自然形绿篱	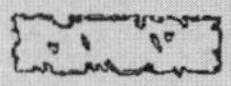	
3.6.16	整形绿篱		
3.6.17	镶边植物	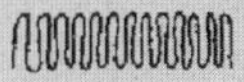	
3.6.18	一、二年生草本花卉		
3.6.19	多年生及宿根草本花卉		
3.6.20	一般草皮	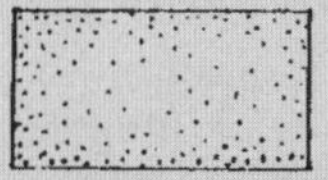	
3.6.21	缀花草皮		
3.6.22	整形树木	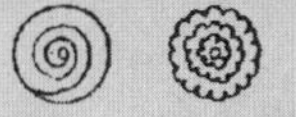	
3.6.23	竹丛	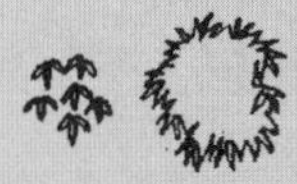	
3.6.24	棕榈植物	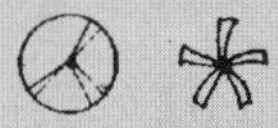	
3.6.25	仙人掌植物	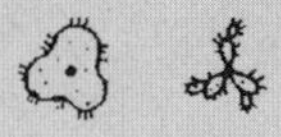	
3.6.26	藤本植物		
3.6.27	水生植物	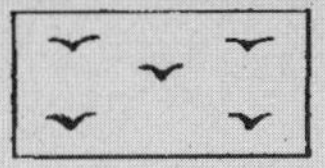	

摘自《中华人民共和国行业标准——风景园林图例图示标准(CJJ 67—1995)》. 中国建筑工业出版社, 1995

附录二　公园树木与地下管线最小水平距离

m

名称	新植乔木	现状乔木	灌木或绿篱外缘
电力电缆	1.50	3.5	0.50
通信电缆	1.50	3.5	0.50
给水管	1.50	2.0	—
排水管	1.50	3.0	—
排水盲沟	1.00	3.0	—
消防龙头	1.20	2.0	1.20
煤气管道（低中压）	1.20	3.0	1.00
热力管	2.00	5.0	2.00

注：乔木与地下管线的距离是指乔木树干基部的外缘与管线外缘的净距离。灌木或绿篱与地下管线的距离是指地标出分蘖枝干中最外的枝干基部的外缘与管线外缘的净距。

摘自《公园设计规范（CJJ 48—1992）——中华人民共和国行业标准》

附录三　公园树木与地面建筑物、构筑物外缘最小水平距离

m

名称	新植乔木	现状乔木	灌木或绿篱外缘
测量水准点	2.00	2.00	1.00
地上杆柱	2.00	2.00	—
挡土墙	1.00	3.00	0.50
楼房	5.00	5.00	1.50
平房	2.00	5.00	—
围墙（高度小于2m）	1.00	2.00	0.75
排水明沟	1.00	1.00	0.50

注：乔木与地下管线的距离是指乔木树干基部的外缘与管线外缘的净距离。灌木或绿篱与地下管线的距离是指地标出分蘖枝干中最外的枝干基部的外缘与管线外缘的净距。

摘自《公园设计规范（CJJ 48—1992）——中华人民共和国行业标准》

附录四 常见园林植物的主要习性、观赏特性和园林用途

一、针叶树类

序号	中名	学名	科名	分布	观赏特性	主要习性	园林用途
1	南洋杉	Araucaria cunningh-amii	南洋杉科	华东南、云南西双版纳	常绿大乔木，树冠狭圆锥形，树干端直壮丽，观幼美树姿	喜温暖气候，不耐寒，喜光，耐阴；不耐干燥；抗风，生长迅速，再生能力强	园景树，行道树，背景树
2	辽东冷杉	Abies holophlla	松科	东北、华北	常绿乔木，树冠圆锥形，树形端正优美	喜冷凉气候，耐寒；耐阴性强，喜温润微酸性土壤，抗烟尘能力差	园景树
3	云杉	Picea asperata	松科	西北、西南	常绿乔木，树冠圆锥形，树形优美	喜冷凉湿润气候；喜光，耐阴；喜排水良好微酸性土壤，浅根性	园景树
4	青杆	Picea wilsonii	松科	华北、西北、西南、华中	常绿大乔木，树冠圆锥形，树姿整齐，优美	喜冷凉湿润气候，喜光，耐阴；性强健，性强	园景树
5	华北落叶松	Larix principis-rupprechtii	松科	华北、西北	落叶乔木，树冠圆锥形，春叶嫩绿，秋叶褐黄	耐寒；喜光，对土壤适应性强，有一定耐湿及耐旱力，耐瘠薄土壤	园景树、风景林
6	金钱松	Pseudolarix amabilis	松科	华东、华中	落叶乔木，树冠圆锥形，树干端直，树叶秀丽，春叶嫩绿，秋叶金黄	喜温暖湿润气候，喜光，不耐水湿；抗风，具菌根	园景树
7	雪松	Cedrus deodara	松科	南北栽植	常绿乔木，树冠圆锥形，树干端直挺立，挺拔苍翠	喜温凉爽气候，有一定耐寒力，耐干旱，不耐水湿，不耐烟尘，浅根性	园景树、孤植、丛植、林植
8	马尾松	Pinus massoniana	松科	长江流域及以南各地	常绿乔木，青壮年期树冠圆锥形，老年期开张状如伞形	喜强光，喜温暖湿润气候，忌水涝及盐碱，喜酸性土壤	风景林
9	油松	Pinus tabulaeformis	松科	华北、西北、东北	常绿乔木，老年树姿态忆盘伞，似飞龙，古朴苍劲，听"松涛"	喜光，耐寒，耐干旱瘠薄，耐盐碱，忌水湿；具菌根，寿命长	园景树
10	黑松	Pinus thunbergii	松科	华东沿海、山东半岛	常绿乔木，老年树冠平顶形，且听"松涛"	喜温暖湿润的海洋性气候，耐海潮风和海雾，耐干旱瘠薄，对病虫害抗性较强	海岸绿化
11	白皮松	Pinus bungeana	松科	华北、西北	常绿乔木，老年树冠卵圆形或圆头形，树干斑驳，老则乳白色	喜光，稍耐阴，耐寒，耐瘠薄及轻盐碱土，抗二氧化硫及烟尘	园景树
12	红松	Pinus koraiensis	松科	东北	常绿乔木，树姿挺拔	喜光，较耐阴，耐寒性强，喜冷凉湿润气候，喜肥沃、湿润土壤	孤植、群植
13	华山松	Pinus armandi	松科	西南、西北、华北	常绿乔木，树姿优美	喜光；喜温凉湿润气候，耐寒，不耐炎热，喜排水良好，湿润土壤，不耐盐碱	风景林、园景树

(续)

序号	中名	学名	科名	分布	观赏特性	主要习性	园林用途
14	日本五针松	Pinus parviflora	松科	长江流域	常绿乔木，枝干紧密，姿态端庄	喜光，稍耐阴，喜温暖湿润气候，不耐寒，喜深厚、排水良好土壤，抗海风	园景树，树栽，盆景
15	杉木	Cunninghamia lanceolata	杉科	秦岭、淮河以南地区	常绿乔木，树冠圆锥形，挺拔端直	喜温暖湿润气候，不耐寒，喜排水良好的酸性土壤，浅根性，生长快	群植，列植
16	柳杉	Cryptomeria fortune	杉科	长江流域及以南地区	常绿乔木，树姿圆整雄伟	喜温暖湿润气候，不耐寒，喜空气湿度大，喜排水良好的酸性土壤，稍耐阴	孤植，群植
17	池杉	Taxodium ascendens	杉科	长江流域	落叶乔木，树冠窄圆锥形，优美；湿处生长者具"膝根"，春叶嫩绿，秋叶鲜褐	喜温暖湿润气候，喜光，极耐水湿，不耐碱性土壤，抗风力强，速生	园景树，水边栽植
18	水杉	Metasequoia glyptostroboides	杉科	南北栽植	落叶乔木，树冠圆锥形，树形优美，枝叶秀丽婆娑；春叶嫩绿，秋叶棕褐	喜温暖湿润气候，有一定耐寒性，喜光，不耐水涝，生长较快	园景树，风景林
19	侧柏	Platycladus orientalis	柏科	南北栽植	常绿乔木，老年树冠广圆形，古朴苍劲，栽培品种：'千头'柏，'云片'柏，'侧'柏等	喜光，耐寒，适应干冷气候，也喜暖湿气候，耐干旱瘠薄和盐碱地，不耐水涝，喜钙质土，寿命长	园景树，孤植，群植
20	美国香柏	Thuja occidentalis	柏科	长江流域	常绿乔木，树冠圆锥形，整齐优美，鳞叶具芳香油腺点	喜光，喜温暖湿润气候，有一定耐寒性，不择土壤；生长较慢	园景树
21	日本花柏	Chamaecyparis pisifera	柏科	长江流域	常绿乔木，树冠圆锥形，枝叶纤细秀丽，栽培品种：'绒柏'，'羽叶花'，'绒叶'柏，'柏等	喜光，较耐阴，喜温暖湿润气候及深厚砂壤土	园景树
22	日本扁柏	Chamaecyparis obtusa	柏科	长江流域及以南地区	常绿乔木，树冠圆锥形，枝叶美丽可观；栽培品种：'云片'柏，'孔雀'柏，'凤尾'柏等	喜光，较耐阴，喜凉爽而温暖湿润气候，有一定耐寒力	园景树
23	柏木	Cupressus funebris	柏科	长江流域	常绿乔木，树冠狭圆锥形，枝叶浓密，树姿优美	喜光，稍耐阴，喜温暖湿润气候，不耐寒，钙质土，耐干旱瘠薄，略耐水湿	列植，群植，风景林
24	圆柏	Sabina chinensis	柏科	南北栽植	常绿乔木，树冠广卵形，奇姿古态，栽培品种：'龙柏'，'金叶'桧，'塔柏'，'鹿角'桧等	喜光，耐寒，耐热，对土壤要求不严，耐干旱，也颇耐湿，根系深广，寿命长，耐修剪	园景树，群植，孤植
25	刺柏	Juniperus formosana	柏科	长江流域及以南地区	常绿小乔木，树冠窄圆锥形，小枝柔软下垂，枝态秀美	喜光，较耐阴，喜温暖多雨气候及石灰质土壤	园景树

（续）

序号	中名	学名	科名	分布	观赏特性	主要习性	园林用途
26	罗汉松	Podocarpus macrophyllus	罗汉松科	长江流域及以南地区	常绿乔木，树冠广卵形，优美，种子着生于肥大紫红色种托上，极为美观	喜光，耐阴性强，喜温暖湿润气候，不耐寒，抗海潮风，耐修剪	园景树、盆栽、盆景
27	竹柏	Podocarpus nagi	罗汉松科	华东、华中、华南	常绿乔木，枝青翠而有光泽，浓郁，树形美观	耐阴性强，喜温暖湿润气候，对土壤要求较严，排水好、肥沃，酸性砂质土	庭荫树、园路树
28	粗榧	Cephalotaxus sinensis	三尖杉科	长江流域及以南地区	常绿小乔木或灌木，枝叶翠绿，树姿优美	耐阴性强，喜温暖，有一定耐寒力，抗虫害力强，具较强萌芽力，耐修剪，生长缓慢	园景树
29	东北红豆杉	Taxus cuspidata	红豆杉科	东北	常绿乔木，树形端正，枝叶浓密，栽培品种：'矮'紫杉	耐阴性强，耐寒性强，喜冷凉湿润气候，生长慢，耐修剪	园景树、绿篱树、孤植、群植
30	苏铁	Cycas revoluta	苏铁科	华南	常绿，树姿优美	喜温暖湿润，不耐寒，喜酸性土壤	园景树、盆栽、盆景
31	'翠蓝'柏	Sabina squamata 'Meyeri'	柏科	南北栽植	常绿灌木，刺叶翠蓝色	喜光，喜温暖湿润，有一定耐寒力	园景树
32	铺地柏	Sabina procumbens	柏科	南北栽植	常绿灌木，枝匍匐状	喜光；喜温暖湿润气候，有一定耐寒力；适应性强，不择土壤	地被、岩石园
33	沙地柏	Sabina vulgalis	柏科	西北、华北	常绿灌木，枝匍匐状	喜光，耐寒，耐干旱瘠薄	地被、固沙

二、阔叶乔木类

序号	中名	学名	科名	分布	观赏特性	主要习性	园林用途
34	银杏	Ginkgo biloba	银杏科	南北栽植	落叶，树干端直，树姿雄伟，冠大荫浓，新叶嫩绿，秋叶金黄	喜光，喜温暖湿润气候，有一定耐寒力，旱，不耐积水，深根性，寿命长	庭荫树、行道树、园景树、结合生产
35	毛白杨	Populus tomentosa	杨柳科	华北、西北、华东	落叶，树冠卵圆形，树干端直，高大雄伟，风吹次叶动飒飒作响	喜光；喜冷凉较湿润气候，抗烟尘及有毒气体；根萌蘖性强，生长快，寿命较长	行道树、孤植树、群植
36	'新疆'杨	Populus alba 'Pyramidalis'	杨柳科	西北、华北	落叶，树冠圆柱形，树干端直，挺拔、秀丽，优美的风景树	喜光，耐寒，耐大气干燥，耐干旱，耐盐碱土，抗风，生长快，仅见雄株	行道树、风景树
37	加杨	Populus canadensis	杨柳科	华北、东北、长江流域	落叶，树冠卵圆形，树体高大，宽阔，秋叶金黄	喜光，耐寒，也适应热气候，对水湿、盐碱有一定抗力，轻度多系雄株	行道树、庭荫树

(续)

序号	中名	学名	科名	分布	观赏特性	主要习性	园林用途
38	旱柳	Salix matsudana	杨柳科	华北、东北、西北	落叶，柔软嫩绿的枝叶，丰满的树冠，栽培品种：'馒头'柳、'龙须'柳、'绦'柳	喜光；耐寒、喜水湿、耐干旱、抗风力强、不怕沙压；发叶早、生命力强，柳絮繁多	水边绿化、行道树、庭荫树
39	垂柳	Salix babylonica	杨柳科	长江流域及以南地区、华北	落叶，枝柔条下缘，细柔飘舞而动人	喜光；喜温暖湿润气候及潮湿深厚土壤，营水湿，耐干旱	水边绿化、行道树
40	杨梅	Myrica rubra	杨梅科	长江以南各地	常绿，树冠球形整齐，枝叶茂密，初夏红果累累，十分可爱，南方重要水果	喜光，稍喜阴；喜温暖湿润气候，耐干冷，对有毒气体抗性较强	孤植、丛植、结合生产
41	胡桃	Juglans regia	胡桃科	南北栽植	落叶，树冠扁球形，宽阔舒展，灰白色干皮，配以很是美丽	喜温暖湿润气候，怕水渍，深根性，不耐移植，肉质根	庭荫树、疗养区绿化、结合生产
42	薄壳山核桃	Carya illinoensis	胡桃科	长江流域、华北	落叶，树冠广卵形，树干高大挺拔，枝叶繁茂	喜光；喜温暖湿润气候，有一定耐寒力、寿命长、不耐干旱瘠薄，深根性，耐水湿	行道树、庭荫树、结合生产
43	枫杨	Pterocarya stenoptera	胡桃科	华北、华中、华东、西南	落叶，树冠广展，枝繁叶茂	喜光；喜温暖湿润气候，颇耐寒、耐水湿、耐瘠薄及水湿、耐修剪，萌蘖性强，根系深广	行道树、水边绿化
44	白桦	Betula platyphylla	桦木科	东北	落叶，树冠卵圆形，树枝修长，洁白可爱，具独特的观赏价值，秋叶鲜黄，更具风采	喜强光，耐寒，喜酸性土，适应性强，生长快	园景树、风景林
45	板栗	Castanea mollissima	山毛榉科	南北栽植	落叶，树冠扁球形，枝茂叶大，花序青黄芳香，颗颗奇容缀于叶丛，别有风趣	喜光；耐寒、耐旱、适应性强、深根性、耐修剪	孤植、群植、结合生产
46	榆树	Ulmus pumila	榆科	东北、华北、西北、华东	落叶，树冠圆球形；树体高大，朴苍劲；栽培品种：'垂枝'榆	喜光，耐寒、耐旱、适应性广，萌芽力强、耐修剪	行道树、庭荫树、盆景
47	榔榆	Ulmus parvifolia	榆科	华北、华东、西南	落叶，树冠扁球形，姿态优美，干皮斑驳可爱	喜光；喜温暖湿润气候，耐干旱瘠薄、耐寒	庭荫树、行道树、盆景
48	榉树	Zelkova schneideriana	榆科	秦岭淮河以南地区	落叶，树冠倒卵形，枝细叶美，秋叶红艳，极为美观	喜光；喜温暖湿润气候；忌积水、耐烟尘气体、抗病虫害、深根性	庭荫树、风景林
49	朴树	Celtis tetrandra	榆科	秦岭淮河以南地区	落叶，树冠扁球形，绿荫浓郁，点点红果藏于叶间，饶有风趣	喜光，稍耐阴，喜温暖湿润气候，抗烟尘及有毒气体，耐轻盐碱土，深根性	行道树、庭荫树、盆景
50	桑树	Morus alba	桑科	南北栽植	落叶，树冠倒卵形，姿态阔宽，苍劲入画，秋叶黄色，颇为美观；栽培品种：'龙桑'、'垂枝'桑	喜光，耐干旱瘠薄，耐水湿、耐轻盐碱，耐烟尘及有毒气体	庭荫树

(续)

序号	中名	学名	科名	分布	观赏特性	主要习性	园林用途
51	榕树	Ficus microcarpa	桑科	华南	常绿，下垂须状气生根，树体雄伟，浓荫覆地，独木成林，蔚为奇观	喜光，稍耐阴；喜暖热多湿气候及酸性土壤，生长快，寿命长	行道树，庭荫树
52	黄葛树	Ficus virens	桑科	华南，西南	落叶，冠大荫浓，树木雄伟	喜光，稍耐阴；喜暖热多湿润气候，耐干旱瘠薄，抗烟尘及有毒气体	庭荫树，行道树
53	玉兰	Magnolia denudata	木兰科	南北栽植	落叶，树冠卵圆形，挺拔端直，花大洁白芳香，早春先叶而开，秋日膏荚果红，似花点缀	喜光，喜温暖湿润气候，具一定耐寒力，忌积水，较耐干旱，肉质根，伤口愈合力差，不耐修剪，不耐移植	传统花木，园景树
54	广玉兰	Magnolia grandiflora	木兰科	华北南部及以南地区	常绿，树冠卵圆形，叶大亮绿，白色芳香，花期6~7月，秋日膏荚果红，种子红色	喜光，稍耐阴；喜温暖湿润气候，耐干旱和石灰质土，忌水湿；寿命长	园景树，庭荫树
55	山玉兰	Magnolia delavayi	木兰科	西南	常绿小乔木，叶大荫浓，花大，白色，花期4~6月	耐阴，喜温暖湿润气候，耐干旱和石灰质土，忌水湿；寿命长	园景树
56	厚朴	Magnolia officinalis	木兰科	中部及西部	落叶，叶大，花大，白色芳香，花期4~5月，膏荚果红色	喜光，耐侧方庇荫，喜空气湿润，气候温和之地	庭荫树
57	白兰花	Michelia alba	木兰科	华南，东南	常绿，冠大荫浓，花白色，花期4~9月，著名香花树	喜光，喜暖热多湿气候及排水良好酸性土壤，肉质根，怕积水	庭荫树，行道树，结合生产
58	火力楠	Michelia macclurei	木兰科	华南	常绿，树干挺直，姿态整齐美观，花白色，芳香，花期3~4月	喜光，喜温暖湿润气候，不耐寒，喜深厚酸性土，萌芽性强，有一定抗火能力	庭荫树，行道树
59	鹅掌楸	Liriodendron chinensis	木兰科	长江流域及以南地区	落叶，树体高大整齐，叶形似马褂，奇美，花黄绿色，花期4~5月，秋叶金黄	喜光，喜温暖湿润气候，喜深厚肥沃排水良好的微酸性土	庭荫树，园景树，行道树
60	香樟	Cinnamomum camphora	樟科	长江流域及以南地区	常绿，树冠卵圆形，冠大荫浓，树姿雄伟	喜光，稍耐阴；喜温暖湿润，不耐寒，较耐水湿，不耐干旱，萌芽力强，耐修剪，抗烟尘及有毒气体	庭荫树，行道树，结合生产
61	天竺桂	Cinnamomum japonicum	樟科	华东，华中	常绿，树干端直，树形整齐，叶荫浓	喜光，稍耐阴；喜温暖湿润气候，不耐积水	庭荫树
62	阴香	Cinnamomum burmanii	樟科	华南	常绿，枝繁叶茂，浓荫覆地	喜光，喜温暖湿润气候及肥沃土壤	庭荫树，行道树
63	月桂	Caurus nobilis	樟科	长江流域以南地区	常绿小乔木，树冠圆整，春天黄花缀满枝头，颇为美观	喜光，稍耐阴；喜温暖湿润气候，耐干旱，耐修剪	园景树，结合生产，绿篱树
64	华东楠	Machilus leptophylla	樟科	华东，华中	常绿，树姿美观颁整，叶大荫浓	喜光，稍耐阴；喜温暖湿润气候	庭荫树

(续)

序号	中名	学名	科名	分布	观赏特性	主要习性	园林用途
65	紫楠	Phoebe sheareri	樟科	长江流域及以南地区	常绿，树形端正，冠大叶浓	喜光，耐阴，喜温暖湿润气候，深根性	庭荫树，风景林
66	枫香	Liguidambar formosana	金缕梅科	长江流域及以南地区、西南	落叶，树冠广卵形，树体高大，雄伟，秋叶红艳，美丽壮观，著名秋色叶树	喜光，喜温暖湿润，耐干旱瘠薄，抗风，不耐修剪，萌芽性强，主根深长，不耐移植	风景林，庭荫树
67	杜仲	Eucommia ulmoides	杜仲科	华北、华中、西南	落叶，树冠圆球形，树形端正，茂密	喜光，适应性强，耐轻度盐碱，萌蘖性强	行道树，庭荫结合生产
68	悬铃木	Platanus acerifolia	悬铃木科	长江流域及华北	落叶，树冠阔卵形，树姿雄伟，冠大荫浓	喜光，喜温暖湿润气候，耐干旱瘠薄，耐修剪，抗烟尘及有毒气体，耐移植	行道树，庭荫树
69	山楂	Crataegus pannatifida	蔷薇科	东北、华北	落叶小乔木，树冠圆球形，叶秀丽，花白色，花期5月，果红色，果期10月	喜光，稍耐阴，耐寒，耐干旱瘠薄，萌蘖性强	庭园观赏，结合生产
70	枇杷	Eriobotrya japonica	蔷薇科	长江流域及以南地区	常绿小乔木，叶大荫浓，冬日白花盛开，初夏黄果累累，著名水果	稍耐阴；喜温暖湿润气候及排水良好土壤	庭园观赏，结合生产
71	海棠果	Malus prunifolia	蔷薇科	华北、东北	落叶小乔木，树姿开展，花白色，花期4月，果红色，果熟期8~9月	喜光，耐寒，耐碱，较耐水湿	庭园观赏
72	海棠花	Malus spectabilis	蔷薇科	华北、华东	落叶小乔木，树姿峭立，花粉红色，花期4月，果黄色，果熟8~9月，栽培品种：'重瓣粉'海棠	喜光，耐寒，耐旱，忌水湿	庭园观赏
73	垂丝海棠	Malus halliana	蔷薇科	华东、西南	落叶小乔木，树姿开展，花下垂，鲜粉红色，花期4月，果紫色，果熟期8~9月	喜光，喜温暖湿润气候，有一定耐寒力	庭园观赏
74	杜梨	Pyrus betulaefolia	蔷薇科	东北南部至长江流域	落叶，树冠开阔，花白色，花期4月，果小，褐色，9月果熟	喜光，耐寒，耐旱力强，耐盐碱，抗病虫害能力强，深根性	园中观赏，防护林
75	'紫叶'李	Prunus cerasifera 'Pissardii'	蔷薇科	南北栽植	落叶小乔种，终年叶色红紫，著名观叶树种，花淡粉红色，花期4月	喜光，不耐阴，喜温暖湿润气候，有一定耐寒力	园景树
76	杏	Prunus armeniaca	蔷薇科	长江流域以北各地	落叶，树冠圆整，花淡红色至白色，花期3~4月，果熟6月	喜光，耐寒，耐热，耐旱，抗盐碱，不耐涝，根系发达	庭园观赏，不耐涝，结合生产植
77	梅	Prunus mume	蔷薇科	黄河流域及以南各地	落叶，枝开展，冬季或早春开放，花粉红、白、红色、芳香，果黄绿色，5~6月成熟	喜光，喜温暖湿润气候，较耐干旱，寿命长	庭园观赏，结合生产植，林

— 172 —

(续)

序号	中名	学名	科名	分布	观赏特性	主要习性	园林用途
78	桃	*Prunus persica*	蔷薇科	各地栽植	落叶小乔木,开展;花粉红、红、白等色,花期4月,食用桃6~9月果熟	喜光,耐旱,不耐水湿	庭园观赏,结合生产
79	山桃	*Prunus davidiana*	蔷薇科	华北、西南	落叶小乔木,开展;花粉红、白色,花期3~4月	喜光,耐寒,耐旱,耐盐碱,忌水湿	散植,林植
80	樱桃	*Prunus pseudocerasus*	蔷薇科	华北、华东、华中、西南	落叶小乔木,花白色,花期4月,果红色,5~6月成熟	喜光,有一定耐寒力,喜排水良好砂壤土,较耐干旱	庭园观赏,结合生产
81	大山樱	*prunus sargentii*	蔷薇科	北方城市	落叶,干皮光滑,花紫红色,3~4月,果紫黑色,6~7月成熟,秋叶橙红	喜光,耐寒,不耐积水,浅根性	庭园观赏
82	樱花	*prunus serrulata*	蔷薇科	长江流域至东北	落叶,树皮光滑,暗栗褐色,花白色、淡粉红色,花期4月,果黑色,7月成熟	喜光,耐寒,耐旱,对烟尘及有毒气体抗性弱,浅根性	庭园观赏
83	日本晚樱	*Prunus lannesiana*	蔷薇科	各地栽植	落叶,新叶古铜色,重瓣,大而下垂,白色,花期4月	喜光,具一定耐寒力,适应性强	庭园观赏
84	云南樱花	*Prunus cerasoides*	蔷薇科	西南	落叶,树皮古铜色,略下垂,花粉红至深红色,花期2~3月	喜光,喜温暖而凉爽气候	庭园观赏
85	合欢	*Albizia julibrissin*	豆科	华北至华南	落叶,树冠扁圆形,树姿优美,雄伟壮观,花粉红,花期6~7月	喜光,有一定耐寒力,耐干旱瘠薄,不耐水涝,树干皮薄,畏西晒	庭荫树,行道树
86	南洋楹	*Albizia falcata*	豆科	华南	常绿大乔木,树冠广阔,花白色,花期4~5月	喜强光,不耐阴,喜高温多湿气候,树皮薄,生长快	庭荫树,行道树
87	台湾相思	*Acacia richii*	豆科	华南	常绿,姿态婆娑,叶形纤细,春夏黄花满树,芳香宜人	喜光,不耐寒,喜暖热,耐干旱瘠薄,喜酸性土,抗风,萌芽力强	行道树,防护林
88	紫蹄甲	*Bauhinia purpurea*	豆科	华南	常绿,树姿开展,叶形奇特,花玫瑰红色,花期10月	喜光,喜暖热气候,耐干旱,生长快	行道树,园景树
89	羊蹄甲	*Bauhinia variegata*	豆科	华南	半常绿小乔木,叶形奇特,花大、粉红色,花期5~6月	喜光,喜暖热气候,耐干旱	行道树,园景树
90	凤凰木	*Delonix regia*	豆科	华南、滇南	落叶,树冠开展如伞,花大、鲜红色,花期5~8月,满树红花,如火如荼,极为美观	喜光,不耐寒,生长迅速,根系发达,抗风,污浊;深根性,移植易活	园景树,行道树
91	皂荚	*Gleditsia sinensis*	豆科	北部、南部、西南	落叶,树冠扁球形,宽广壮美,叶翠绿青秀	喜光,稍耐阴,较耐寒,对土壤要求不严,寿命长	抗庭荫树

(续)

序号	中名	学名	科名	分布	观赏特性	主要习性	园林用途
92	罗望子	Tamarindus indica	豆科	云南、华南	常绿，树冠开展广阔，树形优美，荚果成熟时味酸，俗称酸角	喜光，喜暖热气候	庭荫树
93	黄槐	Cassia suffruticosa	豆科	华南	落叶小乔木，花鲜红色，9～10月最盛	喜光，喜暖热气候	庭园观花
94	槐树	Sophora japonica	豆科	华北至华南、西南	落叶，树冠宽广，枝繁叶茂，花期6～8月，耐移植，深根性，寿命长，'龙爪'、'嚎叶'槐	喜光，喜干冷气候也耐湿热，耐修剪，耐移植，深根性，寿命长	庭荫树、行道树
95	刺槐	Robinia pseudoacacia	豆科	南北栽植	落叶，树冠倒卵形，树体高大，叶鲜绿色，花白色，串串下垂，芳香，花期4～5月	喜光，不耐阴，耐干旱瘠薄，不耐积水，浅根，花性，萌蘖性强	庭荫树、行道树
96	刺桐	Erythrina orientalis	豆科	华南	落叶，树姿开展，花鲜红色，花期2～3月	喜光，喜暖热气候	庭园观花、庭荫树
97	红豆树	Ormosia hosiei	豆科	长江流域	常绿，树冠整齐端正，花白色，淡红色，花期4～5月，种子扁圆形，鲜红色具光泽	喜光，喜肥沃湿润土壤，寿命再长，萌芽性强	行道树、庭荫树
98	黄檗	Phellodendron amurense	芸香科	东北、华北	落叶，树冠广阔，树形美观，秋叶鲜黄	喜光，耐寒，喜湿，深根性，耐火烧	庭荫树、行道树、风景林
99	臭椿	Ailanthus altissima	苦木科	东北、华北至长江流域	落叶，树干端直，树姿雄伟，羽叶舒展，春末紫红，有些椿树秋季翅果艳红似花，栽培品种：'千头'椿	喜光，耐寒，耐干旱，瘠薄及盐碱地，不耐水湿，抗污染，深根性	行道树、庭荫树
100	楝树	Melia azedarach	楝科	华北南部至华南、西南	落叶，树干修长，羽叶秀修、花满树，淡雅芳香	喜光，适应强，对土壤适应性强，生长快，寿命短	庭荫树、行道树
101	香椿	Toona sinensis	楝科	东北南部至东南、西南	落叶，树干通直，树冠开阔，早春嫩叶紫红	喜光，稍耐阴，喜温暖气候，较耐水湿，深根性，萌蘖力强	庭荫树、行道树、结合生产
102	重阳木	Bischofia polycarpa	大戟科	秦岭、淮河以南地区	落叶，树姿优美，枝叶茂密，早春嫩叶鲜绿光亮，入秋叶转红	喜光，稍耐阴，喜温暖气候，对土壤要求不严，耐水湿，抗风	庭荫树、行道树、水边栽植
103	乌桕	Sapium sebiferum	大戟科	秦岭、淮河以南地区	落叶，树冠浑圆，叶菱形秀丽，穗状花序黄绿色，花期5～7月，秋叶艳红	喜光，喜温暖气候及肥沃深厚土壤，耐水湿，抗风，抗火	庭荫树、风景林、园景
104	黄连木	Pistacia chinensis	漆树科	华北至华南、西南	落叶，树形军圆，枝叶秀丽，早春嫩叶红色，入秋叶色深红、橙黄	喜光，有一定耐寒力，耐干旱瘠薄，深根性，萌芽力强，抗风	庭荫树、行道树、风景林

(续)

序号	中名	学名	科名	分布	观赏特性	主要习性	园林用途
105	杧果	Mangifera indica	漆树科	华南	常绿，树冠浓密，叶色浓绿，花果芳香，果熟时黄色	喜光，稍耐阴，喜暖温气候	庭荫树、行道树、结合生产
106	南酸枣	Choerospondias axillaris	漆树科	长江流域以南、西南	落叶，树干端直，冠大荫浓	喜光，不耐寒，耐干旱瘠薄、不耐水湿、浅根性	庭荫树、行道树
107	冬青	Ilex chinensis	冬青科	长江流域及以南地区	常绿，树形整齐，枝叶密生，经冬不落，衬以绿叶，极为美观	喜光，稍耐阴，不耐寒，喜温暖气候及肥沃的酸性土、耐修剪	园景树
108	丝棉木	Euonymus bungeanus	卫矛科	东北南部至长江流域	落叶，枝叶秀丽，花小、白色，花期5月，蒴果浅红色，假种皮橘红色	喜光，稍耐阴，耐寒、耐干旱、耐水湿，深根性	庭园观赏，水边绿化
109	元宝枫	Acer truncatum	槭树科	东北、华北至长江流域	落叶，树形圆整，叶形美丽，早春黄花满树，嫩叶红艳，秋叶橙黄或橘红	喜光，喜侧方庇荫，喜温凉气候、耐干旱，不耐水湿，深根性，抗风	庭荫树、行道树、风景林
110	五角枫	Acer mono	槭树科	东北至长江流域	落叶，树姿优美，叶形秀丽，花黄色，花期4月，春叶红，秋叶红艳	喜光，稍耐阴，喜温凉湿润气候，对土壤要求不严	庭荫树、行道树、风景林
111	茶条槭	Acer ginnala	槭树科	东北至长江流域	落叶小乔木，植株娇小洁净，翅果红色美丽，夏秋叶红艳	喜光，耐阴，耐寒，也喜温暖，深根性	庭园观赏、风景林
112	鸡爪槭	Acer palmatum	槭树科	华北南部至长江流域	落叶小乔木，树姿潇洒，叶形秀丽，秋叶红艳，栽培品种：'红羽毛'、'羽毛'枫，'红枫'等	喜光，稍耐方庇荫，耐寒性不强，良好之土壤	园景树
113	复叶槭	Acer negundo	槭树科	东北、华北	落叶，树冠圆球形，枝繁叶茂，秋色叶金黄，颇为美观	喜光，耐干冷，耐轻盐碱，耐烟尘	庭荫树
114	七叶树	Aesculus chinensis	七叶树科	华北、华东	落叶，树冠开阔，树姿雄伟，叶大形美，大型白色圆锥花序，花期5~6月	喜光，稍耐阴，喜温暖湿润气候，有一定耐寒力，不耐移植，寿命长	庭荫树、园景树
115	栾树	Koelreuteria paniculata	无患子科	华北、长江流域	落叶，树冠圆球形，端正，春色叶嫩红，花金黄，花期6~7月，蒴果薄膜质，可观，秋叶黄色	喜光，耐寒，耐干旱瘠薄，耐短期水湿及轻盐碱，抗烟尘，病虫害少，深根性	庭荫树、行道树
116	全缘叶栾树	Koelreuteria integrifolia	无患子科	长江流域及以南地区	落叶，树冠广卵形，花期8~9月，花金黄色，蒴果浓红色似灯笼高挂	喜光，喜温湿润气候，不宜修剪	庭荫树、行道树
117	无患子	Sapindus mukurossi	无患子科	长江流域及以南地区	落叶，树冠广卵形，秋叶金黄	喜光，喜温湿润气候，深根性，不耐修剪	庭荫树、行道树
118	荔枝	Litchi chinensis	无患子科	华南	常绿，树冠广阔，枝叶茂密，果熟时红艳，5~8月果熟，著名水果	喜光，喜暖热湿润气候及肥沃深厚酸性土壤	庭荫树、结合生产

(续)

序号	中名	学名	科名	分布	观赏特性	主要习性	园林用途
119	枳椇	Hovenia dulcis	鼠李科	华北至华南、西南	落叶，树姿优美，叶大荫浓	喜光，有一定耐寒力，对土壤要求不严，深根性，萌芽力强	庭荫树、行道树
120	枣树	Zizyphus jujuba	鼠李科	南北栽培	落叶，枝干苍劲，翠叶垂荫，红果累累，8~9月成熟，栽培品种：'龙枣'	喜光，喜干冷气候，也耐湿热，也耐低湿	庭荫树，结合生产
121	糠椴	Tilia mandshurica	椴树科	东北、华北	落叶，树冠广卵形，树姿雄伟，叶大荫浓，花黄白色，芳香，花期6~7月	喜光，耐阴，喜深厚、肥沃土壤，不耐烟尘，深根性，萌蘖性强	行道树，庭荫树
122	蒙椴	Tilia mongolica	椴树科	华北、东北	落叶，树冠圆整，树姿清幽，花黄白色，芳香，花期6~7月，秋叶亮黄	喜光，耐阴，不耐烟尘，深根性	庭荫树、园路树
123	心叶椴	Tilia cordata	椴树科	南北城市栽植	落叶，树冠圆球形，冠大荫浓，花黄色，芳香，花期7月	喜光，耐阴，耐寒，抗烟尘	庭荫树，行道树
124	木棉	Gossampinus malabarica	木棉科	华南、西南	落叶大乔木，树冠整齐，树姿雄伟，花大，红色，花期2~3月	喜光，喜暖热气候，耐干旱，耐火，深根性	庭荫树，行道树
125	梧桐	Firmiana simplex	梧桐科	华北至华南、西南	落叶，树冠卵圆形，树干端直，树皮翠绿，叶大形美，洁净可爱	喜光，喜温暖湿润气候，不耐水湿，不耐修剪，抗污染气体	庭荫树，行道树
126	木荷	Schima superba	山茶科	长江流域以南地区	常绿，树冠广卵形，叶绿荫浓，春阳及秋叶红艳可观	喜光，耐阴，不耐寒，耐干旱瘠薄，喜肥沃之酸性土	庭荫树，风景林
127	山桐子	Idesia polycarpa	大风子科	华东、华中、华北、西南	落叶，树冠卵圆形，端正美观，疏密有致，秋日红果累累下垂，9~10月成熟	喜光，喜湿润凉爽气候，喜非水良好微酸性土壤	行道树
128	番木瓜	Carica papaya	番木瓜科	华南、滇南	常绿小乔木，树干通直，叶大形美，果实大而垂挂于枝端时橙黄色	喜光，喜炎热气候，不耐霜冻，肉质根，适生于疏松、排水良好土壤	庭园观赏
129	沙枣	Elaeagnus angustifolia	胡颓子科	东北、华北、西北	落叶，树姿开展，枝叶终年银白，香似桂，花期6~7月，果形似枣，黄色，9~10月成熟	喜光，耐干冷，耐干旱，耐盐碱，抗风沙，耐修剪，萌芽力强	庭园观赏，深根性
130	喜树	Camptotheca acuminata	蓝果树科	长江流域及以南各地	落叶，树冠宽展，树干通直，叶荫浓郁	喜光，稍耐阴，不耐寒，较耐水湿，抗病虫能力强	庭荫树、行道树
131	瓜木	Alangium platanifolium	八角枫科	东北南部至长江流域	落叶小乔木，花乳白色，纤秀可观，花期5~6月	喜光，稍耐阴，有一定耐寒力，喜湿润	庭园观赏
132	蓝桉	Eucalyptus globulus	桃金娘科	西南、华南	落叶大乔木，树体高大，枝叶秀丽，叶蓝绿色，美观	喜光，不耐湿热，适应性强，生长快	行道树

(续)

序号	中名	学名	科名	分布	观赏特性	主要习性	园林用途
133	赤桉	Eucalyptus camaldulensis	桃金娘科	南方各地	落叶大乔木，树干端直，枝叶疏而下垂，姿态优美	喜光，耐高温及干旱，稍耐碱	庭荫树、行道树
134	大叶桉	Eucalyptus robusta	桃金娘科	南方各地	落叶，树干挺直，叶大荫浓	喜光，喜温暖湿润气候，耐水湿，生长迅速，抗风	行道树、庭荫树
135	白千层	Melaleuca leucadendra	桃金娘科	华南	常绿，树体高大，干皮白色，枝叶繁密，花白色，花期1~2月	喜光，不耐寒，耐干旱及水湿，生长快	行道树、庭园观赏
136	刺楸	Kalopanax septemlobus	五加科	东北南部至华南、西南	落叶，树干高大，树形富有野趣，叶大掌状5~7裂，颇为美观	喜光，适应性强，深根性，少病虫害	庭荫树、风景区栽植
137	灯台树	Cornus controversa	山茱萸科	东北南部至华南、西南	落叶，树形整齐，大侧枝呈层状生长，形成美丽树姿；花白色，花期5~6月	喜光，稍耐阴，有一定耐寒性，喜湿润	庭荫树、行道树、孤植
138	四照花	Dendrobenthamia japonica var. chinensis	山茱萸科	长江流域、华北	落叶小乔木，树形整齐，花序外4枚白色苞片光彩夺目，花期5月，丹实似火，观赏期长	喜光，稍耐阴，有一定耐寒力	庭园观赏
139	柿树	Diospyros kaki	柿树科	华北至华南	落叶，树冠半球形，夏日一片浓绿，秋日红叶如醉，果粉红，秋叶艳红	喜光，耐寒，耐干旱瘠薄，深根性，寿命长	庭荫树、行道树、风景林、结合生产
140	野茉莉	Styrax japonicus	野茉莉科	秦岭、黄河以南	落叶，树冠开展，花白色，下垂，芳香，花期5~6月	喜光，耐寒性不强，耐干旱瘠薄，生长快	庭园观赏、园路树
141	白蜡树	Fraxinus chinensis	木犀科	东北至长江流域	落叶，树冠卵圆形，树体端正，枝叶繁茂，绿具光泽，秋叶橙黄	喜光，耐侧方庇荫，喜温暖，也耐寒，对土壤要求不严，耐轻盐碱，耐干旱，耐水湿，抗烟尘，耐修剪	庭荫树、行道树、庭荫树
142	洋白蜡	Fraxinus pennsylvanica	木犀科	东北至长江流域	落叶，树干端直，枝叶茂繁，叶色深绿，秋叶橙黄	喜光，耐寒，耐水湿，也稍耐干旱，耐盐碱	行道树、庭荫树
143	绒毛白蜡	Fraxinus velutina	木犀科	东北南部至长江流域	落叶，树冠广阔，叶绿荫浓	喜光，耐寒，耐干旱瘠薄，耐水湿，耐盐碱，抗污染，抗病虫害	行道树
144	暴马丁香	Syringa reticulata var. mandshurica	木犀科	东北、华北	落叶小乔木，树姿开展，花白色，异香，花期5~6月	耐寒，喜潮湿土壤	庭园观赏
145	流苏树	Chionanthus retusus	木犀科	华北至华南	落叶，树姿优美，花白色，花期5月，花时如雪压树，野芳幽香，且花形纤细，秀雅可爱	喜光，耐寒，耐旱，花期怕旱风	庭园观赏

(续)

序号	中名	学名	科名	分布	观赏特性	主要习性	园林用途
146	女贞	Ligustrum lucidum	木犀科	华北南部至华南	常绿，树冠圆整端正，花白色，花期6~7月，果蓝黑色	喜光，稍耐阴，有一定耐寒力，喜湿润，抗污染，萌芽力强，耐修剪	园路树
147	桂花	Osmanthus fragrans	木犀科	长江流域	常绿小乔木，树冠卵圆整齐，花黄白色，浓香，花期9~10月，栽培品种：'丹桂'、'金桂'、'银桂'、'四季'桂	喜光，耐阴，喜通风良好温暖环境	庭园观赏、庭荫树、结合生产
148	盆架树	Winchia calophylla	夹竹桃科	华南	常绿，树冠开阔，大枝分层轮生，似盆架，形成优美树形，花白色，花期4~7月	喜光，不耐寒，抗风，抗污染	行道树、庭荫树
149	'鸡蛋花'	Plumeria rubra 'Acutifolia'	夹竹桃科	华南	落叶小乔木，枝粗壮肉质，花外面白色，里面基部黄色，芳香，花期5~10月	喜湿热气候，耐干旱，喜钙质土	庭园观赏
150	泡桐	Paulownia fortunei	玄参科	长江流域以南地区	落叶，树冠卵圆形，树干笔直，冠大荫浓，花乳白色，花期3~4月	耐寒性不强，耐干旱，不耐水湿，抗污染	庭荫树、行道树
151	毛泡桐	Paulownia tomentosa	玄参科	东北南部至长江流域	落叶，树冠宽大圆形，花大荫浓，花紫色，花期4~5月	喜光，不耐阴，有一定耐寒性，较耐干旱，不耐水湿，喜肥，抗污染	庭荫树、行道树
152	梓树	Catalpa ovata	紫葳科	东北至华南北部	落叶，树冠开展，冠大荫浓，花淡黄色，花期5月	喜光，稍耐阴，耐寒，耐轻度盐碱，浅根性，抗污染	庭荫树、行道树
153	楸树	Catalpa bungei	紫葳科	华北至长江流域	落叶，树姿挺拔，干直荫浓，花浅粉色，花期4~5月	喜光，不耐严寒，不耐干旱及水湿，抗污染	庭荫树
154	黄金树	Catalpa speciosa	紫葳科	南北城市	落叶，树冠开展，叶大荫浓，花白色，花期5月	喜强光，耐寒性较差，喜深厚、肥沃土壤	庭荫树、行道树
155	蓝花楹	Jacaranda acutifolia	紫葳科	华南	落叶，树姿优美，绿荫如伞，叶纤细似羽，蓝花朵朵，秀丽清雅，花期5~8月	喜暖热多湿气候，不耐寒	行道树、庭荫树
156	棕榈	Trachycarpus fortunei	棕榈科	华北南部至华南、西南	常绿，干挺拔秀丽，掌状花序成圆锥花序，鲜黄色，花小集生，花期4~5月	喜光，耐阴，棕榈科中最耐寒种类之一，有一定的耐旱及耐水湿能力，抗污染，浅根性，易风倒	园景树、行道树、盆栽、结合生产
157	蒲葵	Livistona chinensis	棕榈科	华南	常绿，树形优美，掌状叶，花小集成肉穗花序	喜光，稍耐阴，耐寒力不强，稍耐水湿，抗污染，耐移植	园景树、行道树、盆栽、结合生产
158	鱼尾葵	Caryota ochlandra	棕榈科	华南、滇南	常绿，树形优美，叶二回羽状裂片似鱼鳍，优美奇特，花序长，下垂，核果淡红色	喜光，耐阴，喜暖，湿气候及酸性土壤	园景树、行道树、盆栽、结合生产

(续)

序号	中 名	学 名	科 名	分 布	观赏特性	主要习性	园林用途
159	长叶刺葵	Phoenix canariensis	棕榈科	华南	常绿、树干挺拔、叶羽状裂、大型长达5~6m，构成雄伟树姿	喜光，稍耐阴，不耐寒	园景树、行道树、盆栽
160	桄榔	Arenga pinnata	棕榈科	华南、滇南	常绿、树干挺拔、叶羽状裂、大型长达4~9m	耐阴，喜暖湿环境，不耐寒	庭荫树、行道树、结合生产
161	椰树	Cocos nucifera	棕榈科	华南、滇南	常绿、树干挺拔、叶羽状裂、果大，集于枝端最能体现热带风光	喜光，在高温湿润的海岸生长良好，不耐旱，深根性，抗风力强	园景树、行道树、结合生产
162	王棕	Roystonea regia	棕榈科	华南	常绿、树姿苍翠挺拔，奇特美观，叶羽状裂	喜光，喜暖湿环境，耐粗放管理	行道树、园景树
163	假槟榔	Archontophoenix alexandrae	棕榈科	华南、滇南	常绿、树干笔直，树冠秀美、叶羽状裂、大型	稍耐阴，粗放管理，大树移植容易成活	园景树、行道树
164	槟榔	Areca catechu	棕榈科	华南	常绿、树干光滑挺拔，叶羽状裂，花白色，芳香	稍耐阴，喜高温多雨气候	园景树、行道树、结合生产
165	油棕	Elaeis guineensis	棕榈科	华南、滇南	常绿、树形优美，叶柄基部宿存，叶羽状裂	喜光，稍耐阴，喜温高湿气候	行道树、园景树、结合生产

三、阔叶灌木类

序号	中 名	学 名	科 名	分 布	观赏特性	主要习性	园林用途
166	无花果	Ficus carica	桑科	华北南部以南地区	落叶，枝粗壮，叶大，掌状3~5裂，果梨形，熟时紫黄色或紫黑色	喜光，喜温暖湿润气候，耐寒性不强，耐旱，根系发达	庭园观赏，结合生产
167	牡丹	Paeonia suffruticosa	毛茛科	各地栽植	落叶，花大色美，紫、红、黄、白、豆绿、复色等，花期4月，世界著名花木	喜光，忌夏季暴晒，耐寒，喜凉爽，肉质根，怕积水	园中观赏、专类园、盆栽、切花
168	小檗	Berberis thumbergii	小檗科	南北栽植	落叶，植株紧密，花黄色，花期4~5月，果红色，果期8~9月；栽培品种：'紫叶'小檗，'金叶'小檗等	喜光，耐阴，耐寒，耐干旱瘠薄，萌芽力强，耐修剪	基础栽植，刺篱，岩石园
169	长柱小檗	Berberis lempergiana	小檗科	华东	常绿，叶亮绿，花黄色，花期4~5月，果蓝紫色，秋叶红色	耐阴，不耐寒，喜湿润肥沃酸性土	庭园观赏，基础栽植
170	粉叶小檗	Berberis pruinosa	小檗科	西南	常绿，花黄绿色，果蓝紫色，被白粉	喜光，耐阴，喜湿润气候，粗放管理	刺篱，观赏

(续)

序号	中名	学名	科名	分布	观赏特性	主要习性	园林用途
171	十大功劳	Mahonia fortunei	小檗科	长江流域	常绿，枝叶苍劲，花黄色，花期7~8月，果青紫色，被白粉	耐阴，喜温暖湿润气候	庭园观赏
172	阔叶十大功劳	Mahonia bealei	小檗科	中部及南部	常绿，姿态别致，叶宽厚，质硬，花黄色，花期3~4月，果蓝黑色	耐阴，喜温暖湿润，性强健，粗放管理	观赏，刺篱
173	南天竹	Nandina domestica	小檗科	华北南部以南地区	常绿，姿态潇洒，叶秀丽，秋叶红，花白色，花期5~6月，果红色，经冬不凋，栽培品种：'玉果'南天竹	耐阴，喜温暖湿润，有一定耐寒力，钙质土指示植物	庭园观赏，盆栽，果穗瓶插
174	木兰	Magnolia liliflora	木兰科	中部	落叶，花大形美，外面紫色，内面近白色，花期3~4月	喜温暖湿润气候，耐寒力不强，肉质根，怕积水	庭园观赏
175	含笑	Michelia figo	木兰科	长江流域及以南地区	常绿，枝丛丰满，花润似玉，芳香宜人，花期3~5月，著名的香花花木	耐阴，喜暖热多湿气候及酸性土壤	庭园观赏，结合生产
176	蜡梅	Chimonanthus praecox	蜡梅科	华北至长江流域	落叶，花开于寒月早春，花黄如蜡，清香四溢，为冬春观赏佳品，著名香花花木	喜光，稍耐阴，较耐寒，耐干旱，忌水湿，生长势及发枝力均强	观赏，盆花，瓶插
177	鹰爪花	Artabotrys hexapetalus	番荔枝科	华南	常绿，花较大，淡黄绿色，极香，花期5~6月	喜光，耐阴，喜温暖湿润气候，排水良好土壤，耐修剪	庭园观赏
178	太平花	Philadelphus pekinensis	虎耳草科	北部及西部	落叶，花乳白色，略具香气，花期5~6月	喜光，稍耐阴，耐寒，不耐积水	观赏，花篱
179	西洋山梅花	Philadelphus coronarius	虎耳草科	长江流域	落叶，花乳白色，芳香，花期5~6月	喜光，耐寒性不强，耐旱，不耐水涝，生长势较旺	成丛成片栽植，花篱
180	溲疏	Deutzia scabra	虎耳草科	长江流域	落叶，花白色，花期5~6月	喜光，稍耐阴，有一定耐寒性，萌芽力强，耐修剪	丛植，花篱
181	八仙花	Hydrangea macrophylla	虎耳草科	长江流域及以南地区	落叶，多数不孕花集成一大圆头状花序，花色粉红、蓝或白色，极美丽，花期6~7月	耐阴性强，不耐寒，喜肥沃湿润酸性土壤，萌芽力强	庭园观赏，盆栽
182	香茶藨子	Ribes odoratus	虎耳草科	华北、东北	落叶，花萼黄色，可观，花瓣小，紫红色，花芳香，花期4~5月	喜光，稍耐阴，耐寒，根萌蘖性强	观赏
183	海桐	Pittosporum tobira	海桐科	长江流域及以南地区	常绿，叶亮绿有光泽，花白色，芳香，花期5月，种子鲜红色，10月果熟	喜光，稍耐阴，耐寒性不强，萌芽力强，耐修剪，抗海潮风，抗污染	基础栽植，花篱，盆栽，绿篱

(续)

序号	中名	学名	科名	分布	观赏特性	主要习性	园林用途
184	蚊母树	Distylium racemosum	金缕梅科	华北至长江流域	常绿，树姿开展，优美，叶革质具光泽	喜光，稍耐阴，有一定耐寒力，萌芽力强，耐修剪，抗污染	城市绿化树
185	檵木	Lorpetalum chinensis	金缕梅科	长江流域及以南地区	常绿，花瓣带状条形，黄白色，花期4~5月，变种：红花檵木	耐阴，喜温暖湿润及酸性土壤	庭园观赏，风景林之下木
186	笑靥花	Spiraea prunifolia	蔷薇科	山东，陕西以南地区	落叶，小枝细长，花白色，重瓣，3~6朵成伞形花序，花期4~5月，秋叶橙黄	喜光，有一定耐寒力，粗放管理	丛植，基础栽植
187	麻叶绣线菊	Spiraea cantoniensis	蔷薇科	长江流域及以南地区	落叶，枝细长拱形下垂，花白色，球状伞形花序，花期5~6月	喜光，耐寒力差，性强健	丛植，观赏
188	菱叶绣线菊	Spiraea vanhouttei	蔷薇科	南北栽植	落叶，枝细长拱形下垂，花白色，球状伞形花序，花期5~6月	喜光，耐阴，有一定耐寒力，耐粗放管理	花径，基础栽植
189	粉花绣线菊	Spiraea japonica	蔷薇科	南北栽植	落叶，枝丛生，花粉红色，复伞房花序，花期6~7月	喜光，稍耐阴，耐寒，耐旱	丛植点缀夏景
190	珍珠梅	Sorbaria kirilowii	蔷薇科	华北，西北，内蒙古	落叶，枝丛生，花白色，蕾时似珍珠，花期6~8月	喜光，耐阴，耐寒，不择土壤，萌蘖性强，耐修剪	丛植，花径
191	白鹃梅	Exochorda racemosa	蔷薇科	华北南部以南地区	落叶，枝叶秀丽，花白色，花期4~5月	喜光，耐阴，有一定耐寒力，耐干旱瘠薄	庭园观赏
192	多花栒子	Cotoneaster multiflorus	蔷薇科	华北，东北，西北，西南	落叶，枝细长拱形，花白色，花期4~5月，果红色，9月成熟	喜光，稍耐阴，耐寒，耐干旱瘠薄，耐修剪	丛植观赏
193	平枝栒子	Cotoneaster horizontalis	蔷薇科	华北，西北，西南	半常绿，枝匍匐开展，花粉红色，花期5~6月，果鲜红色，9~10月成熟，秋叶红	喜光，稍耐阴，耐干旱瘠薄，适应性强	基础栽植，地被
194	火棘	Pyracantha fortuneana	蔷薇科	华东，华中，华南	常绿，枝拱形下垂，花白色，花期4~5月，果亮红色，9~10月成熟	喜光，耐寒性不强，要求排水良好土壤，耐修剪，枝易造型	丛植，剌篱，盆景，瓶插
195	石楠	Photinia serrulata	蔷薇科	华北南部及以南地区	常绿，冠圆枝密，早春嫩叶鲜红，花白色，花期4~5月，果红色，9~10月成熟	喜光，稍耐阴，有一定耐寒力，耐干旱瘠薄，不耐水湿	栽植于规则式中更佳
196	贴梗海棠	Chaenomeles speciosa	蔷薇科	华北及以南地区	落叶，枝开展，花期3~4月，粉红，有香气，果黄色，9~10月成熟	喜光，稍耐阴，有一定耐寒力，耐瘠薄，不耐水湿	庭园观赏，花篱，基础栽植

(续)

序号	中名	学名	科名	分布	观赏特性	主要习性	园林用途
197	月季	Rosa chinensis	蔷薇科	长江流域及以南地区	半常绿，枝丛生，芳香，花深红、粉红、白色，花期5~10月，栽培品种：'月月红''小月季''变色月季'等	喜光，喜温暖湿润气候；夏季高温不利开花	庭园观赏，花篱，基础栽植
198	现代月季	Rosa spp.	蔷薇科	南北栽植	落叶，半常绿，灌木，藤本，花色丰富，红、橙、黄、紫、白，花大芳香，花期5~10月	喜光，性强健，较耐寒，喜通风良好环境，喜肥	庭园观赏，盆栽，专类园，切花
199	玫瑰	Rosa rugosa	蔷薇科	南北栽植	落叶，枝直立丛生，花玫瑰红色，花期5~6月，果砖红色，9~10月成熟	喜光，耐寒、耐旱，不耐积水，萌蘗性强	花篱，丛植，结合生产
200	黄刺玫	Rosa xanthina	蔷薇科	东北、华北、西北	落叶丛生，花黄色，花期4~5月，果红褐色	性强健，喜光，耐寒，耐干旱瘠薄，少病虫害	花篱，丛植
201	棣棠	Kerria japonica	蔷薇科	华北及以南地区	落叶，枝丛生，绿色光亮，花黄色，'重瓣棣棠'	喜光，耐阴，有一定耐寒力	丛植，尤以绿枝点缀冬景
202	鸡麻	Rhodotypos scandens	蔷薇科	东北南部至长江流域	落叶，枝丛生，花白色，花期4~5月，果亮黑色	喜光，耐阴、耐寒、耐旱，易栽培	丛植
203	榆叶梅	Prunus triloba	蔷薇科	东北、华北	落叶，枝直立，花粉红色，花期4月	喜光，耐寒、耐旱，耐干旱瘠薄	丛植，盆栽
204	毛樱桃	Prunus tomentosa	蔷薇科	华北、东北、西南	落叶，枝直立，花粉红色，花期4月，核果亮红色，6月成熟	喜光，耐寒，耐轻盐碱土，不耐水湿	庭园观赏
205	郁李	Prunus japonica	蔷薇科	东北至华南	落叶，花粉红、白色，花期4月，果深红色，栽培品种：'白花重瓣郁李''红花重瓣'	喜光，耐寒，耐干旱，较耐水湿	丛植观赏
206	麦李	Prunus glandulosa	蔷薇科	华北至长江流域	落叶，花粉红、白色，花期3~4月，果果亮红色，栽培品种：'重瓣白麦李''重瓣红麦李'	喜光，有一定耐寒力，适应性强	丛植，盆栽
207	金合欢	Acacia farnesiana	豆科	华南、西南	常绿，多分枝，花金黄色，芳香，花期3~6月	喜光，喜暖湿气候，适应性强	观赏，刺篱
208	紫荆	Cercis chinensis	豆科	华北至华南	落叶，嵴端，树姿端正，叶心形，光滑，花紫红色，花期4月	喜光，有一定耐寒力，耐干旱瘠薄，不耐水湿，萌蘗性强，耐修剪	丛植
209	金凤花	Caesalpinia pulcherrima	豆科	华南	落叶，姿态优美，花大，橙色或黄色，花丝长而红色，几乎全年开花	喜光，不耐寒，喜湿润排水良好的砂质土壤，对风及空气污染抵抗力差	丛植观花

（续）

序号	中名	学名	科名	分布	观赏特性	主要习性	园林用途
210	花木蓝	Indigofera kirilowii	豆科	东北、华北、华东	落叶，花淡紫红色，花期5~6月	喜光，耐寒，适应性强，耐干旱瘠薄	丛植，山坡覆盖
211	毛刺槐	Robinia hispida	豆科	华北、东北	落叶，花大，粉红色或淡紫色，花期6~7月	喜光，耐寒，耐瘠薄，萌蘖性强	丛植，孤植
212	金雀儿	Caragana rosea	豆科	华北、东北	落叶，枝直立，花黄色，谢时变红色，花期5~6月	喜光，耐寒，耐干旱瘠薄，易生萌枝，可自行繁衍	丛植
213	九里香	Murraya paniculata	芸香科	华南、西南	常绿，花白色，极芳香，花期7~11月，果朱红色	喜光，耐阴，喜暖热气候，耐干旱	庭园观赏，盆栽
214	枸橘	Poncirus trifoliata	芸香科	华北以南地区	落叶，枝绿色，枝刺粗长，花白色，花期4月，果黄色，有香气，10月成熟	喜光，较耐寒，发枝力强，耐修剪	庭园观赏，盆栽，花篱
215	米仔兰	Aglaia odorata	楝科	华南、西南	常绿，多分枝，花小而多，黄色，极香，复秋开花，栽培品种：'四季米仔兰'	喜光，耐阴，喜暖湿，不耐寒，不耐旱	庭园观赏，盆栽
216	一品红	Euphorbia pulcherrima	大戟科	华南	常绿，枝直立，生于枝端之叶较小，全缘，开花时呈朱红色，鲜艳醒目，观赏期长，圣诞、元旦开花	喜光，喜温暖气候及湿润，肥沃，酸性土壤	庭园点缀，盆栽
217	红桑	Acalypha wilkesiana	大戟科	华南	常绿，多分枝，叶终年铜绿色或红或紫色斑块	喜光，喜肥，忌涝，栽培容易	彩叶地被
218	红背桂	Excoecaria cochinchinensis	大戟科	华南	常绿，多分枝，叶长椭圆形，正面深绿色，背面紫红色	耐阴，不耐寒，喜肥沃排水良好土壤	庭园观赏，盆栽
219	变叶木	Codiaeum variegatum var. pictum	大戟科	华南	常绿，叶形变化大，披针形、椭圆形或匙形，或叶中部分断，叶色绿、黄、红或杂色	喜光，喜温暖，不耐寒	庭园观赏，盆栽
220	黄杨	Buxus sinica	黄杨科	华北南部至长江以南地区	常绿，多分枝，叶革质，光亮，青翠可爱	耐阴，喜温暖湿润气候，有一定耐寒力，抗污染，耐修剪	孤植，丛植，篱，盆栽
221	雀舌黄杨	Buxus bodinieri	黄杨科	长江流域至华南、西南	常绿，分枝多而密集，叶狭长革质，有光泽	喜光，耐阴，喜温暖，耐寒性不强，萌蘖力强，耐修剪	短绿篱，模纹花坛，盆栽
222	黄栌	Cotinus coggygria	漆树科	华北、西南	落叶，树冠圆形，叶近圆形，翠绿可爱，秋叶艳红，花黄色，花后有淡紫色羽毛状花梗宿存	喜光，耐阴，耐寒，耐干旱瘠薄，不耐水湿；根系发达，萌蘖性强	丛植，风景林

— 183 —

(续)

序号	中名	学名	科名	分布	观赏特性	主要习性	园林用途
223	枸骨	Ilex cornuta	冬青科	华北南部以南地区	常绿，枝叶茂密，叶形奇特，叶小，黄绿色，果鲜红色，经冬不凋	喜光，耐阴，喜温暖，有一定耐寒力，抗污染，耐修剪	孤植，丛植，刺篱，盆栽
224	大叶黄杨	Euonymus japonicus	卫矛科	华北以南地区	常绿，树冠圆整，叶色亮绿，种子具橘红色假种皮，栽培品种：'金边'、'金心'等	喜光，耐阴，喜温暖，有一定耐寒力，耐干旱瘠薄，抗烟尘，抗污染，耐修剪	绿篱，造型，盆栽
225	卫矛	Euonymus alatus	卫矛科	东北、西北至长江流域	落叶，枝叶扶疏，嫩叶及秋叶均为红色，叶小，蒴果紫色，假种皮橙红色	喜光，稍耐阴，耐寒，适应性强，耐修剪	丛植
226	文冠果	Xanthoceras sorbifolia	无患子科	华北、西北	落叶，叶秀丽光洁，花序大而花密，花白色，基部有黄紫斑，花期4～5月	喜光，耐阴，耐寒，耐干旱瘠薄，不耐涝；深根性，萌蘖力强	庭园观赏，风景林，结合生产
227	木槿	Hibiscus syriacus	锦葵科	东北南部至华南	落叶，树姿峭立，花淡紫色，花期6～9月，栽培品种多，花色白、蓝、红、粉，重瓣等	喜温暖湿润，耐寒，耐干旱瘠薄，积水，萌蘖性强，耐修剪	丛植，花篱
228	扶桑	Hibiscus rosa-sinensis	锦葵科	华南	落叶或常绿，叶绿具光泽，花大，雄蕊柱伸出花外，红色，品种有白花、黄花、粉花，极美，栽培品种：'醉芙蓉'、'重瓣'等	喜光，喜肥沃湿润而排水良好土壤	庭园观赏，盆栽
229	木芙蓉	Hibiscus mutabilis	锦葵科	长江流域以南地区	落叶，花大，色鲜艳，常为淡红色，后转为深红色，仅于端部略开展，花期9～10月，栽培品种：'重瓣'、'醉芙蓉'等	喜光，不耐寒，喜温暖，抗污染	丛植
230	悬铃花	Malvaviscus arboreus var. penduliflorus	锦葵科	华南，滇南	常绿，花红色，下垂，雄蕊柱伸出花外，秀美，全年开花	喜光，喜温暖，不耐寒，喜排水良好土壤	丛植，盆栽
231	山茶花	Camellia japonica	山茶科	山东、陕西以南地区	常绿，树姿端正，叶色翠绿，花大，花期2～4月，栽培品种多，花色白、红、紫、重瓣等	喜温，耐阴，喜温暖湿润气候，有一定耐寒力，喜肥沃、排水良好的酸性土壤	庭园观赏，盆栽
232	金丝桃	Hypericum chinense	藤黄科	河南、陕西以南地区	半常绿，叶常绿，花鲜黄色，花期6～7月	喜光，稍耐阴，耐寒，有一定耐寒力	丛植，地被
233	柽柳	Tamarix chinensis	柽柳科	华北、西北华南、西南	落叶，姿态婆娑，枝叶纤秀，花小，粉红色，花期长，春、夏、秋都有花开	喜光，耐寒，耐热，耐干旱，耐水湿，耐盐碱，抗风，抗沙，萌芽力强，耐修剪	庭园观赏，盐碱地绿化

(续)

序号	中名	学名	科名	分布	观赏特性	主要习性	园林用途
234	结香	Edgeworthia chrysantha	瑞香科	河南、陕西以南地区	落叶，枝条极柔软，花黄色，芳香，花期3~4月	耐阴，喜温暖，有一定耐寒力，过干和过湿都不适宜	丛植
235	胡颓子	Elaeagnus pungens	胡颓子科	长江流域及以南地区	常绿，树冠开展，叶深绿，背面银白色，花银白色，芳香，花期10~11月，果红色，次年5月成熟	喜光，耐阴，喜温暖，耐干旱，耐水湿，抗污染；耐修剪	庭园观赏，盆栽
236	紫薇	Lagerstroemia indica	千屈菜科	华北及以南地区	落叶，树姿优美，树干光滑洁净，花淡红色，花期6~9月，栽培品种：'银薇'、'翠薇'等	喜光，稍耐阴，有一定耐寒性，耐旱，怕涝；萌蘖性强，耐修剪	丛植，盆栽
237	石榴	Punica granatum	石榴科	华北及以南地区	落叶，树冠开展，花朱红色，花萼紫红色，花期5~7月，果古铜色，栽培品种：'白花'、'黄花'、'月季'石榴等	喜光，有一定耐寒力，耐干旱，喜石灰质土壤	庭园观赏，盆栽结合生产
238	八角金盘	Fatsia japonica	五加科	长江流域	常绿，叶大光亮浓绿，掌状7~9裂，极美，花小，白色，夏秋开花	耐阴性强，喜温暖湿润气候	栽植观叶，盆栽
239	红瑞木	Cornus alba	山茱萸科	东北、华北	落叶，枝血红色，花白色，果白色，8~9月成熟	喜光，稍耐阴，耐寒，耐水湿	丛植，尤点缀冬景
240	东瀛珊瑚	Aucuba japonica	山茱萸科	长江流域及以南地区	常绿，树姿优美，叶浓绿，花小，紫色，果鲜红色，栽培品种：'洒金'、'金边'、'白果'、'黄果'等	耐阴性强，不耐寒，喜气湿度大，耐修剪，虫害少，抗污染	林下栽植观叶、观果
241	杜鹃花	Rhododendron simsii	杜鹃花科	长江流域及以南地区	落叶，分枝多，花深红色，有紫斑，花期4~6月	耐阴，喜温暖湿润气候及酸性土壤	丛植，专类园
242	毛白杜鹃	Rhododendron mucronatum	杜鹃花科	华北、长江流域	半常绿，分枝密，花白色，芳香，花期4~5月	喜光，稍耐阴，喜温暖，耐热，抗污染	丛植，专类园
243	云锦杜鹃	Rhododendron fortunei	杜鹃花科	长江流域	常绿，枝粗壮，叶亮绿，花大，浅粉红色，芳香，花期5月	耐阴，喜温暖湿润气候及酸性土壤	丛植，专类园
244	老鸦柿	Diospyros rhombifolia	柿树科	华东	落叶，树姿优美，花白色，果熟时红色，10月成熟	喜光，耐阴，喜温暖湿润气候，适应性强	庭园观赏，盆景
245	连翘	Forsythia suspensa	木犀科	华北、东北至长江流域	落叶，枝细长开展呈拱形，花亮黄色，花期3~4月	喜光，耐阴，耐寒，耐干旱，不耐水湿，抗病能力强	丛植，花篱
246	金钟花	Forsythia viridissima	木犀科	华中南部至长江流域	落叶，枝直立，花深黄色，花期3~4月	喜光，稍耐阴，有一定耐寒力，耐干旱	丛植，花篱

(续)

序号	中名	学名	科名	分布	观赏特性	主要习性	园林用途
247	紫丁香	Syringa oblata	木犀科	东北、华北、西北	落叶，枝叶茂密，花堇紫色，花期4月，变种：白丁香、紫萼丁香等	喜光，稍耐阴，耐寒，耐干旱，忌低湿	丛植、专类园
248	波斯丁香	Syringa persica	木犀科	西北、华北	落叶，花淡紫色，花期4~5月	喜光，稍耐阴，耐寒，耐干旱	丛植、专类园
249	裂叶丁香	Syringa laciniata	木犀科	西北、华北	落叶，枝姿优美，叶羽状深裂，秀美，花淡紫色，花期4~5月	喜光，稍耐阴，耐寒，耐干旱	丛植、专类园
250	小叶丁香	Syringa microphlla	木犀科	北部、中部	落叶，植株丰满，叶小，花紫色，花期5月	喜光，耐阴，耐寒，耐干旱	丛植、专类园、基础栽植
251	蓝丁香	Syringa meyer	木犀科	华北	落叶，枝叶密生，花蓝紫色，花期5月	喜光，耐阴，耐寒，耐干旱	丛植、专类园、基础栽植
252	小叶女贞	Ligustrum quihoui	木犀科	华北及以南地区	半常绿，枝条铺散，树冠圆整，花白色，花期7~8月，果紫黑色	喜光，稍耐阴，较耐寒，抗污染，萌枝力强，耐修剪	庭园观赏、绿篱
253	金叶女贞	Ligustrum vicaryi	木犀科	华北至长江流域	半常绿，树冠圆整，新叶全部或大部分为金黄色	喜光，有一定耐寒性，耐干旱瘠薄，耐轻盐碱，抗污染	庭园观赏、彩叶篱
254	柊树	Osmanthus heterophyllus	木犀科	华北南部及以南地区	常绿，叶硬革质，深绿光亮，缘具刺齿，花白色，芳香，花期10月	喜光，耐阴，有一定耐寒力，抗污染	庭园观赏、刺篱
255	茉莉	Jasminum sambac	木犀科	华南	常绿，叶亮绿，花期5~11月，芳香	喜光，耐阴，喜高温湿润，不耐寒，喜肥，喜酸性土壤，耐修剪	花篱、花丛、结合生产
256	迎春	Jasminum nudiflorum	木犀科	华北、西北、华南	落叶，枝细长拱形，绿色，花黄色，花期2~4月	喜光，耐阴，耐寒，喜湿润也耐干旱，怕涝；根萌发力很强	丛植、基础栽植、地被、盆栽
257	云南黄馨	Jasminum mesnyi	木犀科	长江流域及以南地区	半常绿，枝条拱形，绿色，花黄色，花期4月	喜光，耐阴，喜温暖湿润气候，不耐寒	丛植、盆栽
258	大叶醉鱼草	Buddleja davidii	马钱科	华北、西北、长江流域	落叶，枝繁叶茂，花淡紫色，花期6~9月	喜温暖湿润气候，有一定耐寒力，耐修剪，花叶有毒	丛植
259	黄蝉	Allemanda neriifolia	夹竹桃科	华南	常绿，树姿优美，叶亮绿，花橙黄色，花期5~8月	喜暖热气候，喜湿润肥沃土壤，全株有毒，不耐寒	庭园观赏、盆栽
260	软枝黄蝉	Allemanda cathartica	夹竹桃科	华南	常绿，枝柔软弯垂，花期10月；有大花、重瓣栽培品种	喜光，不耐寒，全株有毒	庭园观赏、盆栽

(续)

序号	中名	学名	科名	分布	观赏特性	主要习性	园林用途
261	夹竹桃	Nerium indicum	夹竹桃科	长江流域及以南地区	常绿，枝开展潇洒，花深红或粉红色，花期6~10月，栽培品种：'白花夹竹桃'、'重瓣夹竹桃'	喜光，喜温暖湿润气候，不耐寒，耐旱，抗烟尘，抗污染，萌蘖性强，病虫害少，全株有毒	城市绿化树种，盆栽，背景树
262	黄花夹竹桃	Thevetia peruviana	夹竹桃科	华南	常绿，枝柔软，叶亮绿，花黄色，花期5~8月	喜干热气候，不耐寒，耐旱，全株有毒	庭园观赏，盆栽
263	五色梅	Lantana camara	马鞭草科	华南	常绿，枝直立或半藤状，花小，集成花序，黄、橙黄、粉红至深红色，花期6~10月	喜光，喜温暖湿润，不耐寒，性强健，适应性强	开花地被，盆栽
264	假连翘	Duranta repens	马鞭草科	华南	常绿，枝细长拱形，花橙黄色，花期5~10月	喜光，喜温暖湿润，不耐寒，耐粗放管理	果篱，观赏
265	冬红	Holmskioldia sanguinea	马鞭草科	华南	常绿，枝直立略带蔓性，花萼碟状，朱红或橙红色，花冠猩红色，花期冬季	喜光，喜温暖湿润，不耐寒	庭园观赏
266	海州常山	Clerodendrum trichotomum	马鞭草科	华北、华东、中南、西南	落叶，枝直立开展，花萼紫红色，花蓝紫色，果以紫红色的花萼衬托，极美，花果期6~11月	喜光，稍耐阴，有一定耐寒力，耐水湿，抗污染	丛植，观花果
267	紫珠	Callicarpa japonica	马鞭草科	华北、华东、华中	落叶，枝条柔细，花淡紫或近白色，花期6~7月，果亮紫色，10月成熟，栽培品种：'白果'紫珠	喜光，稍耐阴，有一定耐寒力	丛植，观果，基础栽植
268	枸杞	Lycium chinense	茄科	东北南部至华南	落叶，枝细长拱形，花紫色，果红色，花果期5~11月	喜光，稍耐阴，耐干旱，耐碱土	丛植，观花果
269	夜香树	Cestrum nocturnum	茄科	华南	常绿，枝细长拱垂，花黄白色，极香，夏秋开花	喜光，喜温暖湿润，不耐寒，不择土壤	丛植，盆栽
270	栀子花	Gardenia jasminoides	茜草科	长江流域及以南地区	常绿，株形优美，叶亮绿，花白色，花期6~8月，浓香，栽培品种：'玉荷花'	喜光，耐阴，喜温暖湿润气候，耐热，耐干旱，喜酸性土，萌芽力、萌蘖力均强，耐修剪	丛植，林下地被，盆栽，结合生产
271	龙船花	Ixora chinensis	茜草科	华南	常绿，植株矮密，顶生花序似绣球，花红色或橙红色，夏、秋开花，果呈红色	喜光，稍耐阴，喜温暖，不耐寒，喜酸性土壤	庭园观赏
272	六月雪	Serissa japonica	茜草科	东南部、中部	常绿，枝低矮密生，花小，白色或淡粉紫色，有金边，重瓣栽培品种	耐阴，喜温暖，不择土壤，萌芽力均强，喜酸性土壤、萌芽力、耐修剪	林下地被，盆栽

(续)

序号	中名	学名	科名	分布	观赏特性	主要习性	园林用途
273	锦带花	Weigela florida	忍冬科	华北、东北、华东北部	落叶，枝叶繁茂，花玫瑰红色，花期4～5月；栽培品种：'花叶'、'红王子'锦带花等	喜光，耐寒，耐干旱瘠薄，不耐水湿；萌芽力、萌蘖力强	花丛、花篱
274	海仙花	Weigela coraeensis	忍冬科	华北至长江流域	落叶，植株较粗壮，花黄白色渐变为深红色，花期5～6月	喜光，稍耐阴，有一定耐寒力，喜湿润肥沃土壤	丛植
275	猬实	Kolkwitzia amabilis	忍冬科	华中、华北、西北	落叶，树姿优美，花粉红色，花期5月，果小，形似刺猬	喜光，有一定耐寒力、耐干旱瘠薄，粗放管理	庭园观赏、花篱
276	糯米条	Abelia chinensis	忍冬科	华北以南地区	落叶，枝开展，花萼粉红色，花冠白色至粉红色，花期7～9月	喜光，稍耐阴，有一定耐寒力、萌蘖力，萌芽力强	丛植、基础栽植、花篱
277	大花六道木	Abelia grandiflora	忍冬科	长江流域	半常绿，树姿优美，花繁茂，白色或略带红晕，花萼粉红色，花期7～10月	喜光，耐阴，耐寒性不强，耐干旱；移植易活，耐修剪	丛植、花篱、盆景
278	金银忍冬	Lonicera maackii	忍冬科	南北各地	落叶，树姿开展，枝叶丰满，花先白后黄，花期5月，果红色，9月成熟	喜光，耐阴，耐寒，耐旱，粗放管理，病虫害少	丛植
279	鞑靼忍冬	Lonicera tatarica	忍冬科	新疆、华北、东北	落叶，枝开展，花粉红、红、白色，花期5月，果红色，9月成熟	喜光，耐阴，极耐寒	
280	接骨木	Sambucus williamsii	忍冬科	南北各地	落叶，树势旺盛，花白色或淡紫色，花期4～5月，果红色或蓝紫色，9月成熟	喜光，耐寒，耐旱，萌蘖性强，粗放管理	庭园观赏
281	木本绣球	Viburnum macrocephalum	忍冬科	华北南部至南方	落叶，树姿圆整，繁花聚簇，团团如球，花白色，花期4～6月，琼花、白花红果，极为美丽	喜光，稍耐阴，有一定耐寒力，性强健，萌芽力均强	庭园观赏、孤植、丛植
282	蝴蝶绣球	Viburnum plicatum	忍冬科	长江流域及以南地区	落叶，树姿优美，繁花满树，抗似雪团压枝，花白色，花期4～5月，变型：蝴蝶树、白花红果	喜光，稍耐阴，耐寒力不强，萌芽力、萌蘖力均强	庭园观赏
283	天目琼花	Viburnum sargentii	忍冬科	东北至长江流域	落叶，枝清秀，叶绿发紫，花开时似蝴蝶戏珠，逗人喜爱，花期5～6月，果期9～10月	喜光，耐阴，对土壤要求不严，易移植	庭园观赏
284	珊瑚树	Viburnum awabuki	忍冬科	华北南部至华南	常绿，枝繁叶茂，终年碧绿发亮，春日白花满树，秋季果实鲜红，状如珊瑚	喜光，稍耐阴，有一定耐寒力，抗火，耐烟尘，抗污染，萌蘖力强，耐修剪，易整形，病虫害少	绿篱、绿墙、防火防护林

(续)

序号	中名	学名	科名	分布	观赏特性	主要习性	园林用途
285	棕竹	Rhapis humilis	棕榈科	华南、西南	常绿,丛生,干细有节,色绿似竹,叶掌状裂	耐阴,不耐寒,宜湿润排水良好的微酸性土壤	耐阴下木,庇荫处栽植观赏,盆栽
286	散尾葵	Chrysalidocarpus lutescens	棕榈科	华南	常绿,丛生,干光滑淡绿色,叶羽状全裂	耐阴,喜高温	庇荫处栽植观赏,盆栽
287	凤尾兰	Yucca gloriosa	百合科	华北以南地区	常绿,干短,叶剑形硬直,花序高大,花大而下垂,乳白色,花期6月,10月二次开花	喜光,稍耐阴,有一定耐寒力,耐水湿	庭园观赏
288	丝兰	Yucca smalliana	百合科	华北以南地区	常绿,近无茎,叶基生,线状披针形,边缘具卷曲白丝,花白色下垂,花期6~8月	喜光,稍耐阴,有一定耐寒力	庭园观赏
289	朱蕉	Cordyline fruticosa	百合科	华南	常绿,茎通常不分枝,叶聚生茎端,披针形,绿色或紫红色,花小,淡红色或紫色,花期5~6月	喜光,稍耐阴,喜温暖多湿气候,不耐寒,忌碱土	庭园观赏,盆栽

四、藤本植物(木本)类

序号	中名	学名	科名	分布	观赏特性	主要习性	园林用途
290	薜荔	Ficus pumila	桑科	华东、华中、西南	常绿,气生根攀缘,叶浓绿具光泽,叶倒卵形	耐阴,喜温暖湿润气候,不耐寒,耐旱,适应性极强	点缀假山、绿化墙垣
291	山蓼麦	Polygonum auberti	蓼科	华北、西北	落叶,茎缠绕,花小,白色或绿白色,芳香,花时满枝皆白,秀美,花期8~10月	喜光,耐寒,耐旱,几无病虫害,耐粗放管理	棚架、花门、引攀墙垣
292	叶子花	Bougainvillea spectabilis	紫茉莉科	华南、西南	常叶,具枝刺,花小常3朵簇生于3片苞片内,苞片紫红色,花期长,冬春季,有红花、白花、重瓣品种	喜光,喜温暖湿润,不耐寒,忌积水,耐修剪	攀缘山石、墙垣、廊柱,盆栽,造型
293	杂种铁线莲	Clematis jackmani	毛茛科	南北栽植	落叶,茎缠绕,细弱,花大,董紫色,花期7~10月,有淡粉红、白、深紫等花色的栽培品种	喜光,有一定耐寒力,喜肥沃、疏松、排水良好之土壤	棚架、花柱、拱门、栅栏
294	野蔷薇	Rosa multiflora	蔷薇科	华北及以南地区	落叶,具皮刺,花白色或带粉晕,花期5~6月,果褐红色,栽培品种:'荷花蔷薇'、'七姊妹'、'白玉棠'	喜光,耐寒,耐水湿,不择土壤	花篱、攀缘棚栏、拱门

— 189 —

(续)

序号	中名	学名	科名	分布	观赏特性	主要习性	园林用途
295	木香	Rosa banksiae	蔷薇科	华北南部及以南地区	半常绿，叶绿有光泽，具皮刺，花白色，芳香，花期4~5月，有黄花、重瓣等栽培品种	喜光，稍耐阴，有一定耐寒力，粗放管理	棚架、绿廊
296	紫藤	Wisteria sinensis	豆科	南北各地	落叶，茎缠绕，花序下垂，花董紫色，芳香，花期4~5月，有花白、粉花、重瓣等栽培品种	喜光，对气候及土壤的适应性强，耐干旱水湿，不耐移植	棚架、枯树
297	扶芳藤	Euonymus fortunei	卫矛科	华北南部及以南地区	常绿，茎具不定根，叶革质亮绿，花小，绿白色，蒴果淡红色，假种皮橘红色，果10月成熟	耐阴，有一定耐寒力，耐干旱瘠薄，不择土壤	墙垣、山石
298	葡萄	Vitis vinifera	葡萄科	南北栽培	落叶，具卷须，花小，淡绿色，果黄绿色或紫红色，8~9月成熟	喜光，喜干燥及夏季高温，耐干旱，怕涝	棚架，结合生产
299	乌头叶蛇葡萄	Ampelopsis aconitifolia	葡萄科	华北、西北	落叶，具卷须，叶纤秀美丽，果橙红色，9~10月成熟	喜光，耐阴，耐寒，耐粗放管理	棚架、山石
300	地锦	Parthenocissus tricuspidata	葡萄科	东北南部至华南、西南	落叶，吸盘攀缘，枝繁叶茂，入秋叶色变红或橙黄，颇为美丽	喜光，耐阴，耐寒，对土壤、气候适应性极强	墙垣、假山、灯柱、树干
301	五叶地锦	Parthenocissus quinquefolia	葡萄科	华北、东北	落叶，具吸盘，秋色叶红艳，极美	喜光，耐阴，耐寒，喜空气湿度大，吸盘攀缘力较差，需人工牵引	墙垣、山石
302	猕猴桃	Actinidia chinensis	猕猴桃科	华北及以南地区	落叶，茎缠绕，叶圆形，花大、白色，花期5月，果黄褐色，8~10月成熟	喜光，稍耐阴，喜温暖湿润，有一定耐寒力	棚架，结合生产
303	使君子	Quisqualis indica	使君子科	华南	落叶，茎缠绕，叶绿光亮，花初开白色，后变为红色，夏秋开花，芳香	喜光，喜温暖，怕霜冻，对土壤要求不严，不耐移植	棚架、绿化
304	常春藤	Hedera helix	五加科	华北南部至华南	常绿，气生根攀缘，叶亮绿，花小，果黑色；有金边、银边、金心、彩叶等栽培品种	耐阴，喜温暖，有一定耐寒性，不择土壤	庇荫处墙垣、山石、地被
305	中华常春藤	Hedera nepalensis var. sinensis	五加科	长江流域及以南地区	常绿，气生根攀缘，叶亮绿，花小，淡黄白色，花8~9月，果黄或红色，翌年3月成熟	耐阴，喜温暖湿润气候，对土壤要求不严	庇荫处墙垣、山石、地被

(续)

序号	中名	学名	科名	分布	观赏特性	主要习性	园林用途
306	素方花	Jasminum officinale	木犀科	西南	常绿，茎缠绕，羽状叶秀丽，花白色，芳香，花期长5～9月；栽培品种：'素馨花'	喜光，稍耐阴，喜温暖气候，不耐寒	棚架、拱门
307	络石	Trachelospermum jasminoides	夹竹桃科	黄河流域及以南地区	常绿，气生根，叶色浓绿繁茂，芳香，花期5月	喜光，耐阴，有一定耐寒力，耐干旱，对土壤要求不严，抗海潮风，萌蘖性强	墙垣、山石、阴地被
308	炮仗花	Pyrostegia ignea	紫葳科	华南	常绿，具卷须，繁茂，累累成串，花橙红，状似炮仗，花期1～2月	喜暖湿气候，喜酸性土壤	棚架、花廊
309	凌霄	Campsis grandiflora	紫葳科	长江流域	落叶，气生根攀缘，干枝虬曲多姿，翠叶团团如盖，花大色艳，鲜红或橘红色，花期6～8月	喜光，稍耐阴，喜暖湿润气候，耐寒，喜水，萌蘖力均强	棚架、墙垣、山石
310	美国凌霄	Campsis radicans	紫葳科	南北栽植	落叶，气生根攀缘，花大，橘淡或深红色，花期7～9月	喜光，稍耐阴，喜暖湿润气候，耐寒，喜水，萌芽力均强	棚架、墙垣、山石
311	金银花	Lonicera japonica	忍冬科	东北南部至华中、西南	半常绿，茎缠绕，植株轻盈，花先白后黄，清香，花期5～7月，栽培品种：'红'金银花，'四季'金银花	喜光，耐阴，耐寒，耐旱，耐水湿，性强健，适应性强	棚架、墙垣、地被

五、竹类

序号	中名	学名	科名	分布	观赏特性	主要习性	园林用途
312	毛竹	Phyllostachys pubescens	禾本科	河南、陕西、山东至华南中部	秆高，叶翠，秀丽挺拔，栽培品种：'电甲'竹，中下部节间短缩肿胀，交错成斜面	喜光，喜温暖湿润气候，喜空气湿度大，喜肥沃排水良好的酸性土壤	风景林、背景、竹径，结合生产
313	桂竹	Phyllostachys bambusoides	禾本科	河南、河北至华南北部	秆直绿色，栽培品种：'斑竹'，秆及枝具紫褐色斑点和斑块	喜光，喜温暖湿润，有一定耐寒力	庭园观赏
314	刚竹	Phyllostachys viridis	禾本科	华北至华南	秆挺拔，绿色，栽培品种：'槽里黄'刚竹，秆之槽沟淡黄色，'黄皮'刚竹，秆黄色，具绿色纵条	喜光，喜温暖湿润，有一定耐寒力，稍耐盐碱土	庭园观赏
315	粉绿竹	Phyllostachys glauca	禾本科	华北至长江流域	秆绿色，栽培品种：'筠竹'，秆由下至上渐次出现紫褐色斑点或斑块	喜光，喜温暖湿润，耐适度干旱瘠薄和短期水淹，耐轻度盐碱	庭园观赏

— 191 —

(续)

序号	中名	学名	科名	分布	观赏特性	主要习性	园林用途
316	黄槽竹	Phyllostachys aureosulcata	禾本科	华北至长江流域	秆绿，纵槽黄色；栽培品种：'玉'竹，秆金黄，纵槽及节间具绿色纵条，'金竹'，秆黄色	喜光，喜温暖湿润，耐寒力较强	庭园观赏
317	紫竹	Phyllostachys nigra	禾本科	华北南部至长江流域，西南	新秆绿色，老秆紫黑色，叶细小	喜光，喜温暖湿润，有一定耐寒力	庭园观赏
318	早园竹	Phyllostachys propinqua	禾本科	华北至华东	秆绿色，挺拔强壮，是华北园林中栽培观赏的主要竹种	喜光，喜温暖湿润，耐寒，适应性强，耐轻盐碱土及低洼地	庭园观赏
319	罗汉竹	Phyllostachys aurea	禾本科	长江流域	秆绿色，下部节间不规则短缩或畸形肿胀	喜光，喜温暖湿润，有一定耐寒力	庭园观赏
320	方竹	Chimonobambusa quadrangularis	禾本科	西南，华东，华南	秆深绿色，上部秆圆形，下部数节秆略呈方形	喜光，喜温暖湿润，耐寒力差	庭园观赏
321	佛肚竹	Bambusa ventricosa	禾本科	华南	秆有两种：一种是正常秆，节间长，圆筒形，另一种为畸形秆，矮而粗，下部节间膨大呈佛肚状	喜光，喜温暖湿润，不耐寒	庭园观赏，盆景
322	黄金间碧竹	Bambusa vulgaris var. striata	禾本科	华南	秆高，间以宽窄不等的绿色纵条纹	喜光，喜温暖湿润，不耐寒	庭园观赏
323	孝顺竹	Bambusa multiplex	禾本科	长江流域及以南地区	竹丛上部较开展，秆绿色；栽培品种：'花'孝顺竹，秆黄色，间绿色纵纹；'凤尾'竹，枝叶均细小	喜光，喜温暖湿润，丛生竹中耐寒性强的种类	庭园观赏
324	粉单竹	Lingnania chungii	禾本科	华南	秆粉绿色，被白蜡粉，节间修长，顶梢略弯垂	喜光，喜温暖湿润，不耐寒	庭园观赏
325	慈竹	Dendrocalamus affinis	禾本科	西南，华中	秆绿色，秆弧形弯曲而下垂，叶茂盛而秀丽，姿态潇洒	喜光，喜温暖湿润，有一定耐寒力	庭园观赏
326	苦竹	Pleioblastus amarus	禾本科	长江流域，西南，北京	秆直绿色	喜光，喜温暖湿润，较耐寒，适应性强	庭园观赏
327	菲白竹	Pleioblastus angustifolius	禾本科	华东	植株低矮，绿叶上有黄白色纵条纹	喜光，较耐阴，喜温暖湿润	地被，盆景
328	阔叶箬竹	Indocalamus latifolius	禾本科	华东，华中	植株低矮，叶宽大	喜光，耐阴，喜温暖湿润	地被

六、一、二年生花卉

序号	中名	学名	科名	高度 (cm)	花色	花期（月）	主要习性	园林用途
329	翠菊	Callistephus chinensis	菊科	20~100	桃红、粉红、紫、蓝、白、浅黄	7~10, 5~6	较耐寒，忌酷暑，喜光，不耐水涝；不宜连作	花坛、花带、盆栽、切花
330	鸡冠花	Celosia argentea	苋科	25~90	白、黄、橙、红、玫瑰紫	8~10	喜炎热而空气干燥，不耐寒，喜光；能自播繁衍	花坛、花境、盆栽、切花
331	一串红	Salvia splendens	唇形科	50~90	红	7~10	不耐寒，忌霜害，喜光，稍耐阴	花坛、花丛、盆栽
332	金鱼草	Antirrhinum majus	玄参科	20~90	粉红、紫、黄、白、复色	5~7	较耐寒，喜凉爽，喜光，稍耐阴，品种间易混杂，引起品种退化	花境、花丛、岩石园、切花
333	金盏菊	Calendula officinalis	菊科	30~60	黄	4~6	较耐寒，忌酷暑，喜光；耐旱、耐薄，对土壤要求不严，生长快，适应性强	花坛、切花、盆栽
334	百日草	Zinnia elegans	菊科	50~90	白、黄、红、紫	6~9	性强健，怕暑热	花坛、花境、切花
335	万寿菊	Tagetes erecta	菊科	60~90	乳白、黄、橙、橘红、复色	7~9	喜温暖、耐半阴，对土壤要求不严，抗性强，耐移植，栽培容易	花坛、花境、切花
336	雏菊	Bellis perennis	菊科	7~15	白、粉、紫、洒金	4~6	喜冷凉，忌炎热，喜光，耐阴，种易退化，采种时严加选择	花坛、盆栽
337	三色堇	Viola tricolor	菊科	15~25	黄、白、紫三色或单色	4~6	较耐寒，喜凉爽，耐半阴，品种易退化	花坛、花境、切花
338	凤仙花	Impatiens balsamina	凤仙花科	60~80	白、粉、红、紫、雪青	6~8	喜炎热，畏寒冷，生长迅速，易自播繁衍	花坛、花境、盆栽
339	石竹	Dianthus chinensis	石竹科	30~50	白、粉红	5~9	耐寒，喜光，耐瘠薄，通风良好，品种易退化	花坛、花境、岩石园、盆栽
340	矮牵牛	Petunia hybrida	茄科	20~60	白、粉、红、紫、堇、褚	6~9	喜温暖，干热，喜光，忌水涝，喜排水良好，微酸性土壤	花坛、自然式布置、盆栽
341	美女樱	Verbena hybrida	马鞭草科	30~50	白、粉、红、紫	6~9	有一定耐寒性，喜光，对土壤要求不严，能自播繁衍	花坛、花境、盆栽
342	波斯菊	Cosmos bipinnatus	菊科	100~200	白、粉、深红	6~9	性强健；喜凉爽，耐干旱瘠薄，肥水不宜过多；能大量自播繁衍	花丛、花境、切花
343	虞美人	Papaver rhoeas	罂粟科	30~60	白、粉、红	4~6	耐寒，喜凉爽，喜光；要求高燥通风，不择土壤，不耐移植	花境、花丛

（续）

序号	中名	学名	科名	高度(cm)	花色	花期（月）	主要习性	园林用途
344	花菱草	Eschscholtzia californica	罂粟科	30~60	黄	4~6	较耐寒、好凉爽；喜光；耐干旱瘠薄；不耐移植	花境、花丛、盆栽
345	千日红	Gomphrena globosa	苋科	40~60	紫红	7~10	喜炎热干燥、不耐寒；喜光；能自播繁衍	花丛、盆栽、干花
346	紫茉莉	Mirabilis jalapa	紫茉莉科	60~100	红、粉、黄、白、复色	6~8	喜温暖、不耐寒；好土层深厚、肥沃之地；不耐移植	自然式栽植、盆栽
347	半支莲	Portulaca grandiflora	马齿苋科	15~20	白、粉、红、橙、复色	7~8	喜温暖、不耐寒；喜光；耐干旱瘠薄、播繁衍、栽培容易	花坛、花丛、盆栽
348	醉蝶花	Cleome spinosa	白花菜科	100	白粉转红、紫	6~9	喜温暖、稍耐阴；喜土质肥沃、不耐移植	花坛、花丛、切花
349	圆叶牵牛	Pharbitis purpurea	旋花科	蔓性	白、玫瑰红、堇蓝	7~9	性强健；耐干旱瘠薄、不耐移植	棚架、篱垣、地被
350	羽叶茑萝	Quamoclit pennata	旋花科	蔓性	红、黄、白	5~10	喜温暖；喜光；对土壤要求不严；能自播繁衍	棚架、篱垣、地被
351	银边翠	Euphorbia marginata	大戟科	50~80	观叶，顶部叶干花时变为全白或白色镶边，变பpeak期7~9月		喜轻松土壤；喜光；耐干旱瘠薄；不耐移植	林缘地被、切花
352	扫帚草	Kochia scoparia	藜科	50~100	观叶，绿色长球形姿态		不耐寒、耐炎热、耐干旱；喜光；耐碱；性土、自播繁衍能力强	孤植、丛植、花坛中心材料
353	红叶甜菜	Beta vulgaris var. cicla	藜科	15~20	观叶，叶色深艳丽		喜温暖凉爽、极耐寒；喜光、稍耐阴；喜肥	盆栽观叶、花坛、切花
354	五色草	Alternanthera bettzickiana	苋科	10~15	观叶，叶绿色、常具彩斑或色晕		喜温暖、不耐酷热及寒冷；喜光、稍耐阴；不耐干旱及水涝	模纹花坛

七、宿根花卉

序号	中名	学名	科名	高度(cm)	花色	花期（月）	主要习性	园林用途
355	菊花	Dendronthema morifolium	菊科	60~150	白、粉、红、黄、青、棕、淡绿	10~12 4~5	耐寒、喜凉爽、喜光、喜肥、不耐积水、忌连作	花境、花丛、盆栽、切花、岩石园
356	芍药	Paeonia lactiflora	毛茛科	60~120	红、粉、黄、白、淡绿	4~5	耐寒；喜光，稍有遮阴开花好；忌积水低洼及盐碱	专类园、花坛、花丛、切花

(续)

序号	中名	学名	科名	高度(cm)	花色	花期(月)	主要习性	园林用途
357	鸢尾类	Iris spp.	鸢尾科	30～40	蓝、淡紫、白、黄、橙、棕红	4～5	耐寒；喜光，个别种耐阴；不同种类对土壤水分要求差异大	专类园、花坛、花境、切花
358	杂种楼斗菜	Aquilegia hybrida	毛茛科	60～90	紫红、深红、黄	5～6	耐寒；喜半阴	花丛、花坛、花境、岩石园、插花
359	蜀葵	Althaea rosea	锦葵科	150～300	红、紫、褐、粉、黄、白	5～8	耐寒；喜光；排水良好的肥沃土壤	建筑前列植、背景、盆栽
360	玉簪	Hosta plantaginea	百合科	40	白	6～8	性强健；耐寒；喜阴，忌直射光；土壤排水良好	林下地被、岩石园、盆栽
361	紫萼	Hosta ventricosa	百合科	30	堇紫	6～8	性强健；耐寒；喜阴，忌直射光；土壤排水良好	林下地被、岩石园、盆栽
362	大花萱草	Hemerocallis middendorffii	百合科	100	黄	7	性强健；耐寒；喜光，耐半阴；对土壤要求不严	路旁丛植、花境、疏林地被
363	宿根福禄考	Phlox paniculata	花葱科	60～120	紫、橙、红、白	7～9	耐寒；喜光；喜石灰质壤土	花坛、花境、切花
364	荷包牡丹	Dicentra spectabilis	罂粟科	30～60	粉红	4～5	耐寒；忌夏季高温；喜侧方遮阴，忌直射光；喜温润，轻松的壤土	丛植、花坛、花境、地被
365	芙蓉葵	Hibiscus moscheutos	锦葵科	100～200	粉、紫、白	6～8	喜温暖；耐寒；喜光；不择土壤	花境背景、自然丛植
366	桔梗	Platycodon grandiflorum	桔梗科	30～100	蓝紫	6～10	喜凉爽湿润，喜光，稍耐阴，喜排水良好、含腐殖质的砂壤土	花境、岩石园、切花
367	紫苑	Aster tataricus	菊科	40～50	淡紫	7～9	耐寒，喜凉爽，忌夏季干燥；宜湿润、肥沃、深厚的土壤	花丛、花坛、花境
368	八宝景天	Sedum spectabile	景天科	30～50	观肉质绿色叶		耐寒；喜光；通风良好；耐干旱瘠薄，宜排水良好的砂壤土	花境、花坛、岩石园、盆栽
369	芭蕉	Musa basjoo	芭蕉科	400～500	观姿、观叶		喜温暖湿润气候，喜光，稍耐阴，喜深厚、肥沃、排水良好的微酸性砂壤土	窗前、墙隅、庭园

八、球根花卉

序号	中名	学名	科名	高度(cm)	花色	花期(月)	主要习性	园林用途
370	大丽花	Dahlia pinnata	菊科	40～150	白、黄、红、橙、紫	6～10	不耐寒、忌暑热，喜高燥凉爽，要求阳光充足，通风良好；忌积水	花坛、花境、丛植、盆栽、切花
371	大花美人蕉	Canna generalis	美人蕉科	150	红、橙、黄、乳白	8～10	喜高温炎热，喜光，喜深厚肥沃土壤	自然栽植，花坛中心、花境、盆栽
372	郁金香	Tulipa gesneriana	百合科	20～40	红、黄、白、紫、褐	3～5	耐寒，喜夏季凉爽湿润，冬季温暖干燥，根系再生能力弱，不耐移植	花境、花坛、自然丛植、盆栽
373	风信子	Hyacinthus orientalis	百合科	15～45	白、粉、红、黄、蓝、董	4～5	喜凉爽，不耐寒，喜光，喜湿润气候，喜湿润砂壤土，喜肥	花坛、花境、盆栽、切花
374	百合类	Lilium spp.	百合科	30～60 50～150	橙、红、黄、白	5～6、7、8～10	喜冷凉湿润；喜半阴；要求深厚、肥沃、排水良好的砂质土壤；忌连作	花境、丛植、切花
375	石蒜类	Lycoris spp.	石蒜科	30～60 60～80	白、粉、红、黄、橙	7～8、9～10	性强健，喜温暖、耐寒、喜半阴；喜湿润、耐干旱、耐日晒；不择土壤	自然丛植，花境、盆栽、切花
376	葱兰	Zephyranthes candida	石蒜科	10～20	白	7～10	喜温暖，湿润、稍耐寒；喜光，耐阴；肥沃的黏质土，水良好	花坛、花境、丛植、地被
377	铃兰	Convallaria majalis	百合科	20～30	白	4～5	喜冷凉湿润，忌炎热、耐阴，喜阴明；不宜连作	林下地被，盆栽

九、水生花卉

序号	中名	学名	科名	类型	花色	花期(月)	主要习性	园林用途
378	荷花	Nelumbo nucifera	睡莲科	挺水	红、白、黄	6～8	喜温暖，耐寒、喜光，喜湿、忌干旱、喜肥	水面布置、缸栽碗栽，切花
379	睡莲	Nymphaea tetragona	睡莲科	浮水	白	7～8	耐寒，喜温暖、喜光；喜水质清洁，通风良好静水，要求肥沃的黏质土	水面绿化，盆栽
380	萍蓬草	Nuphar pumilum	睡莲科	浮水	黄	4～5、7～8	喜温暖，较耐寒、喜光	水面绿化，盆栽

（续）

序号	中名	学名	科名	类型	花色	花期（月）	主要习性	园林用途
381	王莲	*Victoria amazonica*	睡莲科	浮水	白→深红	6～8	喜高温，不耐寒；喜光；喜空气湿度大，水体清洁，喜肥	美化水体，温室水池栽培
382	千屈菜	*Lythrum salicaria*	千屈菜科	挺水	玫瑰紫	7～9	耐寒性强，喜强光；喜水湿，尤喜浅水；也可露地旱栽	水边丛植，花境，盆栽
383	水葱	*Scirpus tabernaemontani*	莎草科	挺水	观绿色挺立株丛		耐寒，喜凉爽，喜光；善生干浅水或沼泽地	水边丛植，盆栽
384	香蒲	*Typha angustata*	香蒲科	挺水	观叶，叶丛细长如剑		耐寒，喜光；栽植于浅水或沼泽地，喜深厚肥沃土壤	水边丛植，盆栽

十、草坪草

序号	中名	学名	科名	类型	分布	主要习性	园林用途
385	草地早熟禾	*Poa pratensis*	禾本科	冷季型	华北、西北、东北及长江流域	喜冷凉湿润气候，耐寒、稍耐阴，不耐瘠薄，抗风力强，根茎具强大生命力，华北地区绿色期约230d	园林底色草坪，运动场草坪
386	加拿大早熟禾	*Poa compressa*	禾本科	冷季型	华北、东北	耐寒，耐阴，耐瘠薄，耐践踏	公园草坪
387	多年生黑麦草	*Lolium perenne*	禾本科	冷季型	南北各地	喜温和的冬季、凉爽潮湿的夏季，不耐冷、热，干旱，喜光，插种后出苗早，成草坪快	混插作先锋草坪，运动场草坪
388	紫羊茅	*Festuca rubra*	禾本科	冷季型	长江流域以北各地	喜冷凉，耐寒，耐阴，耐修剪，再生力强，极耐光滑禾软	观赏草坪
389	高羊茅	*Festuca arundinacea*	禾本科	冷季型	华北、西北及长江流域	喜冷凉湿润，耐高温，极耐干旱，耐践踏，稍耐阴，耐湿，耐盐碱，叶质粗糙	运动场草坪，固土护坡
390	匍茎剪股颖	*Agrostis stolonifera*	禾本科	冷季型	华北、西北、浙江、江西	耐阴，耐阴，喜温润不耐干旱，耐盐碱、耐践踏、匍匐茎生长势强	观赏草坪
391	羊胡子草	*Carex rigescens*	莎草科	冷季型	华北、东北、西北	喜光，稍耐阴，喜冷凉，不耐干旱瘠薄，耐盐碱，绿色期长，但与杂草竞争力弱，不耐践踏	封闭式观赏草坪

(续)

序号	中名	学名	科名	类型	分布	主要习性	园林用途
392	野牛草	*Buchloe dactyloides*	禾本科	过渡型	华北	喜光，耐寒，耐热，极耐干旱，耐践踏，与杂草竞争力强，适应性强，耐粗放管理，绿色期180d左右	公园草坪、运动场草坪、固土护坡
393	结缕草	*Zoysia japonica*	禾本科	过渡型	东北至华东	喜光，耐阴，耐寒，耐高温，耐践踏与杂草竞争力强，弹性好，再生力强，病虫害少，绿色期约210d	运动场草坪、固土护坡
394	细叶结缕草	*Zoysia tenuifolia*	禾本科	暖季型	长江流域及以南地区	喜光，不耐寒，耐干旱，耐潮湿，耐践踏，弹性好，匍匐茎发达，茎叶细柔	观赏草坪
395	狗牙根	*Cynodon dactylon*	禾本科	暖季型	黄河流域以南地区	喜温暖湿润，不耐寒，耐热，耐旱，耐践踏，生命力强，绿色期约180d	公园草坪、运动场草坪
396	假俭草	*Eremochloa ophiuroides*	禾本科	暖季型	长江流域及以南地区	喜温暖湿润，喜光，耐旱，耐践踏，耐修剪，绿色期250～280d	公园草坪
397	地毯草	*Axonopus compressus*	禾本科	暖季型	华南、云南、台湾	喜温暖，不耐寒，耐阴，喜湿润土壤，不耐旱，匍匐茎蔓延迅速	遮荫地草坪、固土护坡

彩图1 立体造型花坛

彩图2 单面观赏的花境

彩图3 观叶植物配植在一起形成色彩协调的花境

彩图4　美国纽约中央公园的秋景

彩图5　北京八达岭长城秋天所呈现的层林尽染

彩图6　色彩十二色相环

彩图7　颐和园的绦柳与油松

彩图8　北京植物园科普馆前的沙地柏

彩图9　天安门广场的国庆花坛红、黄相间，烘托了节日欢快的气氛

彩图10　侧柏林前的连翘使幽暗的空间变得欢快

彩图11　上海植物园将不同绿色度的植物搭配在一起

彩图12　同为绿色植物，但姿态各异，景观效果好

彩图13　绿与黄的配色

彩图14　红与黄的配色

彩图15　橙色的菊花和蓝色的鼠尾草

彩图16　杭州太子湾公园白色的樱花使景观明朗、清静

彩图17　杭州白粉墙前的红枫